交通版高等职业教育规划教材

U0820617

YINGYONG GAODENG SHUXUE

# 应用高等数学

（上册）

斯彩英　主编
王怡民　主审

人民交通出版社

## 内 容 提 要

本教材分为上、下两册。上册为基础篇，主要内容包括函数、极限与连续，一元函数微分及应用，一元函数积分及应用；下册为专业篇，主要内容包括向量代数与空间解析几何、多元函数微积分及应用、常微分方程及应用、概率与数理统计及应用、级数及应用、积分变换及应用、线性代数及应用、MATLAB 与数学建模初步。书中各章节都配有例题、习题、复习题及应用型题目。书后附有参考答案与提示。

本教材可作为高职高专院校工科类专业通用的高等数学教材、各类培训教材，也可作为学生专升本的自学用书。

**图书在版编目(CIP)数据**

应用高等数学. 上册 / 斯彩英编. —— 北京 :人民交通出版社，2012.8

ISBN 978-7-114-09826-0

Ⅰ.①应… Ⅱ.①斯… Ⅲ.①高等数学—教材 Ⅳ.①013

中国版本图书馆 CIP 数据核字(2012)第 114947 号

**书　　名**：应用高等数学(上册)
**著 作 者**：斯彩英
**责任编辑**：富砚博
**出版发行**：人民交通出版社
**地　　址**：(100011)北京市朝阳区安定门外外馆斜街 3 号
**网　　址**：http://www.ccpress.com.cn
**销售电话**：(010)59757973
**总 经 销**：人民交通出版社发行部
**经　　销**：各地新华书店
**印　　刷**：北京市密东印刷有限公司
**开　　本**：787 × 1092　1/16
**印　　张**：12.75
**字　　数**：300 千
**版　　次**：2012 年 8 月　第 1 版
**印　　次**：2014 年 7 月　第 3 次印刷
**书　　号**：ISBN 978-7-114-09826-0
**印　　数**：6501-9500 册
**定　　价**：36.00 元

# 前　言

本教材是根据教育部〔2006〕16 号文件关于培养高职高专学生成为高素质技能型人才培养的目标要求和培养对象的特殊性，结合高职院校工科类专业对数学的需求，依照“定位高职、注重‘必需、够用’，强化应用意识，融入数学思想”的原则编写的。教材分为上、下两册。上册为基础篇，主要内容为一元函数微积分及应用；下册为专业篇，内容可根据不同专业需求进行选取。每章前有学习目标，章后配有与内容相关的数学素质拓展。

本教材具有以下特点：

1. 数学应用和专业知识相融合

基础篇内容以一元函数微积分及应用为主，适合各专业学生使用。其中的大量案例来自于实践或与专业知识背景相关。内容由浅入深，通俗易懂，是专业篇的基础。专业篇结合了工科类专业特点，摒弃了原有数学知识体系，融入了较多的专业知识和专业案例，真正体现高职数学服务于专业的教育功能，适合不同专业根据专业需求进行整合。

2. 数学应用和数学思想相融合

教材每一章都配有与内容相关的数学素质拓展部分，为的是更好地将“数学思想和学法”融入教材中，让学生了解相关的数学发展史，激发其学习兴趣，提高学生的数学文化素质。

3. 数学应用和计算机相融合

教材将数学建模思想和工程上常用的数学软件 MATLAB 融入其中，一方面，可更好地体现高职数学利用现代化技术解决实际问题的特点；另一方面，体现了数学的实践应用性，有助于提高学生分析问题、解决问题的能力。

4. 教材编写体现以学生为本

教材编写以“教师好用、学生好学”为出发点，注重从实际问题引入基本概念，揭示其实质。既适度保持数学学科自身的系统性与逻辑性，又充分考虑高职学生的认知特点，恰当选取教材内容的深度和广度。在不影响数学基本理论体系的前提下，淡化了繁琐的逻辑证明和推理过程，强化了几何说明、物理意义和经济背景，使学生形象、直观地理解和掌握教学内容，并能实现学以致用。同时，考虑到高职学生的数学基础较薄弱，我们将初等数学的知识要点及部分初等数学内容编成预备知识附于书后，以供备查。

另外，还配有与教材相配套的《应用高等数学习题册》供学生课外作业使用。书中带有“ * ”的内容，可根据实际需要选学。

本教材也可作为高职高专院校工科类专业通用的高等数学教材、各类培训教材，也可作为专升本的学生自学用书。

《应用高等数学(上册)》由浙江交通职业技术学院数学教研室团队历经一年时间倾力完成。由浙江交通职业技术学院院长王怡民负责主审。斯彩英担任主编并负责统稿，郑锡陆、胡大京、王桂云担任副主编。具体编写分工如下：第 1 章由郑锡陆编写，第 2 章由胡大京编写，第 3 章、第 4 章及每一章节的 MATLAB 部分，以及预备知识由斯彩英编写，王桂云负责全书文字校对。

参与本教材编写讨论的还有浙江交通职业技术学院副院长金仲秋、教务处处长柴勤芳以及路桥学院、汽车学院、机电学院、人文学院、信息学院的各位分院院长及各位专业主任和专业骨干教师。因为有他们的支持，使得本书的编写价值得到了较大地提升。

由于编者水平有限，错误和不当之处在所难免，恳请广大读者批评指正。

**编　者**

**2012 年 5 月**

# 目 录

## 第1章 函数、极限与连续

**1.1 函数** …… 1
1.1.1 函数的概念 …… 1
1.1.2 函数的几种特性 …… 5
1.1.3 基本初等函数 …… 6
1.1.4 复合函数和初等函数 …… 8
1.1.5 工程中建立函数模型示例 …… 9
**习题1.1** …… 11
**1.2 极限的概念** …… 11
1.2.1 数列的极限 …… 12
1.2.2 函数的极限 …… 13
1.2.3 无穷小量与无穷大量 …… 16
**习题1.2** …… 18
**1.3 极限的运算** …… 19
1.3.1 极限的四则运算法则 …… 19
1.3.2 两个重要极限 …… 22
*1.3.3 无穷小量的比较 …… 25
**习题1.3** …… 26
**1.4 函数的连续性** …… 27
1.4.1 函数连续的概念 …… 27
1.4.2 函数的间断点 …… 29
1.4.3 初等函数的连续性 …… 29
*1.4.4 闭区间上连续函数的性质 …… 31
**习题1.4** …… 32
**1.5 MATLAB基本操作** …… 32
1.5.1 MATLAB 7.1的启动与退出 …… 32
1.5.2 变量与函数 …… 33
1.5.3 符号代数式的运算和变换 …… 37
1.5.4 代数方程求解 …… 38

1.5.5 MATLAB 绘制平面曲线的图形 …… 38
**习题 1.5** …… 41
**1.6 利用 MATLAB 求解函数极限** …… 42
**习题 1.6** …… 44
**复习题一** …… 45
**数学素质拓展——方圆之理，为人之道** …… 46

# 第 2 章 导数和微分

**2.1 导数的概念** …… 47
2.1.1 变化率问题示例 …… 47
2.1.2 导数的概念 …… 49
2.1.3 导数的意义 …… 51
2.1.4 可导与连续的关系 …… 53
**习题 2.1** …… 53
**2.2 导数的运算** …… 54
2.2.1 函数的和、差、积、商的求导法则 …… 54
2.2.2 基本初等函数的导数公式 …… 56
2.2.3 复合函数的求导法则 …… 56
2.2.4 隐函数的导数 …… 58
*2.2.5 由参数方程所确定的函数的导数 …… 60
**习题 2.2** …… 61
**2.3 高阶导数** …… 62
2.3.1 高阶导数的概念 …… 62
2.3.2 二阶导数在力学中的应用 …… 63
**习题 2.3** …… 64
**2.4 微分** …… 65
2.4.1 问题的提出 …… 65
2.4.2 微分的概念 …… 66
2.4.3 微分的几何意义 …… 67
2.4.4 微分运算 …… 67
*2.4.5 微分在工程计算中的应用 …… 68
**习题 2.4** …… 70
**2.5 利用 MATLAB 求解函数导数** …… 71
2.5.1 显函数求导 …… 71
2.5.2 隐函数求导 …… 72
2.5.3 参数方程求导 …… 73
**习题 2.5** …… 73

复习题二 …… 74
数学素质拓展——4×100m 接力赛的困惑 …… 75


## 第 3 章 导数的应用


*3.1 微分中值定理 …… 77
习题 3.1 …… 78
3.2 洛必达法则 …… 78
3.2.1 $\frac{0}{0}$及$\frac{\infty}{\infty}$型未定式的极限 …… 79
3.2.2 其他未定式的极限 …… 80
习题 3.2 …… 81
3.3 函数的单调性与极值 …… 82
3.3.1 函数的单调性 …… 82
3.3.2 函数的极值 …… 84
习题 3.3 …… 86
3.4 最优化问题 …… 86
3.4.1 工程中的最优化问题 …… 87
3.4.2 经济学中的最优化问题 …… 90
习题 3.4 …… 91
*3.5 曲线的凹凸性与拐点 …… 92
3.5.1 曲线凹凸性与拐点的定义及判定 …… 92
3.5.2 曲线凹凸性与拐点的应用 …… 94
习题 3.5 …… 95
*3.6 曲率 …… 95
3.6.1 曲率的直观认识 …… 95
3.6.2 曲率 …… 96
3.6.3 曲率圆与曲率半径 …… 98
习题 3.6 …… 99
3.7 利用 MATLAB 求一元函数的极值与最值 …… 99
习题 3.7 …… 101
复习题三 …… 102
数学素质拓展——蜜蜂之智 …… 104


## 第 4 章 积分及应用


4.1 积分应用的直观认识 …… 105
习题 4.1 …… 107

**4.2 不定积分的概念和性质** …… 107
4.2.1 原函数的概念 …… 107
4.2.2 不定积分的概念 …… 108
4.2.3 不定积分的几何意义 …… 108
4.2.4 基本积分表 …… 109
4.2.5 不定积分的基本运算性质 …… 111
4.2.6 直接积分法 …… 111
**习题 4.2** …… 112
**4.3 不定积分的计算** …… 113
4.3.1 第一类换元积分法(凑微分法) …… 113
4.3.2 第二类换元积分法 …… 117
4.3.3 分部积分法 …… 119
**习题 4.3** …… 123
**4.4 定积分的概念和性质** …… 124
4.4.1 定积分的概念 …… 124
4.4.2 定积分的性质 …… 128
**习题 4.4** …… 129
**4.5 定积分的计算** …… 130
4.5.1 牛顿—莱布尼兹公式 …… 130
4.5.2 定积分的换元法 …… 133
4.5.3 定积分的分部积分法 …… 135
**习题 4.5** …… 136
***4.6 广义积分** …… 137
4.6.1 无穷区间上的广义积分 …… 137
4.6.2 无界函数的广义积分 …… 139
**习题 4.6** …… 140
**4.7 定积分的几何应用** …… 141
4.7.1 定积分的微元法 …… 141
4.7.2 平面图形的面积 …… 142
4.7.3 旋转体的体积 …… 144
4.7.4 平面曲线的弧长 …… 145
**习题 4.7** …… 146
**4.8 定积分在工程中的应用** …… 147
4.8.1 平面图形的静矩和形心 …… 147
4.8.2 平面图形的惯性矩 …… 150
4.8.3 分布荷载的力矩 …… 150
4.8.4 水的压力 …… 151
4.8.5 平均值 …… 152

4.8.6 变力做功 …… 154
**习题 4.8** …… 154
**4.9 利用 MATLAB 求解函数积分** …… 155
**习题 4.9** …… 156
**复习题四** …… 158
**数学素质拓展——谁先创立微积分** …… 160
**附录一 预备知识** …… 161
模块 1 三角函数和反三角函数 …… 161
习题模块 1 …… 171
模块 2 极坐标方程和复数 …… 172
习题模块 2 …… 179
**附录二 部分习题参考答案** …… 181

# 第1章　函数、极限与连续

## 学习目标

1. 理解函数、复合函数、初等函数的概念和函数基本特征，掌握基本初等函数的性质及其图形，会建立简单应用问题中的函数关系式；

2. 理解函数(包括数列)极限的概念，了解无穷小、无穷大的概念及其关系，熟练掌握极限的四则运算法则、两个重要极限及其应用，会求复合函数的极限；

3. 理解函数的连续性及间断点，会利用函数的连续性计算极限；

4. 熟悉 MATLAB 基本操作，会利用 MATLAB 求函数极限。

**重点：**函数、复合函数、极限、连续的概念，极限四则运算，两个重要极限及函数的连续性。

**难点：**极限概念，不定型极限的计算，函数的点连续，函数关系在工程中的应用。

微积分是高等数学的核心。函数是微积分的研究对象，极限是微积分的研究工具。微积分是通过求极限的方法来研究函数的性质(如连续性、可导性、可积性等)和运算(如极限运算、微分运算、积分运算等)的，因此极限概念是微积分的重要概念，是微积分的精华，也是高等数学的灵魂。本章将在复习和加深函数有关知识的基础上，着重讨论函数的极限和函数的连续性等问题。

## 1.1 函数

### 1.1.1　函数的概念

在现实世界中存在的各种量，一般可分为两类：一类是在变化过程中数值保持不变的量称为常量，如圆的面积公式 $S=\pi R^2$ 中的 $\pi$ 是常量，常量可以是字母也可以是数值。另一类是在一段过程中数值不断变化的量称为变量，如汽车在运动过程中的速度是变化的，是个变量，圆的面积公式 $S=\pi R^2$ 中的 $R$ 和 $S$ 没有确定的值，都是变量，圆面积 $S$ 随半径 $R$ 的变化而变化。

函数反映的是各变量之间的相互关系。函数是微积分研究的基本对象，是高等数学中最重要的概念之一。

**【案例1】** 在自由落体运动中，设物体下落的时间为 $t$，下落的距离为 $s$，假定开始下落的时刻为 $t=0$，则变量与之间的相依关系由数学模型 $s=\frac{1}{2}gt^2$ 给定，其中 $g$ 是重力加速度。求：(1)第一秒物体下落的距离；(2)第二秒物体下落的距离；(3)第三秒物体下落的平均速度。

**解** (1)由 $s=\frac{1}{2}gt^2$ 得，$t=1(\text{s})$ 时，$s_1=\frac{1}{2}\times 9.8\times 1=4.9(\text{s})$；

(2)当 $t=2(\text{s})$ 时，$s_2=\frac{1}{2}gt^2=\frac{1}{2}\times 9.8\times 2^2=19.6(\text{s})$，则第二秒物体下落的距离为：$s=s_2-s_1=19.6-4.9=14.7(\text{s})$；

(3)当 $t=3(\text{s})$ 时，$s_3=\frac{1}{2}gt^2=\frac{1}{2}\times 9.8\times 3^2=44.1(\text{s})$，则第三秒物体下落的平均速度为：$v=\frac{s}{t}=\frac{s_3-s_2}{t}=\frac{44.1-19.6}{1}=24.5(\text{m/s})$。

**【案例2】** 2011 年 9 月 1 日开始我国实行新个人所得税计算公式，调整后应纳个人所得税税额 = 应纳税所得额 × 适用税率速算扣除数，扣除标准 3 500 元/月。试结合个人所得税税率表(表 1-1-1)分析某人月收入与所得税之间的关系。

个人所得税税率表　　表 1-1-1

| 级数 | 全月应纳税所得额月收入(扣除“三险一金”后) -3 500 元 | 税率 | 速算扣除数(元) |
|---|---|---|---|
| 1 | 不超过 1 500 元的 | 3 | 0 |
| 2 | 超过 1 500 ~4 500 元的部分 | 10 | 105 |
| 3 | 超过 4 500 ~9 000 元的部分 | 20 | 555 |
| 4 | 超过 9 000 ~35 000 元的部分 | 25 | 1 005 |
| 5 | 超过 35 000 ~55 000 元的部分 | 30 | 2 755 |
| 6 | 超过 55 000 ~80 000 元的部分 | 35 | 5 505 |
| 7 | 超过 80 000 元部分 | 45 | 13 505 |

**解** 设某人月收入(扣“除三险一金”后)为 $x$ 元，所得税为 $y$ 元，则 $x$ 与 $y$ 关系为：

$$y=\begin{cases}0, & x\leqslant 3\,500\\(x-3\,500)\times 3\%, & 3\,500<x\leqslant 5\,000\\(x-3\,500)\times 10\%-105, & 5\,000<x\leqslant 8\,000\\(x-3\,500)\times 20\%-555, & 8\,000<x\leqslant 12\,500\\(x-3\,500)\times 25\%-1\,005, & 12\,500<x\leqslant 38\,500\\(x-3\,500)\times 30\%-2\,755, & 38\,500<x\leqslant 58\,500\\(x-3\,500)\times 35\%-5\,505, & 58\,500<x\leqslant 83\,500\\(x-3\,500)\times 45\%-13\,505, & x>83\,500\end{cases}$$

案例 1 与案例 2 虽然实际意义不同，但都有两个变量，而且其中一个变量在一定范围内取一个值时，按照一定的对应法则，另一个变量都有唯一的值与之对应。变量之间的这种关系，就确定了一个函数。

1)定义

**定义1** 设$x$和$y$是两个变量,$D$是非空数集。若对于$D$中的每一个数$x$,按照一定的对应法则$f$,都有唯一确定的数$y$与之对应,则称$y$是定义在数集$D$上的$x$的函数,记作$y=f(x)$,$x\in D$。其中$D$称为函数的定义域,$x$称为自变量,$y$称为函数(或因变量)。

当自变量$x$取数$x_0\in D$时,通过对应法则$f$,与$x_0$对应的因变量$y$的值称为函数$y=f(x)$在$x_0$处的函数值,记作$f(x_0)$,或$y|_{x=x_0}$;当$x$取遍$D$内的各个数值时,对应的$y$取值的全体组成的数集称为函数的值域,记作$M$。

2)函数的表示法

通常有公式法、表格法和图像法三种表示法。

(1)公式法:用数学式子表示函数,也称解析法。优点是便于理论推导和计算。如一次函数$y=kx+b$,二次函数$y=ax^2+bx+c$等。

(2)表格法:以表格形式表示函数。优点是所求函数值易查得。如三角函数表、对数表、国内生产总值表等。

(3)图像法:用图形表示函数。优点是形象直观,可看到函数变化趋势。如我国人口出生率变化曲线等。

**例1** 设某种练习本的单价是2元,买$x(x\in\{1,2,3,4,5,6\})$本这种练习本需$y$元,试用三种表示法来表示函数$y=f(x)$。

**解** (1)解析法:$y=2x$,$(x\in\{1,2,3,4,5,6\})$;

(2)表格法:买练习本的数量$x$与所需钱$y$的关系见表1-1-2。

**$x$与$y$的关系** 表1-1-2

| $x$(本) | 1 | 2 | 3 | 4 | 5 | 6 |
|---|---|---|---|---|---|---|
| $y$(元) | 2 | 4 | 6 | 8 | 10 | 12 |

(3)图像法:图像法表示如图1-1-1所示。

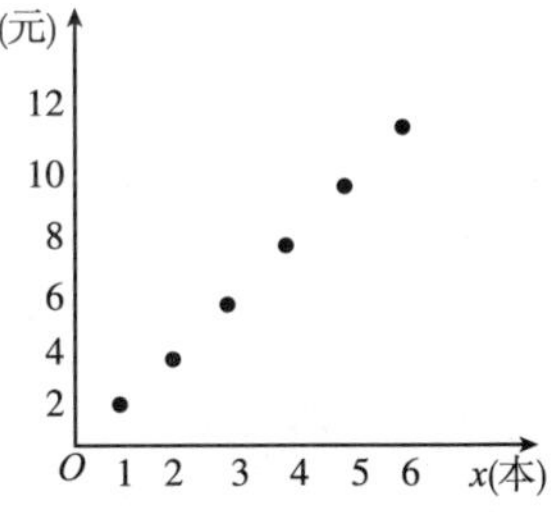


图 1-1-1

**说明**:三种表示法各有所长,例如,三角函数、三角函数表、三角函数图像,都是表示三角函数,可起到互补作用。

**例2** 设函数$f(x)=x^2+3x+2$,求$f(2)$和$f(t^3)$。

**解** 因$f(x)$的对应法则为$(\ )^2+3(\ )+2$,故

$$f(2)=2^2+3\times2+2=12;f(t^3)=(t^3)^2+3(t^3)+2=t^6+3t^3+2。$$

**例3** 设$f(x+1)=x^2-x+1$,求$f(x)$。

**解** (换元)令$x+1=t$,则$x=t-1$,

$$f(t)=(t-1)^2-(t-1)+1=t^2-3t+3,故f(x)=x^2-3x+3;$$

(配凑)因$f(x+1)=(x+1)^2-3(x+1)+3$,故$f(x)=x^2-3x+3$。

**例4** 求下列函数的定义域:

(1)$y=\dfrac{1}{1-\sqrt{3+x}}$; (2)$y=\sqrt{16-x^2}+\ln(\sin x)$。

**解** (1)要使函数有意义,须$\begin{cases}3+x\geqslant0\\1-\sqrt{3+x}\neq0\end{cases}\Rightarrow\begin{cases}x\geqslant-3\\x\neq-2\end{cases}$,

故函数的定义域为$[-3,-2)\cup(-2,+\infty]$。

(2)要使函数有意义,须$\begin{cases}16-x^2\geqslant 0\\ \sin x>0\end{cases}\Rightarrow\begin{cases}-4\leqslant x\leqslant 4\\ 2n\pi<x<(2n+1)\pi,\quad n=0,\pm1,\pm2,\cdots\end{cases}$

即$-4\leqslant x<-\pi$,或$0<x<\pi$,故函数的定义域为$[-4,-\pi)\cup(0,\pi)$。

**注意**:以解析式来表示的函数,其定义域是使函数表达式有意义的自变量的一切实数值所组成的数集。如:分母不能为零;偶次根式的被开方式为非负;对数的真数大于零等。

**例 5** 判断函数$f(x)=x+1$和函数$g(x)=\dfrac{x^2-1}{x-1}$是否为同一函数。

**解** $f(x)$的定义域是$(-\infty,+\infty)$,而$g(x)$的定义域是$(-\infty,1)\cup(1,+\infty)$,两者定义域不同,故它们不是同一函数。

**注意**:函数的定义域和对应法则是函数的两大要素,当且仅当两个函数的定义域和对应法则都分别对应相同时,才是同一函数。

3)分段函数

有些函数在其定义域内,当自变量在不同的范围内取值时,要用不同的解析式表示,这类函数称为分段函数。如[案例 2],再如符号函数:

$$y=\operatorname{sgn}x=\begin{cases}1, & x>0\\ 0, & x=0\\ -1, & x<0\end{cases}$$,是一个分段函数,定义域为$(-\infty,+\infty)$,图形见图 1-1-2。

**例 6** 设$f(x)=\begin{cases}2^x, & x\leqslant 0\\ 1-x, & 0<x\leqslant 1\\ 1, & x>1\end{cases}$,求$f(0)$、$f\left(\dfrac{1}{2}\right)$和$f(2)$,并作出函数图像。

**解** $f(0)=2^0=1$,$f\left(\dfrac{1}{2}\right)=1-\dfrac{1}{2}=\dfrac{1}{2}$,$f(2)=1$,图形如图 1-1-3 所示。

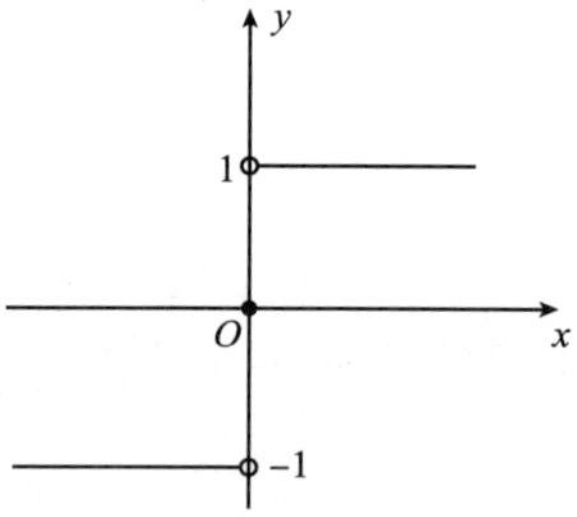


图 1-1-2

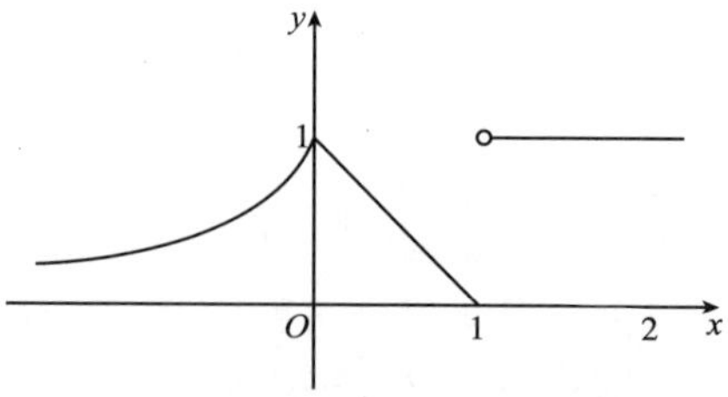


图 1-1-3

**注意**:求分段函数的函数值时,应先确定自变量取值的所在范围,再按相应的式子进行计算。分段函数是用几个解析式合起来表示一个函数,而不是表示几个函数。

4)反函数

**定义 2** 设函数$y=f(x)$,$x\in D$,其值域为$M$。若对于数集$M$中的每一个数$y$,数集$D$中都有唯一确定的数$x$与之对应,则得到一个定义在$M$上以$y$为自变量的函数,称这个函数为$y=f(x)$的反函数,记作$x=f^{-1}(y)$。习惯上用$x$表示自变量,$y$表示因变量,则可以将函数$y=f(x)$的反函数改写成$y=f^{-1}(x)$,其定义域为$M$,值域为$D$。

两个互为反函数 $y=f(x)$ 和 $y=f^{-1}(x)$ 的图像关于直线 $y=x$ 对称，且定义域和值域互换，如图 1-1-4 所示。

**例 7** 求函数 $y=2x+3$ 的反函数，并在同一直角坐标系中作出它们的图像。

**解** 由 $y=2x-3$ 得，$x=\dfrac{y+3}{2}$，故反函数是 $y=\dfrac{x+3}{2}$，如图 1-1-5 所示。

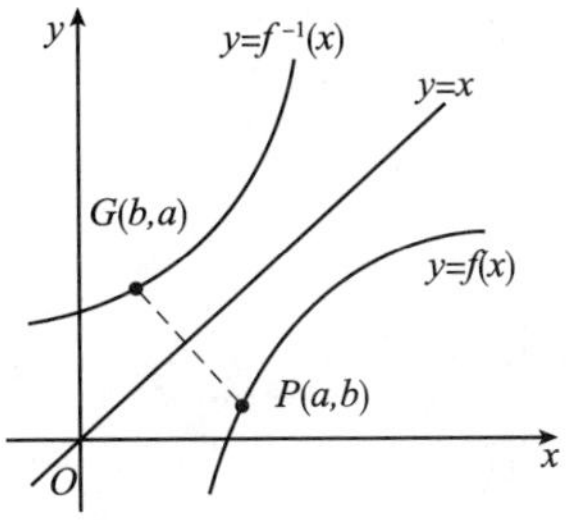


图 1-1-4

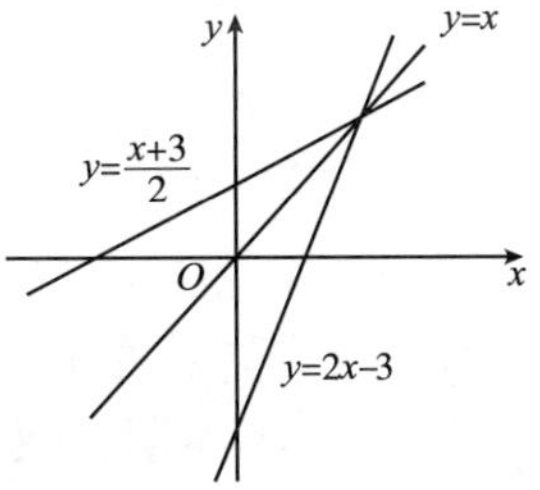


图 1-1-5

## 1.1.2 函数的几种特性

1）奇偶性

设函数 $y=f(x)$ 的定义域 $D$ 关于原点对称。若对任何 $x\in D$，都有 $f(-x)=f(x)$，则称 $y=f(x)$ 为偶函数；若对任何 $x\in D$，都有 $f(-x)=-f(x)$，则称 $y=f(x)$ 为奇函数。

偶函数图像关于 $y$ 轴对称[图 1-1-6a)]，奇函数图像关于原点对称[图 1-1-6b)]。

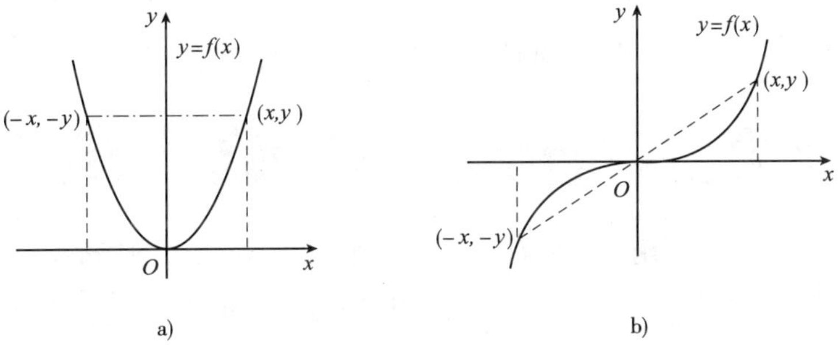


图 1-1-6

**注意：**(1) 奇偶性是函数的整体性质，判断一个函数的奇偶性，首先要看其定义域是否关于原点对称，若对称，再计算 $f(-x)$，其值等于 $f(x)$ 还是等于 $-f(x)$，然后下结论；若定义域关于原点不对称，则没有奇偶性可言；

(2) 一般地，奇 + 奇 = 奇，偶 + 偶 = 偶，奇 + 偶 = 非奇非偶，奇 × 奇 = 偶，偶 × 偶 = 偶，奇 × 偶 = 奇。

2）单调性

设函数 $y=f(x)$，$x\in D$，区间 $I\subseteq D$。如果对任意的 $x_1$、$x_2\in I$，当 $x_1<x_2$ 时，有 $f(x_1)<f(x_2)$，则称函数 $f(x)$ 在区间 $I$ 上单调递增，区间 $I$ 称为单调增区间；若对任意 $x_1$、$x_2\in I$，当 $x_1<x_2$ 时，有 $f(x_1)>f(x_2)$，则称该函数在区间 $I$ 内单调递减，区间 $I$ 称为单调减区间。

单调递增或单调递减的函数统称为单调函数，单调增区间或单调减区间统称为单调区间。从图形上看，递增就是从左往右图形上升[图 1-1-7a)]；递减则是下降[图 1-1-7b)]。

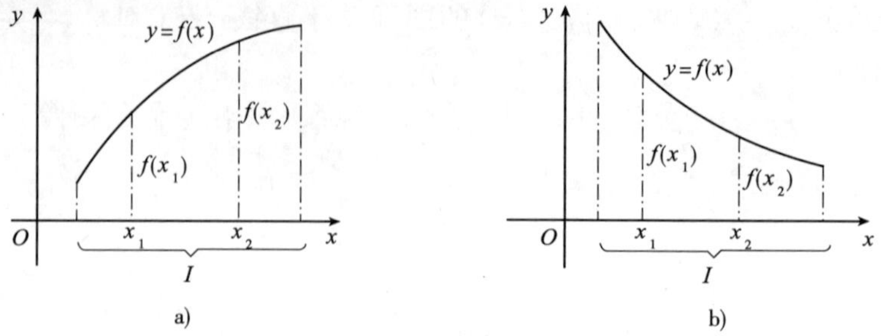


图 1-1-7

3)周期性

设函数 $y=f(x)$, $x\in D$。若存在非零实数 $T$,使得对任何 $x\in D$,都有 $(x\pm T)\in D$,且 $f(x+T)=f(x)$,则称 $f(x)$ 为周期函数,$T$ 为 $f(x)$ 的周期。

通常的说的函数周期是指它的最小正周期。如 $y=\sin x$ 和 $y=\cos x$ 的周期都是为 $2\pi$, $y=\tan x$ 和 $y=\cot x$ 的周期都是 $\pi$, $y=A\sin(\omega x+\varphi)$ 的周期是 $\frac{2\pi}{|\omega|}$。

4)有界性

设函数 $y=f(x)$, $x\in D$,区间 $I\subseteq D$。若存在一个正数 $M$,使得当 $x\in I$ 时,有 $|f(x)|\leqslant M$,则称函数 $f(x)$ 在 $I$ 上有界;否则称函数 $f(x)$ 在 $I$ 上无界。

如函数 $f(x)=\sin x$ 在 $(-\infty,+\infty)$ 上有界,因为 $|\sin x|\leqslant 1$。又如 $f(x)=\tan x$ 在 $\left(-\frac{\pi}{3},\frac{\pi}{3}\right)$ 上有界,而在 $\left(-\frac{\pi}{2},\frac{\pi}{2}\right)$ 上无界;$f(x)=\frac{1}{x}$ 在 $(0,1)$ 上无界,而在 $(1,+\infty)$ 上有界。因此,说一个函数是有界或无界,应同时指出其自变量的相应范围。

## 1.1.3 基本初等函数

基本初等函数是指常数函数、幂函数、指数函数、对数函数、三角函数和反三角函数。

(1)常数函数:$y=C$, $x\in(-\infty,+\infty)$,其中 $C$ 是已知常量。其图形为一条平行或重合于 $x$ 轴的直线。

(2)幂函数:$y=x^{\alpha}$($\alpha$ 为任意实数)。在第一象限内的图形如图 1-1-8 所示。

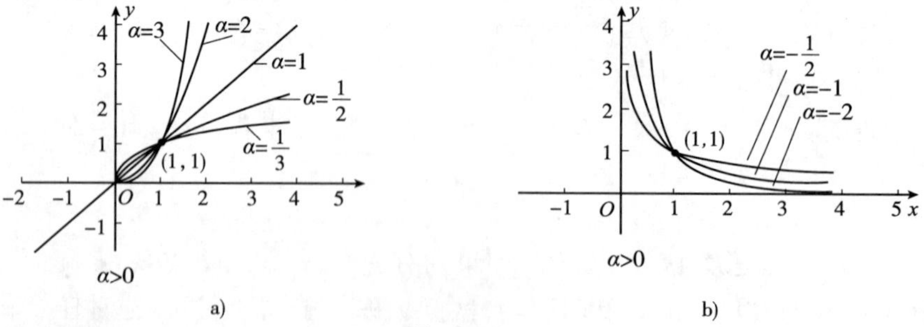


图 1-1-8

(3)指数函数:$y=a^{x}$, $x\in(-\infty,+\infty)$ $(a>0,a\neq 1)$。定义域为 $(-\infty,+\infty)$,值域为 $(0,+\infty)$。其图形如图 1-1-9a)所示。

(4)对数函数:$y=\log_a x$,($a>0$,$a\neq1$),定义域为$(0,+\infty)$,值域为$(-\infty,+\infty)$,其图形如图 1-1-9b)所示。

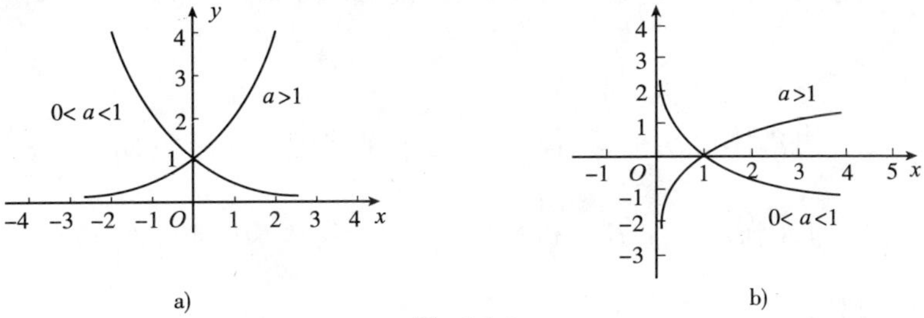


图 1-1-9

(5)三角函数:正弦函数 $y=\sin x$,$x\in(-\infty,+\infty)$;余弦函数 $y=\cos x$,$x\in(-\infty,+\infty)$,值域都为$[-1,1]$。图形如图 1-1-10a)所示。

正切函数 $y=\tan x$,$x\neq k\pi+\dfrac{\pi}{2}$,$k=0,\pm1,\pm2\cdots$,值域为 $R$。图形如图 1-1-10b)所示。

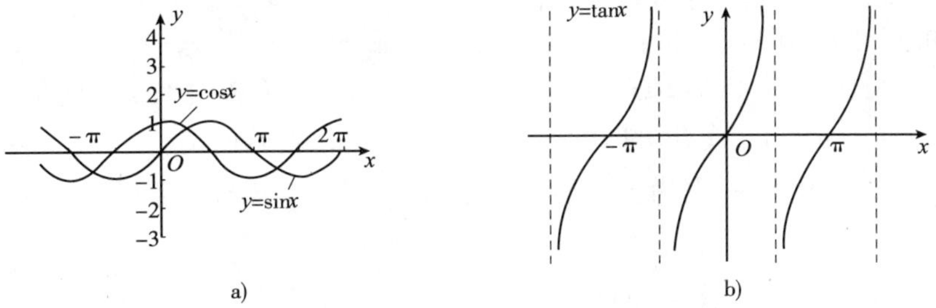


图 1-1-10

余切函数 $y=\cot x$,$x\neq k\pi$,$k=0,\pm1,\pm2\cdots$;

正割函数 $y=\sec x$,$x\neq k\pi+\dfrac{\pi}{2}$,$k=0,\pm1,\pm2\cdots$;

余割函数 $y=\csc x$,$x\neq k\pi$,$k=0,\pm1,\pm2\cdots$。

(6)反三角函数:反正弦函数 $y=\arcsin x$,$x\in[-1,1]$,$y\in\left[-\dfrac{\pi}{2},\dfrac{\pi}{2}\right]$,图形如图 1-1-11a)所示;

反余弦函数 $y=\arccos x$,$x\in[-1,1]$,$y\in[0,\pi]$,图形如图 1-1-11b)所示;

反正切函数 $y=\arctan x$,$x\in(-\infty,+\infty)$,$y\in\left(-\dfrac{\pi}{2},\dfrac{\pi}{2}\right)$,图形如图 1-1-11c)所示;

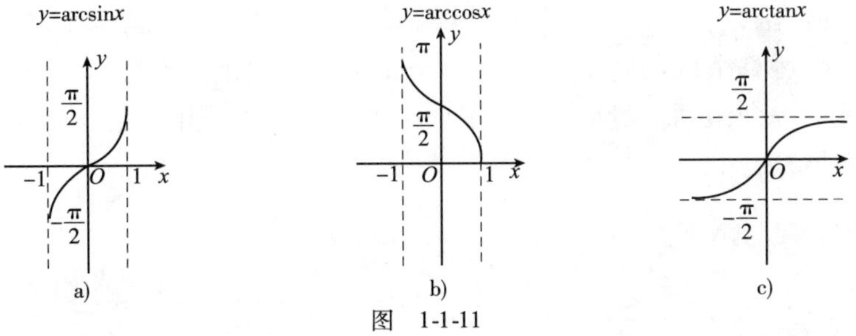


图 1-1-11

反余切函数 $y=\text{arccot}\,x$,$x\in(-\infty,+\infty)$,$y\in(0,\pi)$。

## 1.1.4 复合函数和初等函数

1）复合函数

**【案例3】** 在自由落体运动中，物体的动能 $E$ 是速度 $v$ 的函数，$E=\frac{1}{2}mv^2$，而速度 $v$ 又是时间 $t$ 的函数，$v=gt$，因而，动能 $E$ 通过速度 $v$ 的关系，成为时间 $t$ 的函数，$E=\frac{1}{2}m(gt)^2$。对于这样的函数，我们给出如下定义：

**定义3** 设 $y=f(u), u\in D_f, u=\varphi(x), x\in D_\varphi$，值域为 $M_\varphi$ 且 $M_\varphi\subseteq D_f$，若对每一个 $x\in D_\varphi$，有唯一的 $u\in M_\varphi$ 与 $x$ 对应，则有唯一的 $y$ 与 $u$ 对应，从而变量 $x$ 与 $y$ 之间通过变量 $u$ 形成的一种新的函数关系，这种函数关系称为由 $y=f(u), u\in D_f$ 与 $u=\varphi(x), x\in D_\varphi$ 复合而成的复合函数，记为 $y=f[\varphi(x)], x\in D_\varphi$，其中 $x$ 称为自变量，$u$ 为中间变量，$y$ 为因变量（即函数）。复合函数是指具有中间变量的函数。

由定义可知，两个函数的复合过程实际上就是将一个函数代入另一个函数。

**注意**：并不是任何两个函数都可复合成一个函数，可复合的条件是：只有当 $u=\varphi(x)$ 的值域 $M_\varphi$ 和 $y=f(u)$ 的定义域 $D_f$ 的交集不为空集时，二者才可以复合。如 $y=\arcsin u$ 与 $u=x^2+2$ 不能复合成一个函数，因为 $u$ 的值域为 $[2,+\infty)$ 与 $y=\arcsin u$ 的定义域 $[-1,1]$ 的交集为空集。

**例8** 分析函数 $y=\sqrt{u}$ 与 $u=\cos x$ 的复合过程并指出复合函数的定义域。

**解** 因 $y=\sqrt{u}$ 的定义域为 $[0,+\infty)$ 与 $u=\cos x$ 的值域 $[-1,1]$ 有公共部分，故可复合。

由 $u=\cos x\geqslant 0$ 得 $x\in\left[2k\pi-\frac{\pi}{2},2k\pi+\frac{\pi}{2}\right], k\in Z$，将 $u=\cos x$ 代入 $y=u^2$ 得

复合函数为 $y=\sqrt{\cos x}, x\in\left[2k\pi-\frac{\pi}{2},2k\pi+\frac{\pi}{2}\right]\quad(k\in Z)$

**例9** 分析下列各复合函数是由哪几个函数复合而成的。

(1) $y=\sqrt[3]{2x+1}$；　　(2) $y=\ln\cos(2x+3)$

**解** (1) $y=\sqrt[3]{2x+1}$ 是由 $y=\sqrt[3]{u}$ 和 $u=2x+1$ 复合而成的；

(2) $y=\ln\cos(2x+3)$ 是由 $y=\ln u, u=\cos v, v=2x+3$ 复合而成的。

注意：分析复合函数合成与分解要从外层到内层，逐层分解成若干个基本初等函数或基本初等函数的四则运算组成的简单函数，如 $y=ax+b$ 就是简单函数。

复合函数可有一个中间变量，还可有多个中间变量，即可由两个以上的函数进行复合，只要它们依次满足复合的条件。

**例10** 设 $f(x)=\frac{1}{1+x}$，试求 $f[f(x)]$、$f\{f[f(x)]\}$。

**解** $f[f(x)]=\frac{1}{1+f(x)}=\frac{1}{1+\frac{1}{1+x}}=\frac{1+x}{2+x}\quad(x\neq -1,-2)$

$$f\{f[f(x)]\}=\frac{1}{1+f[f(x)]}=\frac{1}{1+\frac{1+x}{2+x}}=\frac{2+x}{3+2x}(x\neq -1,-2,-\frac{3}{2})$$

**例 11** 设 $f(x)$ 的定义域为 $[-1,1]$，求 $f(\ln 2x)$ 的定义域。

**解** 因为 $f(x)$ 的定义域为 $[-1,1]$，所以 $-1\leqslant \ln 2x\leqslant 1$ 且 $x>0$，从而

$$\Rightarrow \ln\frac{1}{e}\leqslant \ln 2x\leqslant \ln e\Rightarrow \frac{1}{2e}\leqslant x\leqslant \frac{e}{2},$$

所以 $f(\ln 2x)$ 的定义域是 $\left[\frac{1}{2e},\frac{e}{2}\right]$。

2）初等函数

由基本初等函数经过有限次四则运算或有限次复合，且能用一个数学式子表示的函数，称为初等函数，如 $y=\ln\cos x$，$y=\sqrt{\ln 5x+3^x+\sin^2 x}$ 等都是初等函数。除初等函数以外的函数称为非初等函数，如符号函数、狄立克莱函数都是非初等函数。分段函数一般为非初等函数，但少数例外，如绝对值函数 $y=|x|=\begin{cases}x, & x\geqslant 0\\ -x, & x<0\end{cases}$ 是初等函数。初等函数是高等数学的主要研究对象。

## 1.1.5 工程中建立函数模型示例

**【案例 4】** 分布荷载函数。

作用于结构的外力在工程上统称为荷载。当荷载的作用范围相对于研究对象很小时，可近似地看作一个点。作用于一点的力，称为集中力或集中荷载。当荷载的作用范围相对于研究对象较大时，就称为分布力或分布荷载。根据荷载的作用范围不同，分布荷载表现为“体荷载”、“面荷载”、“线荷载”；“线荷载”是工程力学中常见的一种分布荷载，如图 1-1-12 所示。

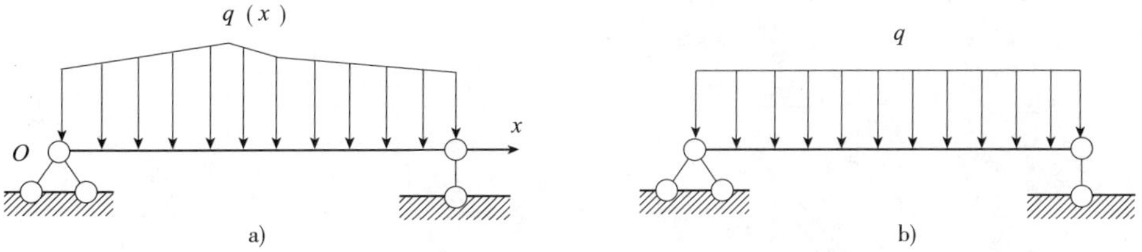


图 1-1-12

线荷载在其作用范围内的“某一点”的密集程度，称为分布荷载集度，通常用 $q$ 表示。其大小代表单位长度上所承受的荷载大小，如图 1-1-12a）以左支点为坐标原点，梁所在直线为 $x$ 轴建立坐标系，则分布集度 $q$ 是 $x$ 的函数，该函数称为分布荷载函数。如果 $q$ 是常量，称为均布荷载，如图 1-1-12b）所示。

**【案例 5】** 弯矩函数。

一单臂外伸梁的受力情况如图 1-1-13 所示，沿梁的长度方向（即原点 $O$ 在 $A$ 端的 $Ox$ 轴方向），不同位置 $x$ 处的梁面上的弯矩用下式表示：

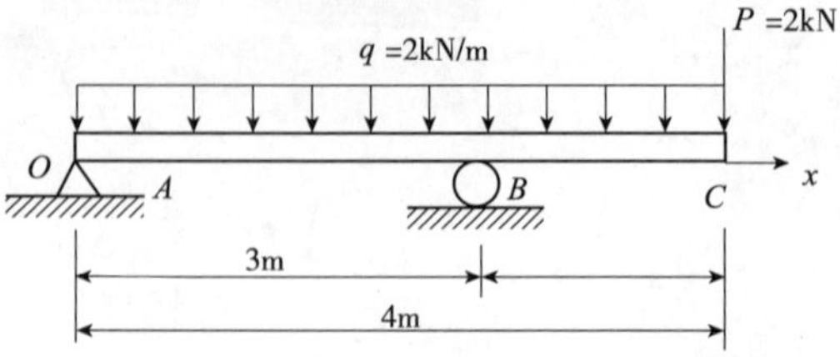

图 1-1-13

$$M(x)=\begin{cases}2x-x^2, & 0\leqslant x\leqslant 3\\ 10x-x^2-24, & 3<x\leqslant 4\end{cases}$$

试求支座 $A$、$B$ 及 $C$ 端处的梁截面上的弯矩 $M$ 值。

**解** 该题的弯矩函数是个分段函数,它反映了在梁的不同横截面 $x$ 处的弯矩。

依题可知:

$x_A=0$,则,$M_A=M(0)=0$。

$x_B=3$,则,$M_B=M(3)=2\times3-3^2=-3$。

$x_C=4$,则,$M_C=M(4)=10\times4-4^2-24=0$。

**【案例 6】** 根据工程力学的知识,矩形截面梁承载能力与梁的弯曲截面系数 $W$ 有关,$W$ 越大,承载能力越强。而矩形截面(高为 $h$,宽为 $b$)梁的弯曲截面系数的计算公式是 $W=\frac{1}{6}bh^2$。现要将一根直径为 $d$ 的圆木锯成矩形截面梁,如图 1-1-14 所示,求该梁弯曲截面系数与宽 $x$ 的函数表达式。

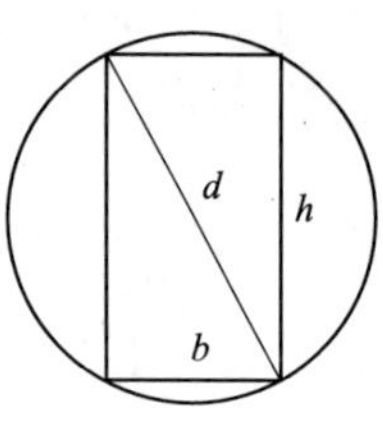

图 1-1-14

**解** 从图 1-1-14 中可以看出,$b$、$h$ 和 $d$ 之间有这样的关系

$$h^2=d^2-b^2$$

设矩形截面梁宽为 $x$,则其弯曲截面系数函数为

$$W(x)=\frac{1}{6}x(d^2-x^2)\quad(0<x<d)$$

**说明**:建立实际问题中的函数关系式,关键是找到变量之间的依赖关系,同时注意给出函数的定义域。实际问题中,函数的定义域由实际意义确定。

**【案例 7】** 某化工厂要从 $C$ 处铺设水管到 $B$ 处,并要求 $D$ 点在 $AB$ 之间,如图 1-1-15 所示,已知 $AB$ 段的距离为 100m,$C$ 到直线 $AB$ 的距离为 20m,又 $CD$ 段 1m 长度的水管排管费为 90 元,$DB$ 段 1m 长度的水管排管费为 60 元,设 $AD$ 为 $x$m,求从 $C$ 到 $B$ 的排管费 $T$ 与 $x$ 间的函数关系。

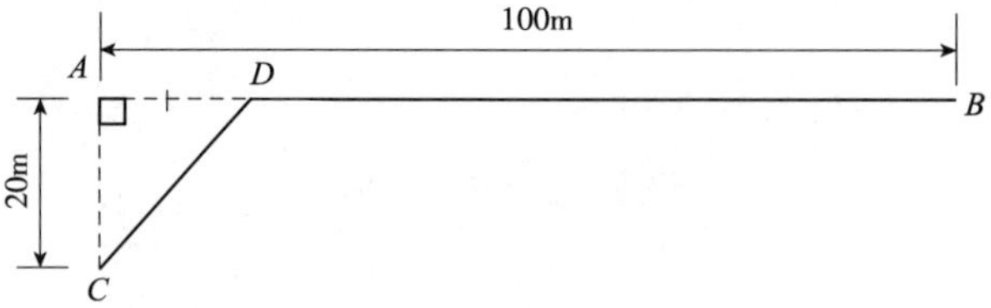

图 1-1-15

**解** 由于 $CD=\sqrt{20^2+x^2}=\sqrt{400+x^2}$,$BD=100-x$,所以

$$T=90\sqrt{400+x^2}+60(100-x)\quad(0\leqslant x\leqslant 100)$$

因此,根据 $T$ 与 $x$ 之间的函数关系,可依据不同的 $x$,算出相应的排管总费用。

上面我们通过若干示例,说明建立函数关系的过程,在以后的学习中对一些实际问题求最大值、最小值或解决其他有关应用问题,都要求我们通过对实际问题的分析,首先建立变量之间的函数关系,才能进一步进行分析研究。

## 习题 1.1

1. 设$f(x+1)=x^2+2x-3$，求$f(x)$、$f\left(\frac{1}{x}\right)$和$f(1)$。

2. 设$f(x)=\begin{cases}x^2, & 0\leqslant x\leqslant 1\\ 2x, & 1<x\leqslant 2\end{cases}$，求$f\left(\frac{1}{2}\right)$、$f(1)$、$f\left(\frac{3}{2}\right)$。

3. 设$f(x)=(x-1)^2$，$g(x)=\lg x$，求$f[g(x)]$、$g[f(x)]$。

4. 求下列函数的定义域：

(1)$y=\frac{1}{\lg|x-1|}+\sqrt{x-1}$；　　(2)$f(x)=\sqrt{3+2x-x^2}+\arcsin(x-2)$。

5. 下列各题中所给的函数是否相同？为什么？

(1)$y=\frac{x^2-9}{x+3}$与$y=x-3$；　　(2)$y=|x|$与$y=\sqrt{x^2}$；

(3)$y=\lg x^2$与$y=2\lg x$；　　(4)$y=\lg x^3$与$y=3\lg x$。

6. 求函数$y=\sqrt[3]{x+1}$的反函数。

7. 讨论下列函数的奇偶性：

(1)$y=\ln(\sqrt{x^2+1}+x)$；　　(2)$y=\frac{a^x-1}{a^x+1}$；

(3)$y=\frac{1}{2}(e^x+e^{-x})$。

8. 指出下列各复合函数的复合过程：

(1)$y=\sin^2(2+5x)$；　　(2)$y=\ln[\ln(\ln x)]$；

(3)$y=(x+\lg x)^3$；　　(4)$y=\sqrt{\log_a(\sin x+2^x)}$。

9. 某停车场收费规定是：第一个小时内收费5元，一个小时后每小时收费2元，每天最多收费20元。试表示停车场收费与停车时间的关系。

10. 拟建一个容积为$V$的长方体水池，设它的底为正方形，如果水池底所用材料单位面积的造价是四周单位面积造价的2倍，试将总造价表示成底边边长的函数，并确定函数的定义域。

## 1.2 极限的概念

微积分学的研究对象是变动的量，注重变量的本质和规律。我们应关注变量的变化过程，更应从变量的变化过程中判断它的变化趋势。要把握这两个方面需要借助极限的方法。

极限的方法是人们从有限中认识无限，从近似中认识精确，从量变中认识质变的辩证思想和数学方法。总之极限是研究变量的变化趋势的基本工具，是微积分中的基本概念，导数、定积分和级数等概念，都是用极限来定义的。

## 1.2.1 数列的极限

**【案例 1】** 刘徽的割圆术。

魏晋时代的数学家刘徽在《九章算术注》中利用割圆术证明了圆面积的精确公式，并给出了计算圆周率 $\pi$ 的方法。

刘徽以“割之弥细，所失弥少，割之又割，以至于不可割，则与圆周合体而无所失矣”来总结这种方法。他首先从圆内接正六边形开始割圆，每次边数倍增，当算得正 3072 边形的面积，求到 $\pi\approx3.1416$，称为“徽率”。

一方面，圆内接正多边形的面积小于圆面积，而当边数屡次加倍时，正多边形的面积增大，且越来越接近于圆的面积。另一方面，随着边数增多，正多边形的周长就越来越贴近于圆周。为了便于计算，我们从周长的角度来分析。

如图 1-2-1 所示，我们分别用内接正六边形、正十二边形，……来割圆，可得关于正多边形周长的数列：

$$l_1,l_2,\cdots,l_n,\cdots$$

如图 1-2-2，设半径为 $R$ 的圆内接正 $n$ 边形的边长和周长分别为 $a_n$、$l_n$，则

$$a_n=2R\sin\left(\frac{360^\circ}{2n}\right)=2R\sin\left(\frac{\pi}{n}\right),l_n=n\times a_n=2nR\sin\left(\frac{\pi}{n}\right)。$$

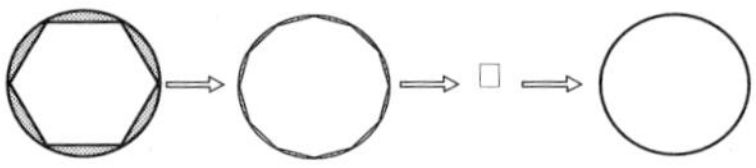

图 1-2-1

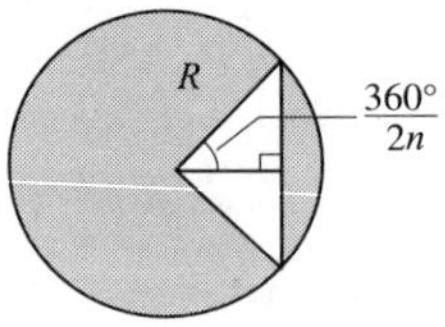


图 1-2-2

当 $n$ 越来越大时，周长 $l_n$ 逐渐稳定在一个数值上，这个值就是圆周长 $2\pi R$，从而得出圆周率 $\pi$ 值。

**【案例 2】** 截丈问题。

“一尺之棰，日取其半，万世不竭”——庄子

**分析**：设原棰（木棒）之长为一个单位长，用 $a_n$ 表示第 $n$ 天截取之后所剩下的长度，可得数列 $\{a_n\}$：

$$a_1=\frac{1}{2},a_2=\frac{1}{4},a_3=\frac{1}{8},\cdots,a_n=\frac{1}{2^n},\cdots（所谓“日取其半”）$$

当 $n$ 无限增大时，$a_n$ 无限接近于零，但它永远不会等于零（所谓“万世不竭”），这一无限运动的变化过程可描述为：当 $n\to\infty$ 时，$a_n\to0$。

上述两案例蕴含了丰富的数列极限思想，我们把数列极限的定义描述如下：

**定义 1** 对于数列 $\{a_n\}$，若当 $n$ 无限增大时，$a_n$ 无限接近于一个确定的常数 $A$，则称常数 $A$ 为数列 $\{a_n\}$ 的极限，记作 $\lim\limits_{n\to\infty}a_n=A$，或 $a_n\to A(n\to\infty)$。

若数列 $\{a_n\}$ 有极限，则称数列 $\{a_n\}$ 是收敛的，且收敛于 $A$；否则是发散的。

**说明:**(1)数列极限只对无穷数列而言;

(2)数列极限是个动态概念,是变量无限运动渐进变化的过程,是一个变量(项数 $n$)无限运动的同时另一个变量(对应的通项 $a_n$)无限接近于某个确定的常数,这个常数(即极限)是这个无限运动变化的最终趋势。

**例1**　观察下列各数列的变化趋势,并写出它们的极限。

(1) $a_n=\dfrac{1}{n}$;

(2) $a_n=\dfrac{1}{2^n}$;

(3) $a_n=\dfrac{n-1}{n+1}$;

(4) $a_n=6$。

**解**　通过观察列出的有限项,考察当 $n\to\infty$ 时,各数列的变化趋势如表1-2-1。

**各数列的变化趋势**　　表1-2-1

| $n$ | 1 | 2 | 3 | 4 | 5 | … | $\to\infty$ |
|---|---|---|---|---|---|---|---|
| $a_n=\frac{1}{n}$ | 1 | $\frac{1}{2}$ | $\frac{1}{3}$ | $\frac{1}{4}$ | $\frac{1}{5}$ | … | $\to0$ |
| $a_n=\frac{1}{2^n}$ | $\frac{1}{2}$ | $\frac{1}{4}$ | $\frac{1}{8}$ | $\frac{1}{16}$ | $\frac{1}{32}$ | … | $\to0$ |
| $a_n=\frac{n-1}{n+1}$ | 0 | $\frac{1}{3}$ | $\frac{1}{2}$ | $\frac{3}{5}$ | $\frac{2}{3}$ | … | $\to1$ |
| $a_n=6$ | 6 | 6 | 6 | 6 | 6 | … | $\to6$ |

从上表看出:(1) $\lim\limits_{n\to\infty}\dfrac{1}{n}=0$;(2) $\lim\limits_{n\to\infty}\dfrac{1}{2^n}=0$;(3) $\lim\limits_{n\to\infty}\dfrac{n-1}{n+1}=1$;(4) $\lim\limits_{n\to\infty}6=6$。

并非每个数列都有极限,如数列 $a_n=n^2$,当 $n\to\infty$ 时,$n^2\to\infty$,$\infty$ 不是一个常数,因而它没有极限;又如 $a_n=(-1)^n$,当 $n\to\infty$ 时,$a_n$ 在1和 $-1$ 上来回"跳动",无限接近于的不是一个确定的常数,因而它也没有极限。

若数列的极限存在,则极限是唯一的。

下面是几个常用数列的极限:

(1) $\lim\limits_{n\to\infty}C=C$($C$ 为常数);

(2) $\lim\limits_{n\to\infty}\dfrac{1}{n^\alpha}=0\ (\alpha>0)$;

(3) $\lim\limits_{n\to\infty}q^n=0\ (|q|<1)$。

## 1.2.2　函数的极限

1) $x\to\infty$ 时函数 $f(x)$ 的极限

**【案例3】**　自然保护区中动物的数量。

某自然保护区中生长的一群野生动物,其种群数量 $N$ 会逐渐增长,由于受到自然保护区

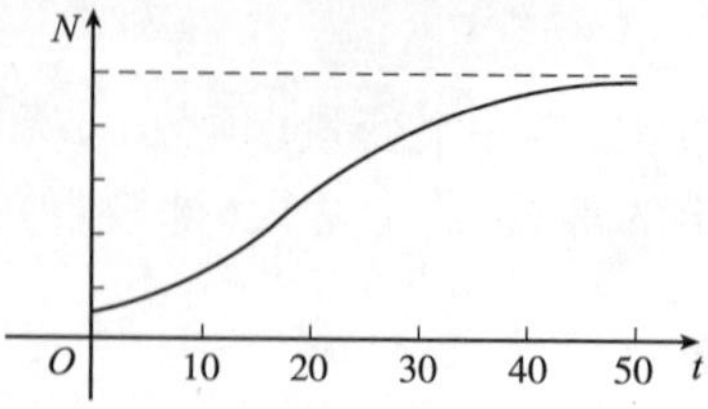


图 1-2-3

内各种资源的限制，这一动物种群不可能无限制地增长，会达到某一饱和状态。该饱和状态就是时间 $t$ 不断增加时野生动物群的数量，如图 1-2-3 所示。

**说明：**当 $x>0$ 且 $x$ 无限增大时，记作 $x\to+\infty$；当 $x<0$ 且 $x$ 无限减小（其绝对值无限增大）时，记作 $x\to-\infty$；若既有 $x\to+\infty$，又有 $x\to-\infty$，即 $|x|$ 无限增大，记作 $x\to\infty$（读作"$x$ 趋于无穷大"）。

观察函数 $f(x)=\left(\frac{1}{2}\right)^x$ 的图像（图 1-2-4），当 $x\to+\infty$ 时，$f(x)$ 无限趋近于常数 0，就称 0 为 $f(x)$ 当 $x\to+\infty$ 时的极限。

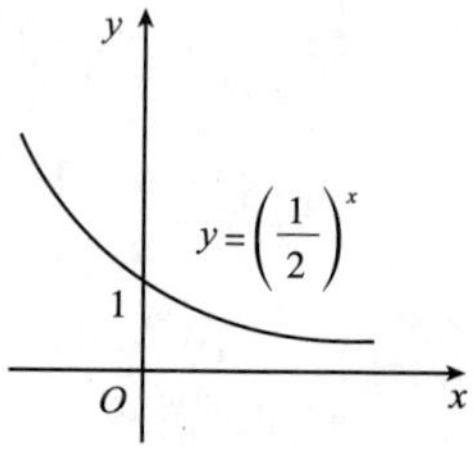


图 1-2-4

**定义 2** 设函数 $f(x)$ 在 $(a,+\infty)$ 内有定义，若当 $x\to+\infty$ 时，函数 $f(x)$ 无限趋近于一个确定的常数 $A$，则称常数 $A$ 为函数 $f(x)$ 当 $x\to+\infty$ 时的极限，记为

$$\lim_{x\to+\infty}f(x)=A，\text{或} f(x)\to A(x\to+\infty)。$$

由定义知，$\lim\limits_{x\to+\infty}\left(\frac{1}{2}\right)^x=0$。

观察函数 $f(x)=2^x$ 的图像（图 1-2-5），当 $x\to-\infty$ 时，$f(x)$ 无限趋近于常数 0，就称 0 为函数 $f(x)$ 当 $x\to-\infty$ 时的极限。

**定义 3** 设函数 $f(x)$ 在 $(-\infty,a)$ 内有定义，若当 $x\to-\infty$ 时，函数 $f(x)$ 无限趋近于一个确定的常数 $A$，则称常数 $A$ 为函数 $f(x)$ 当 $x\to-\infty$ 时的极限，记为

$$\lim_{x\to-\infty}f(x)=A，\text{或} f(x)\to A(x\to-\infty)。$$

由定义知，$\lim\limits_{x\to-\infty}2^x=0$。

观察 $f(x)=\frac{1}{x}$ 的图像（图 1-2-6），当 $x\to+\infty$ 时，$f(x)$ 无限趋近于常数 0，同时，当 $x\to-\infty$ 时，$f(x)$ 也无限趋近于常数 0，就称 0 为当 $x\to\infty$ 时 $f(x)$ 的极限。

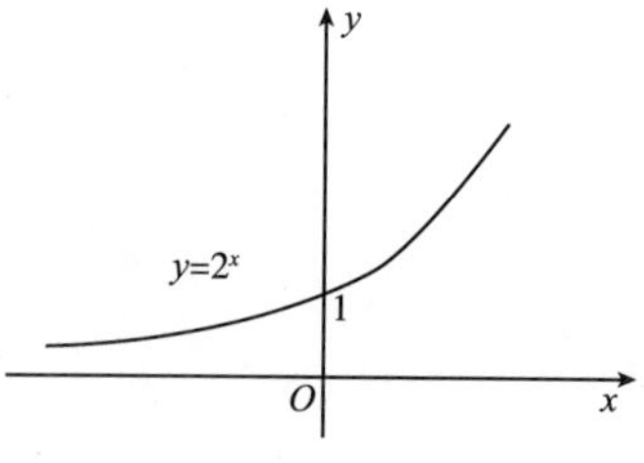


图 1-2-5

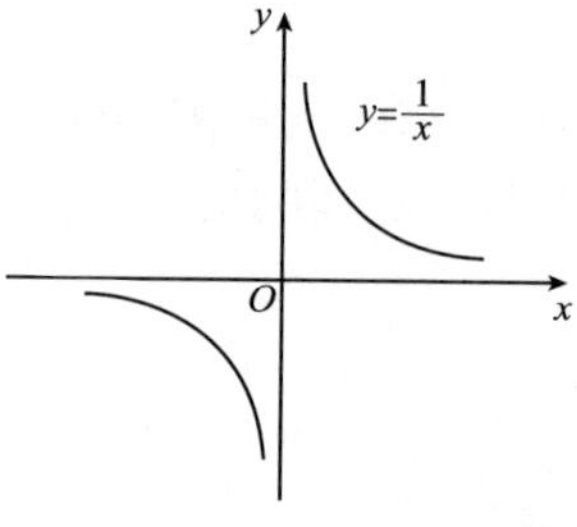


图 1-2-6

**定义 4** 设函数 $f(x)$ 在 $|x|>a$ 时有定义（$a$ 为某个正实数），若当 $x$ 的绝对值无限增大时，$f(x)$ 无限趋近于一个确定的常数 $A$，则称常数 $A$ 为函数 $f(x)$ 当 $x\to\infty$ 时的极限，记作

$$\lim_{x\to\infty}f(x)=A，\text{或} f(x)\to A(x\to\infty)。$$

由定义知，$\lim\limits_{x\to\infty}\frac{1}{x}=0$。

**注意：**$x$ 的绝对值无限增大即 $x\to\infty$，同时包括 $x\to+\infty$ 和 $x\to-\infty$。

**例 2** 讨论函数$f(x)=\arctan x$，当$x\to\infty$时的极限。

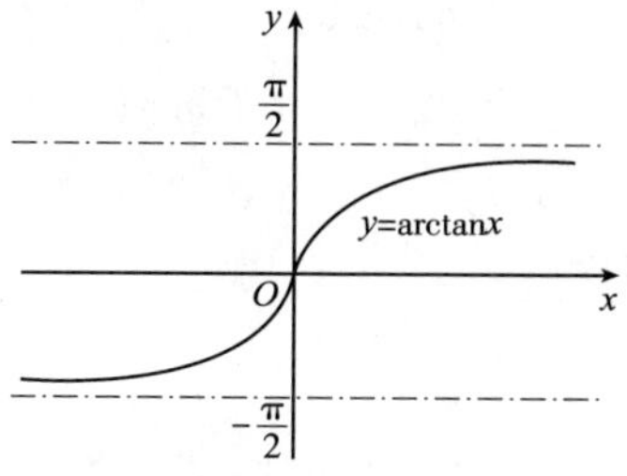

图 1-2-7

**解** 如图 1-2-7 所示，当$x\to+\infty$时，$f(x)$无限趋近于常数$\frac{\pi}{2}$，由定义 2 知$\lim\limits_{x\to+\infty}\arctan x=\frac{\pi}{2}$；当$x\to-\infty$时，$f(x)$无限趋近于常数$-\frac{\pi}{2}$，由定义 3 知$\lim\limits_{x\to-\infty}\arctan x=-\frac{\pi}{2}$。但$\frac{\pi}{2}\neq-\frac{\pi}{2}$，即$\lim\limits_{x\to+\infty}\arctan x\neq\lim\limits_{x\to-\infty}\arctan x$，由定义 4 知，当$x\to\infty$，$\arctan x$的极限不存在。

同样，如图 1-2-5 所示，因为$\lim\limits_{x\to-\infty}2^x=0$，$\lim\limits_{x\to+\infty}2^x=+\infty$，所以$\lim\limits_{x\to\infty}2^x$不存在。

由上述函数极限定义，不难得到如下重要结论：

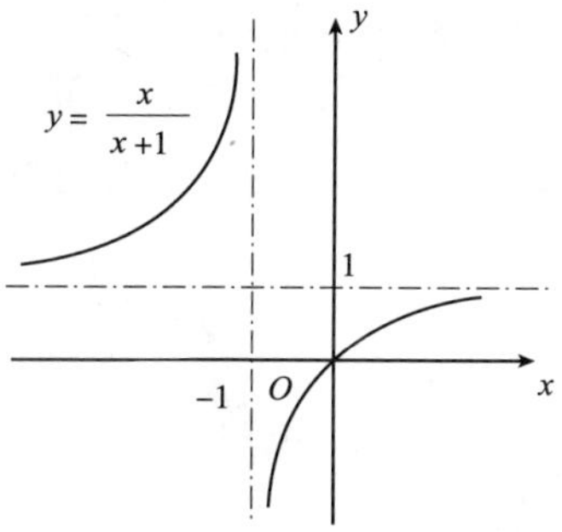

图 1-2-8

**定理 1** $\lim\limits_{x\to\infty}f(x)=A\Leftrightarrow\lim\limits_{x\to+\infty}f(x)=\lim\limits_{x\to-\infty}f(x)=A$。

**例 3** 设$f(x)=\frac{x}{x+1}$，求$\lim\limits_{x\to+\infty}f(x)$、$\lim\limits_{x\to-\infty}f(x)$和$\lim\limits_{x\to\infty}f(x)$。

**解** 如图 1-2-8 所示，当$x\to+\infty$时，$\frac{x}{x+1}\to1$，

则$\lim\limits_{x\to+\infty}f(x)=1$；

当$x\to-\infty$时，$\frac{x}{x+1}\to1$，则$\lim\limits_{x\to-\infty}f(x)=1$；

因为$\lim\limits_{x\to+\infty}f(x)=\lim\limits_{x\to-\infty}f(x)=1$，所以$\lim\limits_{x\to\infty}f(x)=1$。

数列可看成是一种特殊的函数，即$a_n=f(n)$，故有$\lim\limits_{n\to\infty}a_n=\lim\limits_{n\to+\infty}f(n)$，因此，数列极限是一种特殊的函数极限。

2）$x\to x_0$时函数$f(x)$的极限

$x\to x_0$（读作“$x$趋近于$x_0$”）指的是$|x-x_0|\to0$，但$x\neq x_0$。表示动点无限接近于点$x_0$，但永远不等于$x_0$的过程（图 1-2-9）。

**例 4** 观察当$x\to1$时，函数$f(x)=x+1$与$g(x)=\frac{x^2-1}{x-1}$的变化趋势。

**解** 观察图 1-2-10 知，当$x\to1$时，$f(x)=x+1$无限趋近于 2，并且$f(1)=2$；当$x\to1$时，由图 1-2-11，$g(x)=\frac{x^2-1}{x-1}$也无限趋近于 2。

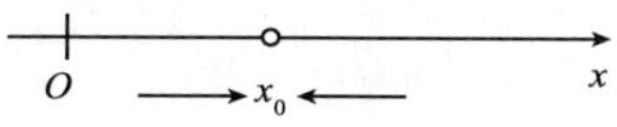

图 1-2-9

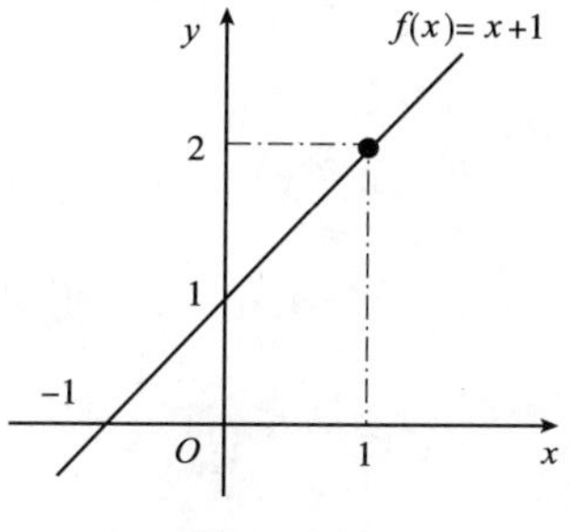

图 1-2-10

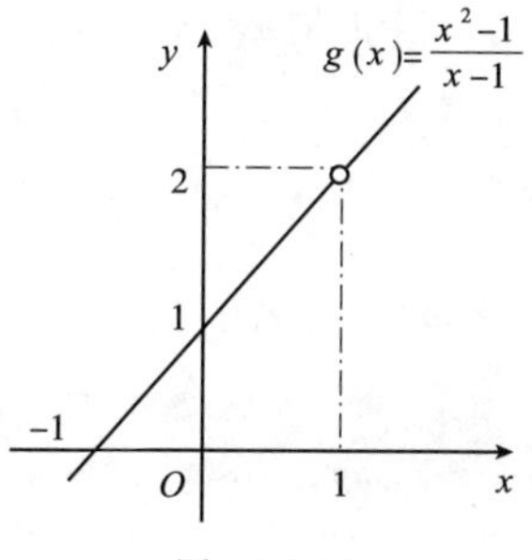

图 1-2-11

$f(x)=x+1$与$g(x)=\frac{x^2-1}{x-1}$是两个不同的函数，前者$x=1$处有定义，后者$x=1$处无定

义。说明当 $x\to1$ 时，$f(x)$ 和 $g(x)$ 的极限是否存在与其在 $x=1$ 处是否有定义无关。

**定义 5** 设函数 $f(x)$ 在 $x_0$ 左右两侧有定义（点 $x_0$ 本身可以除外），若当 $x$ 无限趋近于 $x_0$（记为 $x\to x_0$）时，$f(x)$ 无限趋近于一个确定的常数 $A$，则称常数 $A$ 为函数 $f(x)$ 当 $x\to x_0$ 时的极限，记为

$$\lim_{x\to x_0}f(x)=A，或 f(x)\to A(x\to x_0)。$$

由定义知，$\lim\limits_{x\to1}(x+1)=2$，$\lim\limits_{x\to1}\dfrac{x^2-1}{x-1}=2$。

**注意**：(1) 一个函数在 $x_0$ 处是否存在极限，与它在 $x_0$ 处是否有定义无关，只要求函数在 $x_0$ 近旁有定义即可；

(2) $x\to x_0$ 包括 $x$ 从 $x_0$ 的左右两侧同时无限趋近于 $x_0$。

函数的极限是一个局部概念，因此对于分段函数在分段点处的极限问题必须考虑其单侧的极限即函数的左、右极限。

**定义 6** 若当 $x$ 从 $x_0$ 的左侧（即 $x<x_0$）无限趋近于 $x_0$（记为 $x\to x_0^-$）时，函数 $f(x)$ 无限趋近于一个确定的常数 $A$，则称常数 $A$ 为函数 $f(x)$ 在 $x_0$ 处的左极限，记为

$$\lim_{x\to x_0^-}f(x)=A，或 f(x)\to A(x\to x_0^-)。$$

**定义 7** 若当 $x$ 从 $x_0$ 的右侧（即 $x>x_0$）无限趋近于 $x_0$（记为 $x\to x_0^+$）时，函数 $f(x)$ 无限趋近于一个确定的常数 $A$，则称常数 $A$ 为函数 $f(x)$ 在 $x_0$ 处的右极限，记为

$$\lim_{x\to x_0^+}f(x)=A，或 f(x)\to A(x\to x_0^+)。$$

若函数的极限存在，则极限是唯一的。

由上述极限定义，不难得到函数极限与函数左、右极限之间有如下重要的关系：

**定理 2** $\lim\limits_{x\to x_0}f(x)=A\Leftrightarrow\lim\limits_{x\to x_0^-}f(x)=\lim\limits_{x\to x_0^+}f(x)=A$。

**例 5** 判断 $\lim\limits_{x\to0}e^{\frac{1}{x}}$ 是否存在。

**解** 当 $x\to0^+$ 时，$\dfrac{1}{x}\to+\infty$，从而 $e^{\frac{1}{x}}\to+\infty$；当 $x\to0^-$ 时，$\dfrac{1}{x}\to-\infty$，从而 $e^{\frac{1}{x}}\to0$。故当 $x\to0$ 时，左极限存在而右极限不存在，由定理 2 知 $\lim\limits_{x\to0}e^{\frac{1}{x}}$ 不存在。

**例 6** 试求函数 $f(x)=\begin{cases}x+1, & -\infty<x<0\\ x^2, & 0\leqslant x\leqslant1\\ 1, & x>1\end{cases}$ 在 $x=0$ 和 $x=1$ 处的极限。

**解** 因为 $\lim\limits_{x\to0^-}f(x)=\lim\limits_{x\to0^-}(x+1)=1$，而 $\lim\limits_{x\to0^+}f(x)=\lim\limits_{x\to0^+}x^2=0$，所以 $\lim\limits_{x\to0}f(x)$ 不存在；

因为 $\lim\limits_{x\to1^-}f(x)=\lim\limits_{x\to1^-}x^2=1$，且 $\lim\limits_{x\to1^+}f(x)=\lim\limits_{x\to1^+}1=1$，所以 $\lim\limits_{x\to1}f(x)=1$。

### 1.2.3 无穷小量与无穷大量

**【案例 4】** 残留在餐具上的洗涤剂。

洗刷餐具时要使用洗涤剂，漂洗次数越多，餐具上残留的洗涤剂就越少。当清洗次数无限增多时，餐具上的残留洗涤剂就趋于零。当然，为了保护您的身体健康，健康专家建议我

们少用或者最好不使用洗涤剂。

**【案例5】** 弹球模型。

一只球从100m的高空掉下，每次弹回的高度为前一次高度的$\frac{2}{3}$，一直这样运动下去，用球的第1，2，…，$n$，…次的高度来表示球的运动规律，得到数列

$$100,100\times\frac{2}{3},100\times\left(\frac{2}{3}\right)^2,\cdots,100\times\left(\frac{2}{3}\right)^{n-1},\cdots$$

此数列为公比小于1的等比数列，其极限为

$$\lim_{n\to\infty}100\times\left(\frac{2}{3}\right)^{n-1}=0,$$

即当弹回次数无限增大时，球弹回的高度无限接近0。

**【案例6】** 单摆偏角。

单摆摆动偏离垂直位置的角度可以用$\theta$来度量，这个角度可以规定正负。由于存在机械摩擦力和空气阻力，单摆摆动的振幅会不断地减小，随着摆动振幅不断地减小，角度$\theta$会无限接近于0。

在实际中，还有很多函数极限为零的例子。

1）无穷小量

**定义8** 在某一变化过程中，极限为零的变量称为在这一变化过程中的无穷小量，简称无穷小。

如，$\lim\limits_{n\to\infty}100\times\left(\frac{2}{3}\right)^{n-1}=0$，$100\times\left(\frac{2}{3}\right)^{n-1}$是当$n\to\infty$时的无穷小。又因为$\lim\limits_{x\to0}\sin x=0$，故$\sin x$是当$x\to0$时的无穷小；$\frac{1}{2x}$是当$x\to\infty$时的无穷小；$a^x(a>1)$是当$x\to-\infty$时的无穷小。

**注意：**（1）无穷小是变量，不能与绝对值很小的数混为一谈。常数中只有零是无穷小，因为零的极限为零。

（2）无穷小必须指明变化过程，不能笼统地说某个变量是无穷小。如，因$\lim\limits_{x\to\frac{\pi}{2}}\sin x=1$，故$\sin x$当$x\to\frac{\pi}{2}$时不是无穷小，而$\sin x$是当$x\to0$时的无穷小；当$x\to\infty$时，$\frac{1}{x}$是无穷小，而当$x\to2$时，$\frac{1}{x}$不是无穷小。

2）无穷小的性质

**性质1** 有限个无穷小的代数和为无穷小。

**性质2** 有限个无穷小之积为无穷小。

**性质3** 有界函数与无穷小之积为无穷小。特别地，常数与无穷小之积为无穷小。

**例7** 求$\lim\limits_{x\to-\infty}e^x\sin\frac{1}{x}$。

**解** 因为$\lim\limits_{x\to-\infty}e^x=0$，即$e^x$是当$x\to-\infty$时的无穷小，而$\left|\sin\frac{1}{x}\right|\leqslant1$，即$\sin\frac{1}{x}$是有界函数，由性质3知$\lim\limits_{x\to-\infty}e^x\sin\frac{1}{x}=0$。

**例 8** 证明$\lim\limits_{x\to\infty}\frac{\sin x}{x}=0$。

**证明** 因为$\frac{\sin x}{x}=\frac{1}{x}\sin x$，其中$\sin x$为有界函数，$\frac{1}{x}$为$x\to\infty$时的无穷小，由性质3知$\lim\limits_{x\to\infty}\frac{\sin x}{x}=0$。

3）无穷大量

**定义 9** 在某一变化过程中，绝对值无限增大的量称为在这一变化过程中的无穷大量，简称无穷大。

当$x\to x_0$时，$f(x)$为无穷大，记作$\lim\limits_{x\to x_0}f(x)=\infty$；当$x\to\infty$时，$f(x)$为无穷大量，记作$\lim\limits_{x\to\infty}f(x)=\infty$。如$\lim\limits_{x\to\infty}x^3=\infty$，$\lim\limits_{x\to 1}\frac{1}{x-1}=\infty$，$\lim\limits_{x\to\infty}x^2=+\infty$，$\lim\limits_{x\to\infty}(-x^2)=-\infty$，$\lim\limits_{x\to 0^+}\ln x=-\infty$等。

**注意**：(1)上述记号只是为了方便，为明确一种趋向，并不表示极限存在；

(2)无穷大也是变量，是一个绝对值无限增大的变量，不能与很大的数混淆；

(3)无穷大也必须指明变化过程，如对同一个变量$\frac{1}{x}$，当$x\to 0$时，$\frac{1}{x}$是无穷大，即$\lim\limits_{x\to 0}\frac{1}{x}=\infty$，而当$x\to\infty$时，$\frac{1}{x}$是无穷小，即$\lim\limits_{x\to\infty}\frac{1}{x}=0$；$\frac{x}{x^3-1}$当$x\to 0$时是无穷小，当$x\to 1$时是无穷大，当$x\to -1$时既不是无穷小也不是无穷大；

(4)只有在变化过程中绝对值越来越大且无限增大时，才称为无穷大。

4）无穷小与无穷大的关系

在同一变化过程中，无穷大的倒数是无穷小，无穷小（不为零）的倒数是无穷大。

如当$x\to 0$时，$x^3$是无穷小，$\frac{1}{x^3}$是无穷大。

**例 9** 讨论自变量在怎样的变化过程中，下列函数为无穷大。

(1)$y=\frac{1}{x-1}$；　　(2)$y=2^x$；　　(3)$y=\ln x$。

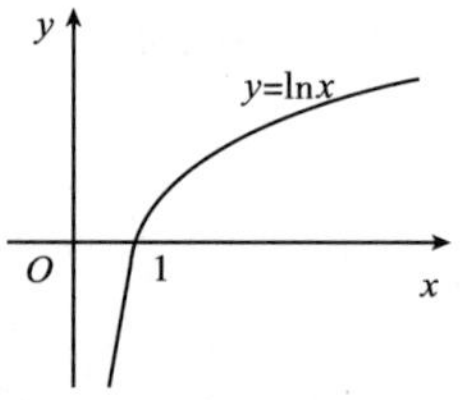


图 1-2-12

**解** (1)因为$\lim\limits_{x\to 1}(x-1)=0$，即$x\to 1$时，$x-1$为无穷小，所以$\frac{1}{x-1}$为$x\to 1$时的无穷大；

(2)因为$\lim\limits_{x\to+\infty}2^x=+\infty$，所以$2^x$是当$x\to+\infty$时的无穷大。

(3)由图1-2-12知，因为$x\to 0^+$时，$\ln x\to-\infty$，而$x\to+\infty$时，$\ln x\to+\infty$，所以当$x\to 0^+$及$x\to+\infty$时，$\ln x$都是无穷大。

**思考题**：有人说$y=\frac{1}{x}$是无穷大量，也有人说$y=\frac{1}{x}$是无穷小量，哪个说法对？为什么？

## 习题 1.2

1. 观察下列数列的变化趋势，并判断极限是否存在，若存在，指出其极限值。

(1)$x_n=2-n$；　　(2)$x_n=3+\frac{1}{n}$；

(3) $x_n = \frac{1}{n^3}$;　　(4) $x_n = 3^n$。

2. 指出下列变量中,哪些是无穷小? 哪些是无穷大?

(1) $\ln x$,当 $x \to 1$ 时;　　(2) $e^{\frac{1}{x}}$,当 $x \to 0^+$ 时;

(3) $x - \sin 2x$,当 $x \to 0$ 时;　　(4) $1 - \cos x$,当 $x \to 0$;

(5) $2^{-x} - 1$,当 $x \to 0$ 时;　　(6) $\frac{1+2x}{x^2}$,当 $x \to 0$ 时。

3. 设 $f(x) = \begin{cases} -\frac{1}{x-1}, & x<0 \\ 0, & x=0 \\ x, & x>0 \end{cases}$,求 $f(x)$ 当 $x \to 0$ 时的左、右极限,并说明 $f(x)$ 在点 $x=0$ 处极限是否存在。

4. 设 $f(x) = \begin{cases} x^2+2x-1, & x \leqslant 1 \\ x, & 1<x<2 \\ 2x-2, & x \geqslant 2 \end{cases}$,求 $\lim\limits_{x \to -5} f(x)$、$\lim\limits_{x \to 1} f(x)$、$\lim\limits_{x \to 2} f(x)$、$\lim\limits_{x \to 3} f(x)$。

5. 求下列极限:

(1) $\lim\limits_{x \to \infty} \frac{2+\sin x}{x}$;　　(2) $\lim\limits_{x \to -\infty} \left(\frac{1}{x^2} + e^x\right)$;

(3) $\lim\limits_{x \to +\infty} \left(2^{-x} + \frac{1}{x} + \frac{1}{x^2}\right)$;　　(4) $\lim\limits_{x \to 1} \frac{x}{1-x}$。

## 1.3 极限的运算

利用极限定义只能计算一些很简单的函数极限,而实际问题中的函数却复杂得多。本节主要介绍极限的四则运算法则、两个重要极限、无穷小的比较,这些都有助于极限运算。

### 1.3.1 极限的四则运算法则

**定理1** 设 $\lim\limits_{x \to x_0} f(x) = A$,$\lim\limits_{x \to x_0} g(x) = B$,则

(1) $\lim\limits_{x \to x_0} [f(x) \pm g(x)] = \lim\limits_{x \to x_0} f(x) \pm \lim\limits_{x \to x_0} g(x) = A \pm B$;

(2) $\lim\limits_{x \to x_0} [f(x) \cdot g(x)] = \lim\limits_{x \to x_0} f(x) \cdot \lim\limits_{x \to x_0} g(x) = AB$;

(3) $\lim\limits_{x \to x_0} \frac{f(x)}{g(x)} = \frac{\lim\limits_{x \to x_0} f(x)}{\lim\limits_{x \to x_0} g(x)} = \frac{A}{B}$(其中 $B \neq 0$)。

**推论1** 常数可提到极限号前,即 $\lim\limits_{x \to x_0} Cf(x) = C \lim\limits_{x \to x_0} f(x) = CA$;

**推论2** 若 $m$ 为正整数,则 $\lim\limits_{x \to x_0} [f(x)]^m = [\lim\limits_{x \to x_0} f(x)]^m = A^m$。

即：函数和、差、积、商的极限等于函数极限的和、差、积、商。

**注意**：(1)运用上述法则的前提是各函数极限存在；

(2)上述运算法则对 $x\to\infty$ 等其他情形也成立；

(3)法则可推广到有限个具有极限的函数情形。

**例 1** 求 $\lim\limits_{x\to1}(x^3+2x-5)$。

**解** 原式 $=\lim\limits_{x\to1}x^3+\lim\limits_{x\to1}2x-\lim\limits_{x\to1}5=(\lim\limits_{x\to1}x)^3+2\lim\limits_{x\to1}x-\lim\limits_{x\to1}5=1^3+2\times1-5=-2$。

**说明**：一般地，设多项式 $f(x)=a_nx^n+a_{n-1}x^{n-1}+\cdots+a_1x+a_0$，则有

$\lim\limits_{x\to x_0}f(x)=\lim\limits_{x\to x_0}(a_nx^n+a_{n-1}x^{n-1}+\cdots+a_1x+a_0)=a_nx_0{}^n+a_{n-1}x_0{}^{n-1}+\cdots+a_1x_0+a_0$。

也就是说，多项式函数在 $x_0$ 处的极限等于该函数在 $x_0$ 处的函数值，即 $\lim\limits_{x\to x_0}f(x)=f(x_0)$。如 $\lim\limits_{x\to1}(x^2+2x-3)=1^2+2\times1-3=0$。

**例 2** 求下列各极限：

(1) $\lim\limits_{x\to-1}\dfrac{4x^2-3x+1}{2x^2-6x+4}$； (2) $\lim\limits_{x\to2}\dfrac{x^2-3x+2}{x^2-x-2}$； (3) $\lim\limits_{x\to2}\dfrac{5x-2}{x^2-5x+6}$。

**解** (1)原式 $=\dfrac{\lim\limits_{x\to-1}(4x^2-3x+1)}{\lim\limits_{x\to-1}(2x^2-6x+4)}=\dfrac{4(-1)^2-3(-1)+1}{2(-1)^2-6(-1)+4}=\dfrac{2}{3}$；

(2)原式 $=\lim\limits_{x\to2}\dfrac{(x-1)(x-2)}{(x+1)(x-2)}=\dfrac{\lim\limits_{x\to2}(x-1)}{\lim\limits_{x\to2}(x+1)}=\dfrac{1}{3}$；

(3)因 $\lim\limits_{x\to2}\dfrac{x^2-5x+6}{5x-2}=\dfrac{\lim\limits_{x\to2}(x^2-5x+6)}{\lim\limits_{x\to2}(5x-2)}=\dfrac{2^2-5\times2+6}{5\times2-2}=0$，由无穷小与无穷大的关系得，原式 $=\infty$。

**说明**：对于有理函数(两个多项式的商表示的函数)$\dfrac{f(x)}{g(x)}$，当 $x\to x_0$ 时，有

(1)若分母极限不等于零，可直接用 $x=x_0$ 代入计算，即 $\lim\limits_{x\to x_0}\dfrac{f(x)}{g(x)}=\dfrac{f(x_0)}{g(x_0)}$；

(2)若分母极限为零，但分子极限不为零，不能直接用商的极限法则，考虑无穷小与无穷大的倒数关系。

**例 3** 求下列各极限：

(1) $\lim\limits_{x\to\infty}\dfrac{1-x-3x^3}{1+x^2+4x^3}$； (2) $\lim\limits_{x\to\infty}\dfrac{3x^2-2x-1}{x^3-x^2+2}$； (3) $\lim\limits_{x\to\infty}\dfrac{2x^3+x^2-5}{x^2-3x+1}$。

**解** (1)原式 $=\lim\limits_{x\to\infty}\dfrac{\dfrac{1}{x^3}-\dfrac{1}{x^2}-3}{\dfrac{1}{x^3}+\dfrac{1}{x}+4}=-\dfrac{3}{4}$；

(2)原式 $=\lim\limits_{x\to\infty}\dfrac{\dfrac{3}{x}-\dfrac{2}{x^2}-\dfrac{1}{x^3}}{1-\dfrac{1}{x}+\dfrac{2}{x^3}}=\dfrac{0}{1}=0$；

(3)因$\lim\limits_{x\to\infty}\dfrac{x^2-3x+1}{2x^3+x^2-5}=\lim\limits_{x\to\infty}\dfrac{\dfrac{1}{x}-\dfrac{3}{x^2}+\dfrac{1}{x^3}}{2+\dfrac{1}{x}-\dfrac{5}{x^3}}=\dfrac{0}{2}=0$,故原式$=\infty$。

**说明:**当$x\to\infty$时,分子、分母极限都是无穷大(称“$\dfrac{\infty}{\infty}$”型),不能直接用商的极限法则,可将分子、分母同除以$x$的最高次幂项后再应用法则求极限。

一般地,有理函数有以下结论(可作为公式使用):

若$a_n\neq0,b_m\neq0,m$、$n$为正整数,则

$$\lim_{x\to\infty}\frac{a_nx^n+a_{n-1}x^{n-1}+\cdots+a_1x+a_0}{b_mx^m+b_{m-1}x^{m-1}+\cdots+b_1x+b_0}=\lim_{x\to\infty}\frac{a_nx^n}{b_mx^m}=\begin{cases}\dfrac{a_m}{b_m}, & m=n\\ 0, & m>n。\\ \infty, & m<n\end{cases}$$

当$x\to\infty$时,对于“$\dfrac{\infty}{\infty}$”型的有理函数极限,可找到幂次最高的一项,利用上述公式进行快速计算,不妨形象理解为:分子分母看谁“跑得更快”。如

$$\lim_{x\to\infty}\frac{3x^2-4x-5}{4x^2+x+2}=\frac{3}{4};\lim_{x\to\infty}\frac{2x^2+x-3}{3x^3-2x^2-1}=0;\lim_{x\to\infty}\frac{3x^2-x+5}{2x+2}=\infty。$$

**例4**　计算下列函数极限:

(1)$\lim\limits_{x\to1}\left(\dfrac{1}{x-1}-\dfrac{2}{x^2-1}\right)$;　(2)$\lim\limits_{x\to0}\dfrac{\sqrt{1+x}-1}{x}$;　(3)$\lim\limits_{x\to4}\dfrac{x-4}{\sqrt{x+5}-3}$。

**解**　(1)当$x\to1$时,上式两项极限均为无穷(称“$\infty-\infty$”型),不能直接用差的极限法则,可先通分再求极限。

原式$=\lim\limits_{x\to1}\dfrac{x-1}{x^2-1}=\lim\limits_{x\to1}\dfrac{1}{x+1}=\dfrac{1}{2}$;

(2)当$x\to0$时,非有理函数的分子、分母极限均为零(称“$\dfrac{0}{0}$”型),不能直接用商的极限法则,可先对分子有理化,然后再求极限。

原式$=\lim\limits_{x\to0}\dfrac{(\sqrt{1+x}-1)(\sqrt{1+x}+1)}{x(\sqrt{1+x}+1)}=\lim\limits_{x\to0}\dfrac{x}{x(\sqrt{1+x}+1)}=\lim\limits_{x\to0}\dfrac{1}{\sqrt{1+x}+1}=\dfrac{1}{2}$;

(3)先分母“有理化”再求极限。

原式$=\lim\limits_{x\to4}\dfrac{(x-4)(\sqrt{x+5}+3)}{(\sqrt{x+5}-3)(\sqrt{x+5}+3)}=\lim\limits_{x\to4}\dfrac{(x-4)(\sqrt{x+5}+3)}{x-4}=\lim\limits_{x\to4}(\sqrt{x+5}+3)=6$。

**例5**　求无穷递缩等比数列(公比的绝对值小于1)所有项的和。

**解**　设无穷递缩等比数列的首项为$a_1$,公比为$q$,则其前$n$项和为$S_n=\dfrac{a_1(1-q^n)}{1-q}$,

求所有项的和就是求当$n\to\infty$时$S_n$的极限$S$。因为$|q|<1$,所以$\lim\limits_{n\to\infty}q^n=1$,

于是

$$S=\lim_{n\to\infty}S_n=\lim_{n\to\infty}\frac{a_1(1-q^n)}{1-q}=\frac{a_1}{1-q}。$$

这就是无穷递缩等比数列所有项和计算公式。

**例 6**　用极限知识解释 $0.\dot{9}=1$。

**解**　数列 0.9,0.09,0.009,… 是首项为 0.9、公比为 0.1 的无穷递缩等比数列，所以 $0.\dot{9}=0.9+0.09+0.009+\cdots=\lim\limits_{n\to\infty}\dfrac{0.9(1-0.1^n)}{1-0.1}=\dfrac{0.9}{0.9}=1$。

**例 7**　求 $\lim\limits_{n\to\infty}\left(\dfrac{1}{n^2}+\dfrac{2}{n^2}+\dfrac{3}{n^2}+\cdots+\dfrac{n}{n^2}\right)$。

**解**　原式 $=\lim\limits_{n\to\infty}\dfrac{1+2+3+\cdots+n}{n^2}=\lim\limits_{n\to\infty}\dfrac{n(n+1)}{2n^2}=\dfrac{1}{2}$。

**注意**：当 $n\to\infty$ 时，括号里的每一项都是无穷小，但无限多的无穷小不能相加，不能直接用加的极限法则，需要先求和再求极限。事实证明，无限多的无穷小之和不一定是无穷小。下面是个典型的错解：

$$\lim_{n\to\infty}\left(\frac{1}{n^2}+\frac{2}{n^2}+\frac{3}{n^2}+\cdots+\frac{n}{n^2}\right)=\lim_{n\to\infty}\frac{1}{n^2}+\lim_{n\to\infty}\frac{2}{n^2}+\cdots+\lim_{n\to\infty\infty}\frac{n}{n^2}=0+0+\cdots+0=0。$$

## 1.3.2　两个重要极限

1）第一个重要极限

$$\lim_{x\to 0}\frac{\sin x}{x}=1\qquad\left(\frac{0}{0}\text{型}\right)$$

从图 1-3-1 可以直观地看出 $\lim\limits_{x\to 0}\dfrac{\sin x}{x}=1$。

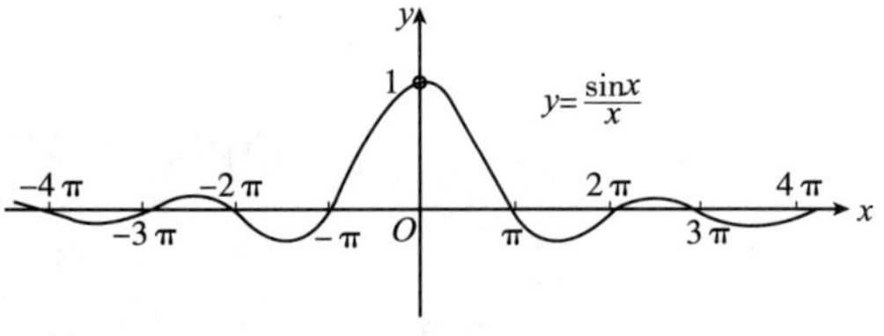


图　1-3-1

**注意**：(1) 这个重要极限是 $\dfrac{0}{0}$ 型；

(2) $\lim\limits_{x\to 0}\dfrac{\sin x}{x}=1$ 的一个等价形式是 $\lim\limits_{x\to 0}\dfrac{x}{\sin x}=1$；

(3) 这个重要极限的运算推广模式为：

当 $\lim\limits_{\substack{x\to x_0\\(\text{或}x\to\infty)}}\varphi(x)=0$ 时，$\lim\limits_{\substack{x\to x_0\\(\text{或}x\to\infty)}}\dfrac{\sin[\varphi(x)]}{\varphi(x)}=1$。

**例 8**　求 $\lim\limits_{x\to 0}\dfrac{\tan x}{x}$。

**解**　原式 $=\lim\limits_{x\to 0}\left(\dfrac{\sin x}{\cos x}\cdot\dfrac{1}{x}\right)=\lim\limits_{x\to 0}\left(\dfrac{\sin x}{x}\cdot\dfrac{1}{\cos x}\right)=\lim\limits_{x\to 0}\dfrac{\sin x}{x}\cdot\lim\limits_{x\to 0}\dfrac{1}{\cos x}=1\times\dfrac{1}{1}=1$。

**结论**：$\lim\limits_{x\to 0}\dfrac{\tan x}{x}=1$ 可作为公式使用。

**例 9**　求 $\lim\limits_{x\to 0}\dfrac{\sin 5x}{3x}$。

**解**　（换元）令 $5x=t$，则当 $x\to 0$ 时，$t\to 0$，于是

原式 $=\lim\limits_{x\to 0}\left(\dfrac{\sin 5x}{5x}\cdot\dfrac{5}{3}\right)=\dfrac{5}{3}\lim\limits_{t\to 0}\dfrac{\sin t}{t}=\dfrac{5}{3}\times 1=\dfrac{5}{3}$。

本例可直接写成：原式 $=\lim\limits_{x\to0}\left(\frac{\sin5x}{5x}\cdot\frac{5}{3}\right)=\frac{5}{3}\lim\limits_{x\to0}\frac{\sin5x}{5x}=\frac{5}{3}\times1=\frac{5}{3}$。

利用换元法，可得到较一般的形式：$\lim\limits_{x\to0}\frac{\sin mx}{nx}=\frac{m}{n}$。

**例 10** 求 $\lim\limits_{x\to2}\frac{\sin(x-2)}{x^2-4}$。

**解** 原式 $=\lim\limits_{x\to2}\frac{\sin(x-2)}{(x+2)(x-2)}=\lim\limits_{x\to2}\frac{1}{x+2}\cdot\lim\limits_{x\to2}\frac{\sin(x-2)}{x-2}=\frac{1}{2+2}\times1=\frac{1}{4}$。

**例 11** 求 $\lim\limits_{x\to2\pi}\frac{\sin x}{2\pi-x}$。

**解** 因为 $\sin(2\pi-x)=\sin(-x)=-\sin x$，所以原式 $=\lim\limits_{x\to2\pi}\frac{-\sin(2\pi-x)}{2\pi-x}=-1$。

**例 12** 求 $\lim\limits_{x\to0}\frac{1-\cos x}{x^2}$。

**解** 原式 $=\lim\limits_{x\to0}\frac{2\sin^2\frac{x}{2}}{x^2}=\lim\limits_{x\to0}\frac{1}{2}\cdot\left(\frac{\sin\frac{x}{2}}{\frac{x}{2}}\right)^2=\frac{1}{2}\lim\limits_{x\to0}\left(\frac{\sin\frac{x}{2}}{\frac{x}{2}}\right)^2=\frac{1}{2}\times1=\frac{1}{2}$。

**思考题：**你能用无穷小与无穷大的概念、性质及极限公式解释下列极限吗？

(1) $\lim\limits_{x\to0}\frac{\sin x}{x}$；　　(2) $\lim\limits_{x\to\infty}\frac{\sin x}{x}$；

(3) $\lim\limits_{x\to0}x\sin\frac{1}{x}$；　　(4) $\lim\limits_{x\to\infty}x\sin\frac{1}{x}$。

**【案例】** 存款本利和问题。

设有一笔存款的本金为 $A_0$，年利率为 $r$，若每年结算一次。

(1)单利计算。

满一年时的本利和为 $A_1=A_0+A_0r=A_0(1+r)$；

满二年时的本利和为 $A_2=A_1+A_0r=A_0(1+2r)$；

…

可推知，$k$ 年后的本利和为 $A_k=A_0(1+kr)$。

(2)一年计一次利息的复利问题。

一年后的本利和为 $A_1=A_0(1+r)$；

二年后的本利和为 $A_2=A_1(1+r)=A_0(1+r)^2$；

…

$k$ 年后的本利和为 $A_k=A_0(1+r)^k$。

(3)一年分 $n$ 期计息的复利问题。

如果一年分 $n$ 期计息，即一年中结算 $n$ 次，年利率仍为 $r$，则每期利率为 $\frac{r}{n}$，于是

一年后的本利和为 $A_1=A_0\left(1+\frac{r}{n}\right)^n$；

二年后的本利和为 $A_2=A_0\left(1+\frac{r}{n}\right)^{2n}$；

…

$k$ 年后的本利和为 $A_k=A_0\left(1+\frac{r}{n}\right)^{nk}$。

(4)连续复利。

如果计息期数无限大，即结算次数无限增大，也就是立即变现，则 $k$ 年后的本利和为

$$A_k=\lim_{n\to\infty}A_0\left(1+\frac{r}{n}\right)^{nk}。$$

第二个重要极限公式可以解决这个极限问题。

2）第二个重要极限

$$\lim_{x\to\infty}\left(1+\frac{1}{x}\right)^x=\mathrm{e}\quad(1^\infty)$$

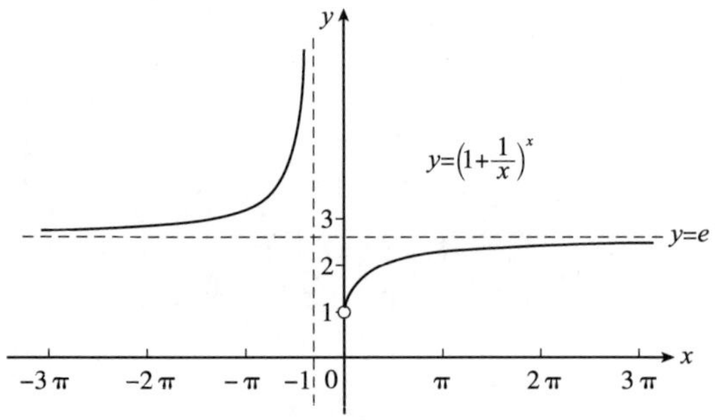


图 1-3-2

由图 1-3-2 可以看出 $\lim\limits_{x\to\infty}\left(1+\frac{1}{x}\right)^x=\mathrm{e}$，其中 $\mathrm{e}=2.718\ 281\ 828\cdots$，是无理数。

**注意**：(1) 这个重要极限是 $1^\infty$ 型；

(2)在 $\lim\limits_{x\to\infty}\left(1+\frac{1}{x}\right)^x=\mathrm{e}$ 中，令 $t=\frac{1}{x}$，则当 $x\to\infty$ 时，$t\to0$，得到

$$\lim_{x\to\infty}\left(1+\frac{1}{x}\right)^x=\mathrm{e}\Leftrightarrow\lim_{x\to0}(1+x)^{\frac{1}{x}}=\mathrm{e}。$$

(3)第二个重要极限的运算推广模式为

当 $\lim\limits_{\substack{x\to x_0\\(或x\to\infty)}}\varphi(x)=0$ 时，$\lim\limits_{\substack{x\to x_0\\(或\ x\to\infty)}}[1+\varphi(x)]^{\frac{1}{\varphi(x)}}=\mathrm{e}$；

当 $\lim\limits_{\substack{x\to x_0\\(或x\to\infty)}}\varphi(x)=\infty$ 时，$\lim\limits_{\substack{x\to x_0\\(或\ x\to\infty)}}\left[1+\frac{1}{\varphi(x)}\right]^{\varphi(x)}=\mathrm{e}$。

**例 13** 求 $\lim\limits_{x\to\infty}\left(1+\frac{1}{x}\right)^{\frac{x}{2}}$。

**解** 原式 $=\lim\limits_{x\to\infty}\left[\left(1+\frac{1}{x}\right)^x\right]^{\frac{1}{2}}=\left[\lim\limits_{x\to\infty}\left(1+\frac{1}{x}\right)^x\right]^{\frac{1}{2}}=\mathrm{e}^{\frac{1}{2}}$。

**例 14** 求 $\lim\limits_{x\to0}(1-x)^{\frac{2}{x}}$。

**解** 令 $u=-\frac{1}{x}$，则 $x=-\frac{1}{u}$，当 $x\to0$ 时，$u\to\infty$，于是

原式 $=\lim\limits_{u\to\infty}\left(1+\frac{1}{u}\right)^{-2u}=\lim\limits_{u\to0}\left[\left(1+\frac{1}{u}\right)^u\right]^{-2}=\mathrm{e}^{-2}=\frac{1}{\mathrm{e}^2}$。

本例可以直接写成：

原式 $=\lim\limits_{x\to0}\{[1+(-x)]^{-\frac{1}{x}}\}^{-2}=e^{-2}=\dfrac{1}{e^2}$。

**例 15** 求 $\lim\limits_{x\to\infty}\left(1+\dfrac{2}{x}\right)^{3x}$。

**解** 原式 $=\lim\limits_{x\to\infty}\left[\left(1+\dfrac{2}{x}\right)^{\frac{x}{2}}\right]^{6}=e^{6}$。

**例 16** 求 $\lim\limits_{x\to\infty}\left(\dfrac{x}{1+x}\right)^{x}$。

**解** 原式 $=\lim\limits_{x\to\infty}\dfrac{1}{\left(1+\dfrac{1}{x}\right)^{x}}=\dfrac{1}{\lim\limits_{x\to\infty}\left(1+\dfrac{1}{x}\right)^{x}}=\dfrac{1}{e}$。

**例 17** 求 $\lim\limits_{x\to0}(1-x)^{\frac{3}{x}+5}$。

**解** 原式 $=\lim\limits_{x\to0}\{[1+(-x)]^{-\frac{1}{x}}\}^{-3}(1-x)^{5}=e^{-3}\lim\limits_{x\to0}(1-x)^{5}=\dfrac{1}{e^{3}}$。

**例 18** 求 $\lim\limits_{x\to\infty}\left(\dfrac{x+1}{x-1}\right)^{x+2}$。

**解** 原式 $=\lim\limits_{x\to\infty}\left[\left(1+\dfrac{2}{x-1}\right)^{\frac{x-1}{2}}\right]^{2}\left(1+\dfrac{2}{x-1}\right)^{3}=e^{2}\lim\limits_{x\to\infty}\left(1+\dfrac{2}{x-1}\right)^{3}=e^{2}$。

## *1.3.3 无穷小量的比较

两个无穷小的和、差、积仍然是无穷小,但两个无穷小的商却会出现不同的结果。

例如,当 $x\to0$ 时,$2x$、$x^2$、$\sin x$ 都是无穷小量,而 $\lim\limits_{x\to0}\dfrac{x^2}{2x}=0$,$\lim\limits_{x\to0}\dfrac{2x}{x^2}=\infty$,$\lim\limits_{x\to0}\dfrac{\sin x}{2x}=\dfrac{1}{2}$,$\lim\limits_{x\to0}\dfrac{2x}{\sin x}=2$,$\lim\limits_{x\to0}\dfrac{\sin x}{x^2}=\infty$,$\lim\limits_{x\to0}\dfrac{x^2}{\sin x}=0$。以上不同的结果,反映了不同的无穷小趋于零的"快慢"程度的不同。下面仅就 $x\to x_0$ 介绍无穷小的阶的概念。

**定义 1** 设 $\alpha$ 和 $\beta$ 是当 $x\to x_0$ 时的两个无穷小,若:

(1) $\lim\limits_{x\to x_0}\dfrac{\beta}{\alpha}=0$,则称当 $x\to x_0$ 时,$\beta$ 是 $\alpha$ 的高阶无穷小,记为 $\beta=o(\alpha)\,(x\to x_0)$;

(2) $\lim\limits_{x\to x_0}\dfrac{\beta}{\alpha}=\infty$,则称当 $x\to x_0$ 时,$\beta$ 是 $\alpha$ 的低阶无穷小;

(3) $\lim\limits_{x\to x_0}\dfrac{\beta}{\alpha}=C$($C$ 为不等于零的常数),则称当 $x\to x_0$ 时,$\beta$ 与 $\alpha$ 是同阶无穷小。特别地,当 $C=1$ 时,称 $\beta$ 与 $\alpha$ 是等价无穷小,记为 $\alpha\sim\beta\,(x\to x_0)$。

例如,当 $x\to0$ 时,$2x$ 是 $x^2$ 的低阶无穷小,而 $x^2$ 是 $2x$ 的高阶无穷小;当 $x\to0$ 时,$2x$ 是 $\sin x$ 的同阶无穷小;由于 $\lim\limits_{x\to0}\dfrac{\sin x}{x}=1$,$\lim\limits_{x\to0}\dfrac{\tan x}{x}=1$,所以,当 $x\to0$ 时,$x$ 与 $\sin x$、$x$ 与 $\tan x$ 是等价

无穷小。

关于等价无穷小，有下面一个性质：

**定理 2** 如果当 $x\to x_0$ 时，$\alpha_1$ 和 $\alpha_2$ 是等价无穷小，$\beta_1$ 和 $\beta_2$ 是等价无穷小，即 $\alpha_1\sim\alpha_2,\beta_1\sim\beta_2$，且 $\lim\limits_{x\to x_0}\dfrac{\beta_2}{\alpha_2}$ 存在，则 $\lim\limits_{x\to x_0}\dfrac{\beta_1}{\alpha_1}$ 也存在，且 $\lim\limits_{x\to x_0}\dfrac{\beta_1}{\alpha_1}=\lim\limits_{x\to x_0}\dfrac{\beta_2}{\alpha_2}$。

这个性质表明，求两个无穷小之比的极限时，分子及分母都可用等价无穷小来代替。

常用的等价无穷小有，当 $x\to0$ 时：

(1) $\sin x\sim x$；(2) $\tan x\sim x$；(3) $\arcsin x\sim x$；(4) $\arctan x\sim x$；(5) $1-\cos x\sim\dfrac{1}{2}x^2$；

(6) $\ln(1+x)\sim x$；(7) $e^x-1\sim x$；(8) $\sqrt{1+x}-1\sim\dfrac{1}{2}x$。

**例 19** 求 $\lim\limits_{x\to0}\dfrac{\sin4x}{\tan2x}$。

**解** 方法 1：当 $x\to0$ 时，$\sin4x\sim4x,\tan2x\sim2x$，所以 $\lim\limits_{x\to0}\dfrac{\sin4x}{\tan2x}=\lim\limits_{x\to0}\dfrac{4x}{2x}=2$；

方法 2：$\lim\limits_{x\to0}\dfrac{\sin4x}{\tan2x}=\lim\limits_{x\to0}\dfrac{\sin4x}{\dfrac{\sin2x}{\cos2x}}=\lim\limits_{x\to0}\left(\dfrac{\sin4x}{4x}\cdot\dfrac{2x}{\sin2x}\cdot\dfrac{4}{2}\cdot\cos2x\right)=1\times1\times2\times1=2$。

## 习题 1.3

1. 求下列极限：

(1) $\lim\limits_{x\to1}\dfrac{x^2+2x+5}{x^2+1}$；

(2) $\lim\limits_{x\to\frac{\pi}{4}}\dfrac{1+\sin2x}{1-\cos4x}$；

(3) $\lim\limits_{x\to\infty}\dfrac{x^4-3x^3+1}{2x^4+5x^2-6}$；

(4) $\lim\limits_{x\to\infty}\dfrac{2x^2+x}{3x^4-x+1}$；

(5) $\lim\limits_{x\to\infty}\dfrac{x^5+x^2-x}{x^4-2x-1}$；

(6) $\lim\limits_{x\to\infty}\left(\dfrac{5x^2}{1-x^2}+2^{\frac{1}{x}}\right)$；

(7) $\lim\limits_{n\to\infty}\left(1+\dfrac{1}{2}+\dfrac{1}{4}+\cdots+\dfrac{1}{2^n}\right)$；

(8) $\lim\limits_{x\to+\infty}\left(\dfrac{2^x-1}{4^x+1}\right)$；

(9) $\lim\limits_{x\to1}\dfrac{x^2-3x+2}{x-1}$；

(10) $\lim\limits_{x\to2}\dfrac{2-\sqrt{x+2}}{2-x}$；

(11) $\lim\limits_{x\to\infty}\left(\dfrac{x^3}{2x^2-1}-\dfrac{x^2}{2x+1}\right)$；

(12) $\lim\limits_{x\to1}\left(\dfrac{1}{1-x}-\dfrac{3}{1-x^3}\right)$。

2. 求下列极限：

(1) $\lim\limits_{x\to0}\dfrac{\sin5x}{\sin3x}$；

(2) $\lim\limits_{x\to\pi}\dfrac{\sin3x}{x-\pi}$；

(3) $\lim\limits_{x\to 3}\dfrac{x^2-4x+3}{\sin(x-3)}$；　　(4) $\lim\limits_{x\to 1}\dfrac{\tan(x-1)}{x^2-1}$；

(5) $\lim\limits_{x\to 0}(1-x)^{\frac{2}{x}}$；　　(6) $\lim\limits_{x\to\infty}\left(1+\dfrac{1}{2x}\right)^x$；

(7) $\lim\limits_{x\to\infty}\left(\dfrac{1+x}{x}\right)^{2x}$；　　(8) $\lim\limits_{x\to\infty}\left(\dfrac{x^2-1}{x^2}\right)^{x^2}$。

*3. 比较下列各题中无穷小量的阶：

(1) 当 $x\to 0$ 时，$1-\cos x$ 和 $x^2$；　　(2) 当 $x\to\infty$ 时，$\dfrac{1}{1+x^2}$和$\dfrac{1}{x}$。

## 1.4 函数的连续性

在现实世界中，变量的变化有渐变与突变两种不同形式。例如，在火箭发射过程中，某段时间内，火箭的质量随燃料的消耗而逐渐减小，但当燃料耗尽时，该级火箭的外壳突然脱落，这一瞬间火箭的质量就发生了突变。为了描述变量的不同变化形式，本节将介绍连续和间断。

### 1.4.1 函数连续的概念

**【案例】** 身高增长。

我们知道人体的高度 $h$ 是时间 $t$ 的函数 $h(t)$，而且 $h$ 随着 $t$ 连续变化。事实上，但时间 $t$ 的变化很微小时，人的高度 $h$ 的变化也很微小。反映在函数上，当自变量的变化很小时，函数的变化也很小。为此我们引入函数的改变量定义。

1) 函数的改变量

**定义1** 设函数 $y=f(x)$ 在 $x_0$ 的某个邻域内有定义，当自变量 $x$ 从 $x_0$ 变化到 $x_0+\Delta x$（$x_0+\Delta x$ 仍在该邻域内）时，函数 $y=f(x)$ 的值也相应由 $f(x_0)$ 变化到 $f(x_0+\Delta x)$，称 $\Delta y=f(x_0+\Delta x)-f(x_0)$ 为函数 $y=f(x)$ 相应于自变量改变量 $\Delta x$ 的增量。其几何解释如图 1-4-1 所示。

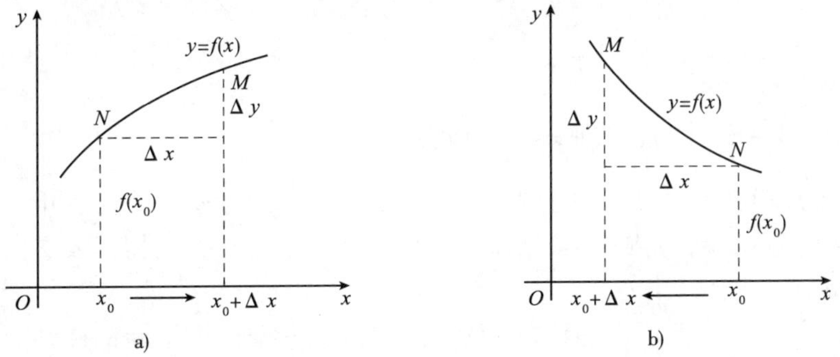


图 1-4-1

2）函数在点 $x_0$ 处连续定义

由图 1-4-1 可以看到，当函数 $y=f(x)$ 在点 $x_0$ 处连续时，当 $\Delta x\to 0$ 时，$\Delta y\to 0$。反映在［案例 1］中，当时间改变量 $\Delta t\to 0$ 时，身高的变化 $\Delta h\to 0$。

**定义 2** 设函数 $y=f(x)$ 在点 $x_0$ 的某个邻域内有定义，若当自变量 $x$ 在点 $x_0$ 处的增量 $\Delta x$ 趋于零时，函数 $y=f(x)$ 相应的增量 $\Delta y=f(x_0+\Delta x)-f(x_0)$ 也趋于零，即 $\lim\limits_{\Delta x\to 0}\Delta y=0$，则称函数 $y=f(x)$ 在点 $x_0$ 处连续，并且称点 $x_0$ 为函数 $y=f(x)$ 的连续点。

在定义 2 中，如果令 $x=x_0+\Delta x$，则 $\Delta x\to 0$，即 $x\to x_0$；而 $\Delta y\to 0$ 即 $f(x)\to f(x_0)$。于是，$y=f(x)$ 在点 $x_0$ 处连续又可表述为：

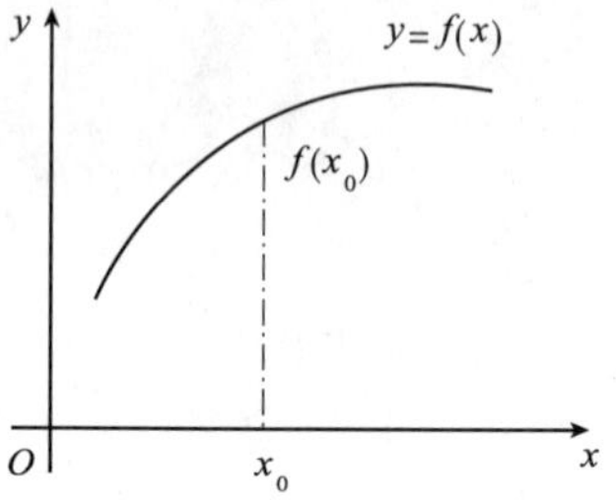

图 1-4-2

**定义 3** 设函数 $y=f(x)$ 在 $x_0$ 的某个邻域内有定义，若 $\lim\limits_{x\to x_0}f(x)=f(x_0)$，则称函数 $y=f(x)$ 在 $x_0$ 处连续，如图 1-4-2 所示。

说明：由定义 3 可知，函数在点 $x_0$ 处连续必须同时满足下例三个条件：

（1）函数在点 $x_0$ 处有定义，即 $f(x_0)$ 存在；

（2）函数在点 $x_0$ 处有极限，即 $\lim\limits_{x\to x_0}f(x)$ 存在；

（3）函数在点 $x_0$ 处的极限等于点 $x_0$ 处的函数值。

若函数 $y=f(x)$ 在点 $x_0$ 处有 $\lim\limits_{x\to x_0^-}f(x)=f(x_0)$［或 $\lim\limits_{x\to x_0^+}f(x)=f(x_0)$］，则称函数 $y=f(x)$ 在点 $x_0$ 处左连续（或右连续）。

由此可见，函数在某点处连续的充要条件是：函数在该点既左连续又右连续。

分段函数常需考察其分界点处的连续性。

**例 1** 确定常数 $a$，使函数

$$f(x)=\begin{cases}\sin x, & x<\dfrac{\pi}{2}\\ a+x, & x\geqslant\dfrac{\pi}{2}\end{cases}$$

在点 $x=\dfrac{\pi}{2}$ 处连续。

**解** 要使 $f(x)$ 在 $x=\dfrac{\pi}{2}$ 处连续，则 $\lim\limits_{x\to\frac{\pi}{2}^-}f(x)=\lim\limits_{x\to\frac{\pi}{2}^+}f(x)=f\left(\dfrac{\pi}{2}\right)$。

又 $\lim\limits_{x\to\frac{\pi}{2}^-}f(x)=\lim\limits_{x\to\frac{\pi}{2}^-}\sin x=1$，$\lim\limits_{x\to\frac{\pi}{2}^+}f(x)=\lim\limits_{x\to\frac{\pi}{2}^+}(a+x)=a+\dfrac{\pi}{2}$，$f\left(\dfrac{\pi}{2}\right)=a+\dfrac{\pi}{2}$，

所以 $a+\dfrac{\pi}{2}=1$，解得 $a=1-\dfrac{\pi}{2}$。

因此，当 $a=1-\dfrac{\pi}{2}$ 时，$f(x)$ 在 $x=\dfrac{\pi}{2}$ 处连续。

若函数 $y=f(x)$ 在开区间 $(a,b)$ 内的每一点处均连续，则称该函数在开区间 $(a,b)$ 内连续；若函数 $y=f(x)$ 在 $(a,b)$ 内连续，且在左端点 $a$ 处右连续，在右端点 $b$ 处左连续，则称该函数在闭区间 $[a,b]$ 上连续。

从几何上看，在某个区间上连续的函数，其图像是一条连绵不断的曲线，故基本初等函数在定义域内都是连续的。

### 1.4.2 函数的间断点

**定义4** 若函数$f(x)$在点$x_0$处不连续，则点$x_0$称为函数$f(x)$的间断点。

由连续的定义知，满足下列条件之一的点$x_0$为函数$f(x)$的间断点：

(1)$f(x)$在点$x_0$处没有定义；

(2)$\lim\limits_{x\to x_0}f(x)$不存在；

(3)$\lim\limits_{x\to x_0}f(x)\neq f(x_0)$。

设$x_0$为$f(x)$的一个间断点，若当$x\to x_0$时，$f(x)$的左、右极限都存在，则称$x_0$为$f(x)$的第一类间断点；否则，称$x_0$为$f(x)$的第二类间断点。

若$x_0$为$f(x)$的第一类间断点，则：

(1)当$\lim\limits_{x\to x_0^+}f(x)=\lim\limits_{x\to x_0^-}f(x)$，即$\lim\limits_{x\to x_0}f(x)$存在时，称$x_0$为$f(x)$的可去间断点；

(2)当$\lim\limits_{x\to x_0^+}f(x)\neq\lim\limits_{x\to x_0^-}f(x)$时，称$x_0$为$f(x)$的跳跃间断点。

**例2** 设$f(x)=\begin{cases}x, & x\neq 1\\ \dfrac{1}{2}, & x=1\end{cases}$，讨论$f(x)$在$x=1$处的连续性。

**解** 显然，$f(x)$在$x=1$处及其邻域内有定义，且$f(1)=\dfrac{1}{2}$，而$\lim\limits_{x\to 1}f(x)=\lim\limits_{x\to 1}x=1$，可见$\lim\limits_{x\to 1}f(x)\neq f(1)$，故$x=1$是函数$f(x)$的间断点(图1-4-3)。

若改变定义：令$f(1)=1$，则$f(x)$在$x=1$处连续，故$x=1$是函数$f(x)$的可去间断点。

**例3** 设$f(x)=\begin{cases}x^2, & 0\leqslant x\leqslant 1\\ x+1, & x>1\end{cases}$，讨论$f(x)$在$x=1$处的连续性。

**解** 因$\lim\limits_{x\to 1^-}f(x)=\lim\limits_{x\to 1^-}x^2=1$，$\lim\limits_{x\to 1^+}f(x)=\lim\limits_{x\to 1^+}(x+1)=2$，可见，左右极限虽都存在但不相等，即$\lim\limits_{x\to 1}f(x)$不存在，故$x=1$是$f(x)$的间断点，且为跳跃间断点，如图1-4-4所示。

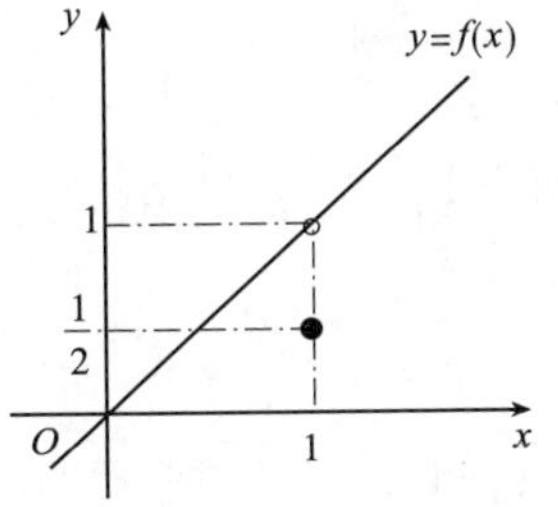


图 1-4-3

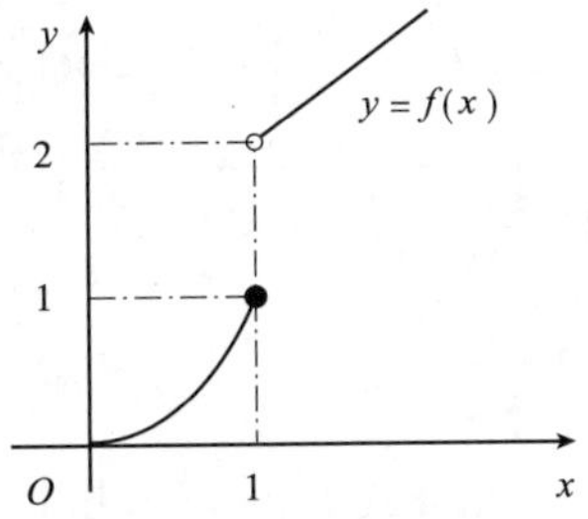


图 1-4-4

### 1.4.3 初等函数的连续性

根据函数的点连续定义和函数极限的四则运算法则，有以下结论：

**定理1** （连续的四则运算法则） 若函数$f(x)$和$g(x)$在点$x_0$处连续，则它们的和$f(x)$

$+g(x)$、差 $f(x)-g(x)$、积 $f(x)\cdot g(x)$、商 $\frac{f(x)}{g(x)}[g(x_0)\neq 0]$ 在点 $x_0$ 处也连续。

**定理 2** （复合函数的连续性） 设 $u=\varphi(x)$ 在点 $x_0$ 处连续，$y=f(u)$ 在点 $u_0$ 处连续。若在点 $x_0$ 的某个邻域内复合函数 $f[\varphi(x)]$ 有定义，则复合函数 $f[\varphi(x)]$ 在点 $x_0$ 处连续。

由基本初等函数的连续性、连续的四则运算法则以及复合函数的连续性可知：

**定理 3** 初等函数在其定义区间内是连续的。

因此，求初等函数的连续区间就是求其定义区间。

如果 $f(x)$ 在点 $x_0$ 处连续，则 $\lim\limits_{x\to x_0}f(x)=f(x_0)$，即求连续函数 $f(x)$ 在点 $x_0$ 处的极限可归结为计算点 $x_0$ 处的函数值。

**例 4** 设 $f(x)=\begin{cases} e^{-x}, & x\leqslant 0 \\ x^2-1, & 0<x\leqslant 1 \\ \frac{1}{2}x-\frac{1}{2}, & x>1 \end{cases}$，求 $f(x)$ 的连续区间和间断点，并指出间断点的类型。

**解** 显然，$f(x)$ 在分段区间内连续，现考查分界点处的连续情况。

因为 $\lim\limits_{x\to 0^-}f(x)=\lim\limits_{x\to 0^-}e^{-x}=1=f(0)$，$\lim\limits_{x\to 0^+}f(x)=\lim\limits_{x\to 0^+}(x^2-1)=-1\neq f(0)$，

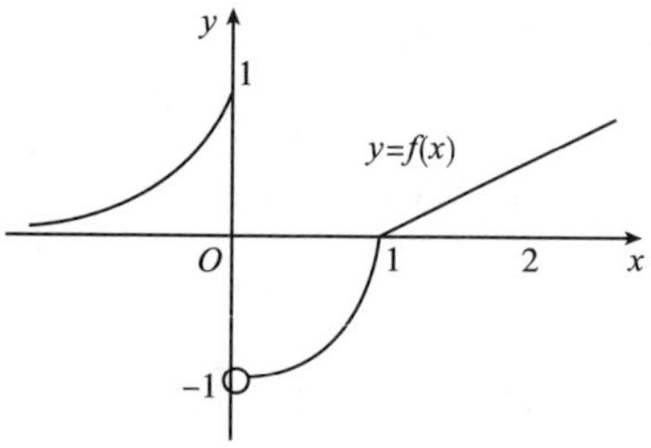

图 1-4-5

所以 $x=0$ 是间断点，且是跳跃间断点；

又因为 $\lim\limits_{x\to 1^-}f(x)=\lim\limits_{x\to 1^-}(x^2-1)=0=f(1)$，

$\lim\limits_{x\to 1^+}f(x)=\lim\limits_{x\to 1^+}(\frac{1}{2}x-\frac{1}{2})=0=f(1)$，

所以 $x=1$ 是连续点。故 $f(x)$ 的连续区间是 $(-\infty,0]$ 和 $(0,+\infty)$，如图 1-4-5 所示。

说明：分段函数不仅要考虑每一个分段区间内的连续性，还要考虑分界点的连续性。

**例 5** 求下列各极限：

(1) $\lim\limits_{x\to\frac{\pi}{4}}\sqrt{3-\sin 2x}$；　　(2) $\lim\limits_{x\to 0}\sqrt{2-\frac{\sin 2x}{x}}$。

**解** (1) $\lim\limits_{x\to\frac{\pi}{4}}\sqrt{3-\sin 2x}=\sqrt{3-\sin\left(2\times\frac{\pi}{4}\right)}=\sqrt{2}$；

(2) $\lim\limits_{x\to 0}\sqrt{2-\frac{\sin 2x}{x}}=\sqrt{2-\lim\limits_{x\to 0}\frac{\sin 2x}{x}}=\sqrt{2-\lim\limits_{x\to 0}\left(\frac{2\sin 2x}{2x}\right)}=\sqrt{2-2}=0$。

**例 6** 计算 $\lim\limits_{x\to 0}\frac{\ln(1+x)}{x}$。

**解** $\lim\limits_{x\to 0}\frac{\ln(1+x)}{x}=\lim\limits_{x\to 0}\ln(1+x)^{\frac{1}{x}}=\ln\lim\limits_{x\to 0}(1+x)^{\frac{1}{x}}=\ln e=1$。

**例 7** 计算 $\lim\limits_{x\to 0}\frac{e^x-1}{x}$。

**解** 令 $u=e^x-1$，则 $x=\ln(1+u)$，当 $x\to 0$ 时，有 $u\to 0$，所以

$$\lim_{x\to 0}\frac{e^x-1}{x}=\lim_{u\to 0}\frac{u}{\ln(1+u)}=\lim_{u\to 0}\frac{1}{\frac{1}{u}\ln(1+u)}=\frac{1}{\lim\limits_{u\to 0}[\ln(1+u)^{\frac{1}{u}}]}=\frac{1}{\ln e}=1。$$

## *1.4.4 闭区间上连续函数的性质

**定理 4** (最值定理)闭区间上的连续函数一定有最大值和最小值。

例如函数 $y=\sin x$ 在闭区间$[0,2\pi]$上连续,它在$\frac{\pi}{2}$处的函数值为 $\sin\frac{\pi}{2}=1$,是最大值;而它在$\frac{3\pi}{2}$处的函数值为 $\sin\frac{3\pi}{2}=-1$,是最小值。

若函数在开区间内连续,或函数在闭区间上有间断点,则它在该区间上未必能取得最大值和最小值。

如函数 $y=x^2$ 在区间$(0,1)$内就没有最大值和最小值,如图 1-4-6 所示。

又如,函数 $f(x)=\begin{cases}-x+1, & 0\leqslant x<1\\ 1, & x=1\\ -x+3, & 1<x\leqslant 2\end{cases}$,该函数在闭区间$[0,2]$上有间断点 $x=1$,而函数在闭区间$[0,2]$上既无最大值又无最小值,如图 1-4-7 所示。

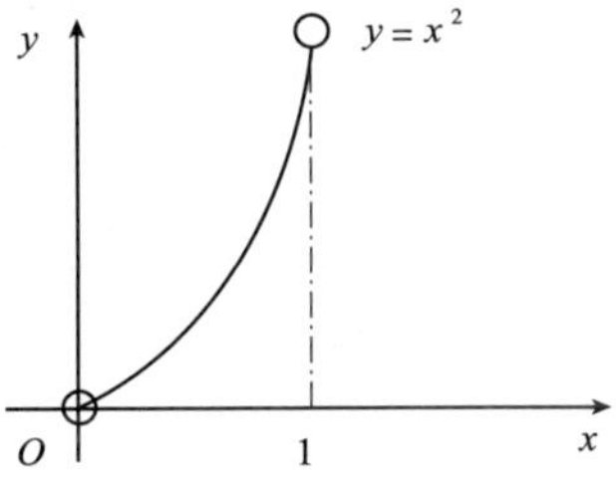


图 1-4-6

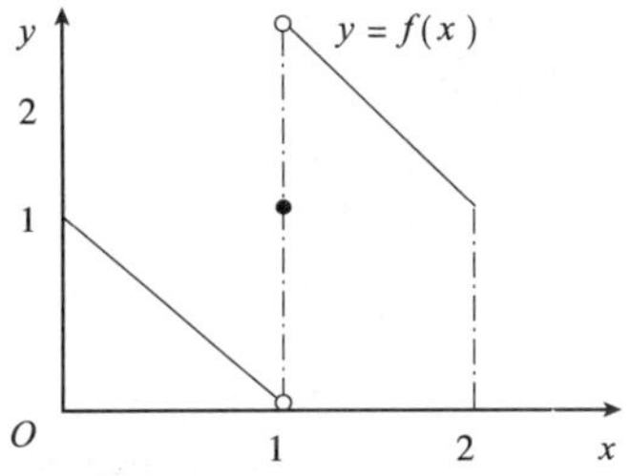


图 1-4-7

**定理 5** (介值定理)若函数$f(x)$在闭区间$[a,b]$上连续,且$f(a)\neq f(b)$,$C$ 为介于$f(a)$与$f(b)$之间的任一实数,则至少存在一点$\xi\in(a,b)$,使得$f(\xi)=C$。

其几何意义是:连续曲线 $y=f(x)$与水平直线 $y=C$ 至少有一个交点,如图 1-4-8 所示。

推论(零点存在定理) 若函数$f(x)$在闭区间$[a,b]$上连续,且$f(a)\cdot f(b)<0$,则至少存在一个$\xi\in(a,b)$,使得$f(\xi)=0$。

其几何意义是:若连续函数$f(x)$在$[a,b]$的端点处的函数值异号,则函数$f(x)$的图像与 $x$ 轴至少有一个交点,如图 1-4-9 所示。

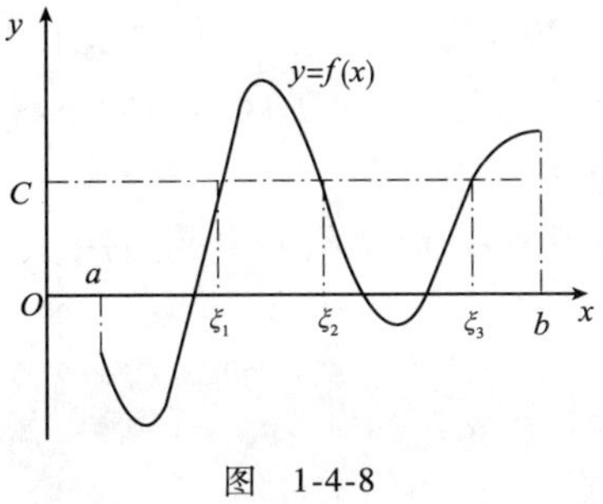


图 1-4-8

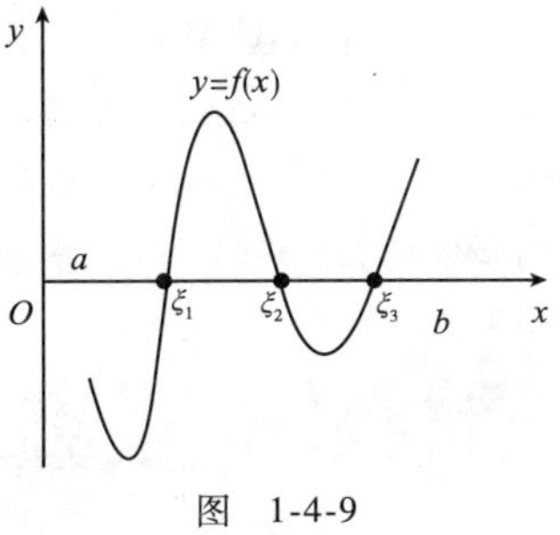


图 1-4-9

**例 8** 证明方程 $x^3-4x^2+1=0$ 在$(0,1)$内至少有一个实数根。

证 设$f(x)=x^3-4x^2+1$,因为$f(x)$在$(-\infty,+\infty)$内连续,所以,它在$[0,1]$上连续,且

$f(x)=1>0, f(1)=-2<0$。由推论知，至少存在一点 $\xi\in(0,1)$，使得 $f(\xi)=0$，即 $\xi^3-4\xi^2+1=0$，所以方程 $x^3-4x^2+1=0$ 在区间 $(0,1)$ 内至少有一个实数根。

## 习题 1.4

1. 设 $f(x)=\begin{cases}x^2+1, & x\neq 0\\ k, & x=0\end{cases}$，问怎样选择 $k$，使函数在点 $x=0$ 处连续？

2. 设函数 $f(x)=\begin{cases}\dfrac{x^2-1}{x-1}, & x\neq 1\\ 3, & x=1\end{cases}$，讨论函数在点 $x=1$ 处的连续性。

3. 设 $f(x)=\begin{cases}a+x^2, & x<0\\ 1, & x=0\\ \ln(b+x+x^2), & x>0\end{cases}$，若 $f(x)$ 在 $x=0$ 连续，试确定 $a$ 和 $b$ 的值。

4. 设函数 $f(x)=\begin{cases}x\sin\dfrac{1}{x}+b, & x<0\\ a, & x=0\\ \dfrac{\sin 2x}{x}, & x>0\end{cases}$，问：

(1) 当 $a$、$b$ 为何值时，$f(x)$ 在 $x=0$ 处有极限存在？

(2) 当 $a$、$b$ 为何值时，$f(x)$ 在 $x=0$ 处连续？

5. 讨论下列函数的连续性，如有间断点，指出其类型：

(1) $y=\dfrac{x^2-4}{x^2-3x+2}$；

(2) $y=\begin{cases}e^{\frac{1}{x}}, & x<0\\ 1, & x=0\\ x, & x>0\end{cases}$。

## 1.5 MATLAB 基本操作

MATLAB 软件是由美国 MathWorks 公司在 20 世纪 80 年代中期推出的数学软件，由于其强大的数值计算能力和卓越的数据可视化能力，使其很快在众多数学软件中脱颖而出，现已成为国际上最流行的科学计算与工程计算的软件之一。

本节主要介绍 MATLAB 7.1 的基础知识及其在一元微积分中的应用。

### 1.5.1 MATLAB 7.1 的启动与退出

1) MATLAB 7.1 的启动

以 Windows 操作系统为例，如果已经安装了 MATLAB 7.1，进入 Windows 后，选择“开始”→“程序”→“MATLAB 7.1”,便可以进入 MATLAB 主窗口。若安装时选择在桌面生成快捷方式,也可以点击桌面上的快捷方式直接启动 MATLAB 7.1。

首次启动 MATLAB 7.1,会进入 MATLAB 7.1 默认用户界面,如图 1-5-1 所示。界面主要包括菜单栏、工具栏、当前工作目录(Current Directory)以及 Workspace(工作空间)窗口、Command Windows 命令窗口和 Command History(历史命令)窗口。下面对子菜单和主要窗口作简单介绍。

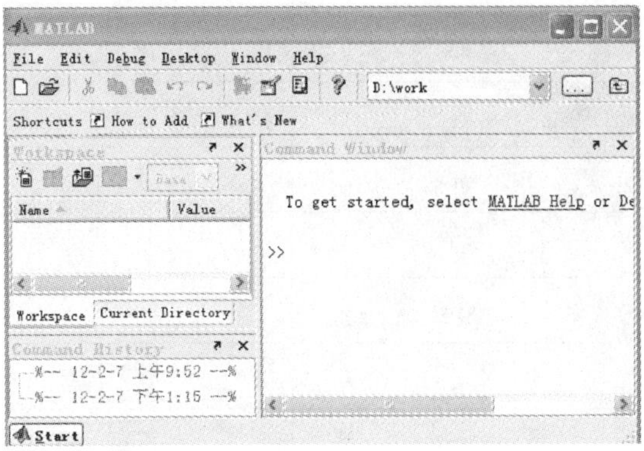


图 1-5-1 MATLAB 的用户界面

菜单栏中包含的子菜单功能如下:

File:建立、打开、保存和打印文件;导入数据;设置路径和工作环境。

Edit:复制、粘贴和删除等常见的文档操作。

Debug:程序调试。

Desktop:设置工作界面需要显示的窗口。

Windows:显示当前所有打开的窗口。

Help:选择不同的帮助系统。

MATLAB 的命令窗口是用于输入数据、运行函数并显示结果的窗口,是工作的主平台,其中“>>”为运算提示符,表示 MATLAB 正处于准备状态。当在提示符后输入一段命令并按 Enter 键后,MATLAB 就会输出结果,然后再进入准备状态,如

```
>> 1 +2
ans =
     3
```

2)MATLAB 7.1 的退出

退出 MATLAB 系统的方式有两种:

(1)在文件菜单(File)中选择“Exit”或“Quit”;

(2)用鼠标单击 MATLAB 主窗口右上角的关闭图标“×”。

## 1.5.2 变量与函数

1)MATLAB 变量

MATLAB 中变量的命名规则是:

(1)变量名必须是不含空格的单个词;

(2)变量名区分大小写;

(3)变量名最多不超过 63 个字符;

(4)变量名必须以字母开头,之后可以是任意字母、数字或下划线,变量名中不允许使用标点符号;

(5)除了上述命名规则外,MATLAB 中还有几个特殊变量,见表 1-5-1。

特殊变量　　表 1-5-1

| 特殊函数 | 取值 |
|---|---|
| ans | 用于结果的缺省变量名 |
| pi | 圆周率 $\pi$ |
| eps | 计算机的最小数 $2.2204\times10^{-16}$ |
| inf | 无穷大∞ |
| NaN | 不定值 |
| i,j | 虚数,值为 $\sqrt{-1}$ |
| nargin | 函数的输入参数个数 |
| nargout | 函数的输出参数个数 |
| realmin | 可用的最小正实数 |
| realmax | 可用的最大正实数 |

例如,在命令窗口中输入 a1 =5,表示给变量 a1 赋予初始值,如果输入 a2 =7 +2,表示把 7 +2 计算的结果 9 赋值给 a2。当用户输入的变量已经存在时,则 MATLAB 将使用新输入的变量值替换原有的变量值。

另外,MATLAB 除了具有强大的数值运算功能外还具有符号运算功能,数值运算的对象是数值,而符号运算的对象是非数值的符号对象,对于像公式推导和因式分解等抽象的运算都可以通过符号运算来解决。但在进行符号运算之前必须对符号变量和符号表达式进行说明。符号变量的说明函数为 sym 与 syms,命令调用格式为:

sym　a:表示一次创建一个符号变量;

syms a　b　x　y:表示一次创建多个符号变量;

sym('x'):表示创建一个符号变量 x,它可以是字符、字符串或字符表达式。

**例 1**　用 sym('x') 函数创建符号变量 a,字符串 welcome,表达式 $x^2-2x+3$。

具体操作命令及输出法结果如下:

| 输入命令 | 输出结果 |
|---|---|
| >> sym('a') | ans =<br>a |
| >> sym('welcome') | ans =<br>welcome |
| >> sym('x^2-2*x+3') | ans =<br>x^2-2*x+3 |

2) MATLAB 基本运算符

(1)算术运算符,如表 1-5-2 所示。

**数学算术运算符号** 表 1-5-2

| 运　算 | 数学表达式 | MATLAB 运算符 | MATLAB 表达式 |
|---|---|---|---|
| 加法运算 | $a+b$ | + | a + b |
| 减法运算 | $a-b$ | - | a-b |
| 乘法运算 | $a\times b$ | * | a * b |
| 除法运算 | $\frac{a}{b}$ | /或\ | a/b 或 b\a |
| 幂运算 | $a^b$ | ∧ | a^b |

**说明**:"/"与"\"这两个运算符在数值计算时是一样的,如 1/2 与 2\1 的结果都是 0.5,但在矩阵计算时,它们表示两种不同的运算。

(2)关系运算符,如表 1-5-3 所示。

**数学关系运算符号** 表 1-5-3

| 数 学 关 系 | MATLAB 运算符 | 数学关系式 | MATLAB 运算符 |
|---|---|---|---|
| 小于 | < | 大于 | > |
| 小于或等于 | < = | 大于或等于 | > = |
| 等于 | = = | 不等于 | ~ = |

(3)逻辑运算符,如表 1-5-4 所示。

**数学逻辑运算符号** 表 1-5-4

| 逻 辑 关 系 | 与 | 或 | 非 |
|---|---|---|---|
| 加法运算 | & | \| | ~ |

3)MATLAB 数学函数

MATLAB 数学函数,如表 1-5-5 所示。

**常用基本函数** 表 1-5-5

| 函 数 名 | 数学表达式 | MATLAB 命令 | 函 数 名 | 数学表达式 | MATLAB 命令 |
|---|---|---|---|---|---|
| 三角函数 | $\sin x$ | sin(x) | 反三角函数 | $\arcsin x$ | asin(x) |
| | $\cos x$ | cos(x) | | $\arccos x$ | acos(x) |
| | $\tan x$ | tan(x) | | $\arctan x$ | atan(x) |
| | $\cot x$ | cot(x) | | $\mathrm{arccot}\, x$ | acot(x) |
| | $\sec x$ | sec(x) | | $\mathrm{arcsec}\, x$ | asec(x) |
| | $\csc x$ | csc(x) | | $\mathrm{arccsc}\, x$ | acsc(x) |
| 幂函数 | $x^a$ | x^a | 对数函数 | $\ln x$ | log(x) |
| | $\sqrt{x}$ | sqrt(x) | | $\lg x$ | log10(x) |
| 指数函数 | $a^x$ | a^x | | $\log_3 x$ | log3(x) |
| | $e^x$ | exp(x) | 绝对值 | $\lvert x\rvert$ | abs(x) |

**例 2** 试计算$\frac{3\times2.75^3+4(3.14+5.32)^2}{5.3+2.4}$的值。

具体操作命令及输出结果如下：

| 输入命令 | 输出结果 |
|---|---|
| > > (3 * 2.75^3 + 4 * (3.14 + 5.32)^2)/(5.3 + 2.4) | ans =<br>45.282 7 |

**例 3** 计算式$\frac{\sin x+\ln y}{\sqrt{5-y^2}}+\arctan x$ 的值，其中 $x=\frac{\pi}{2}, y=1$。

具体操作命令及输出结果如下：

| 输入命令 | 输出结果 |
|---|---|
| > > x = pi/2; y = 1; (sin(x) + log(y))/sqrt(5-y^2) + atan(x) | ans =<br>1.503 9 |

**注意**：几个表达式可以写在一行，每个表达式后可以用分号“;”或逗号“,”隔开；用分号“;”时该表达式运算结果不显示；用逗号“,”时则显示结果。同时，也可以将一个长表达式分在几行写，用三点符号“…”续行。此外，如果要对某行命令加以说明或解释，可以在该行后加上符号“%”并在其后输入文字解释，MATLAB 对符号“%”后面的语句不加处理，这在编写大型 MATLAB 程序时非常有用。

例如：
```
> > r = 2, v = 4/3 * pi…        % 用三点“…”续行
  * r^3                         % 因为是续接上一行，回车后前面没有提示符 > >
r =
   2
v =
   33.510 3
```

**例 4** 设函数 $f(x)=\frac{1-\tan x}{\cos x}$，求 $f\left(\frac{\pi}{3}\right)$。

具体操作命令及输出结果如下：

| 输入命令 | 输出结果 |
|---|---|
| > > syms x<br>> > y = (1-tan(x))/cos(x);<br>> > y1 = subs(y,'pi/3') | y1 =<br>2-2 * 3^(1/2) |
| > > vpa(y1,4) | ans =<br>-1.464 |

或输入：> > x = pi/3; y = (1-tan(x))/cos(x)

输出：y = -1.4641

**说明**：例 4 中函数 subs(y,'a')用于求函数表达式 y 在自变量 x = a 时的函数值，输出结果是一个符号表达式，可利用函数 vpa(s,D) 显示符号表达式 s 在精度 D 下的数值。

### 1.5.3 符号代数式的运算和变换

除了上述算术运算符号外,MATLAB 中还提供了一些符号代数式运算函数,常用的有:

expand(F):将符号表达式 F 展开;

factor(F):将符号表达式 F 因式分解;

simplify(F):将符号表达式 F 化简。

**例 5** 将多项式$(x-1)(x-2)(x-3)$和$\cos(x-y)$使用 expand 函数化简。

具体操作命令和输出结果如下:

| 输入命令 | 输出结果 |
|---|---|
| > > syms x y;<br>f 1 = (x - 1) * (x - 2) * (x - 3); g1 = expand(f1) | g1 =<br>x^3 - 6 * x^2 + 11 * x - 6 |
| > > f 2 = cos(x-y); g2 = expand(f2) | g2 =<br>cos(x) * cos(y) + sin(x) * sin(y) |

**说明**:符号代数式变换时需要先定义符号变量。

**例 6** 将多项式$x^2+2x-3$因式分解。

具体操作命令和输出结果如下:

| 输入命令 | 输出结果 |
|---|---|
| > > syms x<br>> > factor(x^2 + 2 * x - 3) | ans =<br>(x + 3) * (x - 1) |

**例 7** 将多项式$\frac{1}{x-1}-\frac{x^2+x}{x^3-1}$化简。

具体操作命令和输出结果如下:

| 输入命令 | 输出结果 |
|---|---|
| > > syms x<br>> > simplify(1/(x - 1) - (x^2 + x)/(x^3 - 1)) | ans =<br>1/(x^3 - 1) |

**例 8** 求函数$y_1=x^2+2x-3$,$y_2=x-1$的和、差、积、商。

具体操作命令和输出结果如下:

| 输入命令 | 输出结果 |
|---|---|
| > > syms x<br>> > y1 = x^2 + 2 * x - 3;<br>> > y2 = x - 1;<br>> > y1 + y2 | ans =<br>x^2 + 3 * x - 4 |
| > > y1 - y2 | ans =<br>x^2 + x - 2 |
| > > expand(y1 * y2) | ans =<br>x^3 + x^2-5 * x + 3 |
| > > simplify(y1/y2) | ans =<br>x + 3 |

### 1.5.4 代数方程求解

MATLAB7.1 中的 solve 函数用于对代数方程及方程组的求解，其命令调用格式为：

s = solve('f')

表示求方程 $f=0$ 的根，变量由系统默认；

s = solve('f','x')或 s = solve('f = 0','x')

表示求方程 $f(x)=0$ 的根，指定变量为 x；

[x1,x2,…,xn] = solve('eq1','eq2',…,'eqn')

表示求方程组的解，其中，x1,x2,…,xn 表示需要求解方程的变量名，eqi 表示第 $i$ 个方程的符号表达式。

**例 9** 解方程：$x^2+x-5=0$。

具体操作命令和输出结果如下：

| 输入命令 | 输出结果 |
|---|---|
| > > s = solve('x^2 + x - 5') | s =<br>-1/2 + 1/2 * 21^(1/2)<br>-1/2 - 1/2 * 21^(1/2) |

**例 10** 解方程组：$\begin{cases}2x+y+z=1\\x+y+2z=4\\2x-y+2z=1\end{cases}$。

具体操作命令和输出结果如下：

| 输入命令 | 输出结果 |
|---|---|
| > > [x,y,z] = solve('2 * x + y + z = 1','x + y + 2 * z = 4','2 * x-y + 2 * z = 1') | x =<br>-1<br>y =<br>1<br>z =<br>2 |

### 1.5.5 MATLAB 绘制平面曲线的图形

1）利用 plot 函数绘制函数图像

MATLAB 中最基本的绘图函数是绘制曲线函数 Plot。Plot 函数是最核心而且使用最广泛的二维绘图函数，命令调用格式为：

Plot(x,y,'s1,s2,…')　　% 绘制以 x、y 为横、纵坐标的二维曲线。

其中，x、y 表示绘制以 x、y 为横、纵坐标的二维曲线；s1，s2，…是用来指定线型、颜色的字符参数，多个参数之间用空格隔开，基本线型和颜色如表 1-5-6 所示。

基本线型和颜色 表 1-5-6

| 符号 | 颜色 | 符号 | 线型 | 符号(字母) | 线型 |
| --- | --- | --- | --- | --- | --- |
| b | 蓝(默认) | . | 点 | o | 圆圈 |
| c | 青 | -. | 点画线 | x | 叉号 |
| g | 绿 | + | 十字号 | s | 正方形 |
| k | 黑 | * | 星号 | d | 菱形 |
| m | 洋红 | -- | 虚线 | p | 五角星 |
| r | 红 | - | 实线(默认) | h | 六角形 |
| w | 白 | : | 点连线 | | |
| y | 黄 | > | 右三角 | | |

**说明**:表 1-5-6 中字母符号可以大写。

**例 11** 用红色、五角星画出函数 $y=\sin x$ 在$[-2\pi,2\pi]$上的图像.

**解** 输入:

```
>> x=-2*pi:0.1:2*pi;            %x 初值:增量:终值
y=sin(x);plot(x,y,'r p')
```

输出结果如图 1-5-2 所示。

**说明**:用 plot 作图命令之前首先需要定义函数自变量的范围,创建自变量向量 x。

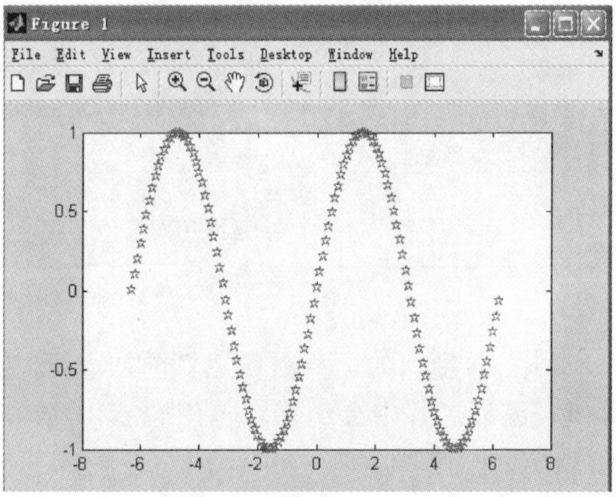


图 1-5-2

MATLAB 还允许在一个窗口内同时绘制多条曲线,以便不同函数之间的比较,此命令也可以用于绘制分段函数的图像。

命令调用格式为:

Plot(x1,y1,'参数 1',x2,y2,'参数 2',…)

其中,x1、y1 确定第一条曲线的坐标值,参数 1 为第一条曲线的参数;x2、y2 确定第二条曲线的坐标值,参数 2 为第二条曲线的参数……

**例 12** 在同一窗口画出函数 $y=\sin x$ 与 $y=\cos x$ 在$[-2\pi,2\pi]$上的图像,用不同颜色区分。

**解** 输入：

```
>> x=-2*pi:0.1:2*pi;y1=sin(x);y2=cos(x);
>>plot(x,y1,'r',x,y2,'b')
>>gtext('y1=sinx')        %使用鼠标把字符串 y1=sinx 放在图形上
>>gtext('y2=cosx')        %使用鼠标把字符串 y2=cosx 放在图形上
```

输出结果如图 1-5-3 所示。

**例 13** 画出分段函数 $y=\begin{cases}x^2+x, & -2\leqslant x\leqslant 0\\ \frac{1}{2}x+1, & 0<x\leqslant 2\end{cases}$ 的图像。

**解** 输入：

```
>> x1=-2:0.1:0;y1=x1.^2+x1;x2=0:0.1:2;y2=1/2*x2+1;
>>plot(x1,y1,x2,y2)
```

输出结果如图 1-5-4 所示。

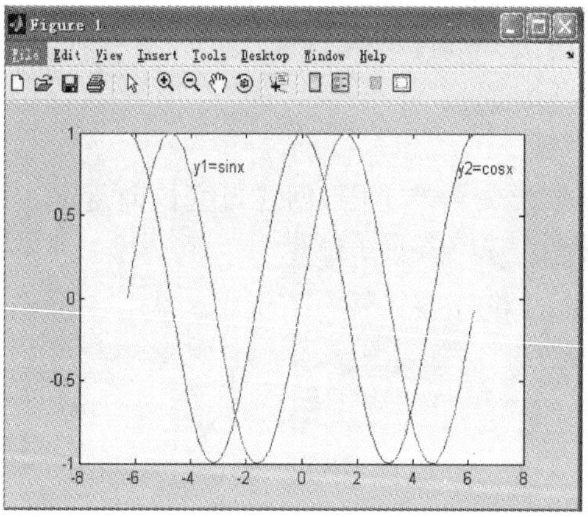


图 1-5-3

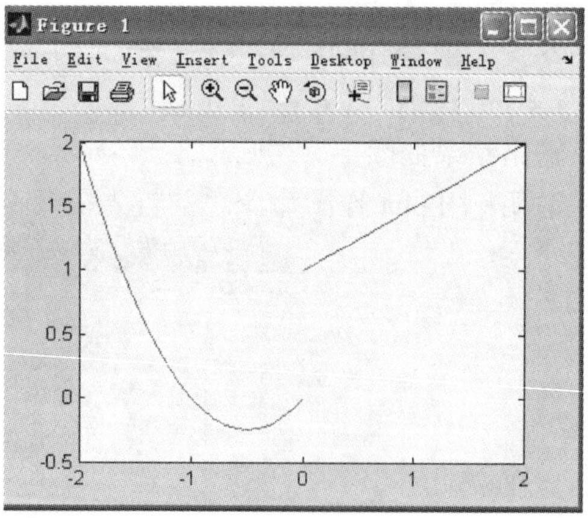


图 1-5-4

**说明**：通常，在 MATLAB 中，向量间的运算需在运算前加点，称为向量的点运算，如 .*，.^，.±，./ 等，否则，计算机在编译过程中会出错。

2）利用 ezplot 函数绘制函数图像

ezplot 函数的特点在于用户在绘图前不需要准备任何数据，而直接绘制出字符串表达式和符号表达式的图形。其基本调用格式为：

ezplot(func,[min,max])

其中，func 为需要绘图的函数；[min,max] 为自变量的范围，如果用户不定义自变量范围，则指令默认为范围为 $[-2\pi,2\pi]$ 上的图形。

**例 14** 利用 ezplot 函数绘制符号函数图像实例。

（1）绘制函数 $y=\sin x$ 的图像，

**解** 输入：

```
>> ezplot('sin(x)') 或
>>syms x;
```

> >ezplot(sin(x)),grid　　% grid 命令表示的是显示网格线

输出结果如图 1-5-5 所示。

(2)绘制隐函数 $x^2-y^4=0(x\in[-2,2])$ 的图像。

**解** 输入:

> > ezplot('x^2-y^4',[-2,2])

输出结果如图 1-5-6 所示。

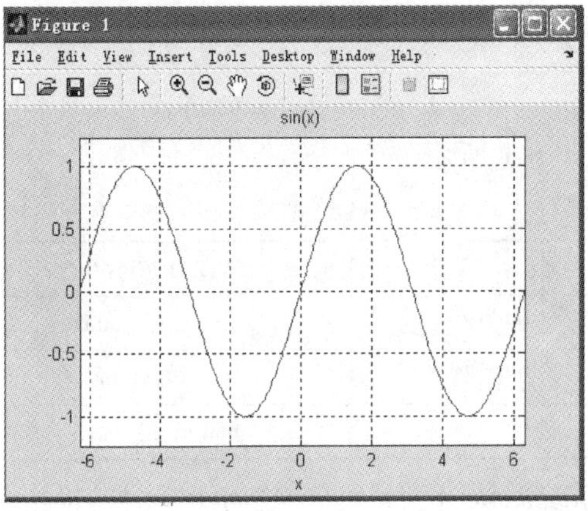


图 1-5-5

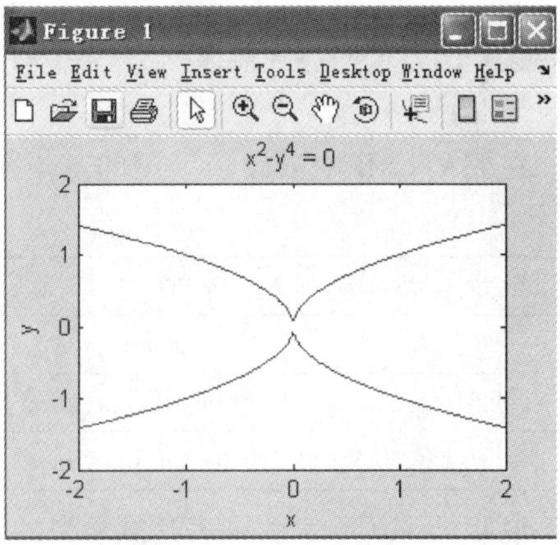


图 1-5-6

## 习题 1.5

1. 在 MATLAB 的命令窗口中练习操作下面计算:

(1)$\frac{1}{3}+2\sqrt{17}$;　　(2)$\arctan(2.7)+\arctan(0.01\times13.5)$;

(3)$\cos(2\arccos1/3-\arccos1/6)$;　　(4)$\frac{5}{\ln2}-\left|\tan(-\frac{\pi}{3}+2)\right|+e^3$。

2. 已知函数 $f(x)=\frac{\sqrt{\sin x+\cos x}}{|1-x^2|}$,求 $f\left(\frac{\pi}{3}\right)$(保留精度 5 位)。

3. 求函数 $y_1=x^2+2x-3,y_2=x-1$ 的和、差、积、商。

4. 化简 $\frac{x^3+x^2-4x-4}{x^2-1}$。

5. 解下列方程或方程组:

(1)$x^3-5x^2+3x+6=0$;　(2)$\sin x=xe^x$;　(3)$\begin{cases}x^2+y^2=1\\3x+y=2\end{cases}$。

6. 用绿色、星号作函数 $y=\frac{2}{3}e^{-\frac{x}{2}}\cos\frac{\sqrt{3}}{2}x$ 的二维图形。

7. 在同一坐标系中作出函数 $y=\cos x$,　$y=\sin2x$ 在 $[-2\pi,2\pi]$ 的图像。

8. 作分段函数 $y=\begin{cases}x^2+2x-3, & -4\leqslant x\leqslant 1\\ \ln x, & 1<x\leqslant 4\end{cases}$ 的图像，两段图像用不同的颜色区分。

9. 绘制隐函数 $y^2-3xy+9=0(x\in[-10,10])$ 的图像。

## 1.6 利用 MATLAB 求解函数极限

在 MATLAB 中求极限使用的基本函数，如表 1-6-1 所示。

基本函数　　表 1-6-1

| 数学运算 | MATLAB 函数命令 | 数学运算 | MATLAB 函数命令 |
|---|---|---|---|
| $\lim\limits_{x\to a}f(x)$ | limit(f,x,a) | $\lim\limits_{x\to\infty}f(x)$ | limit(f,x,inf) |
| $\lim\limits_{x\to a^+}f(x)$ | limit(f,x,a,'left') | $\lim\limits_{x\to-\infty}f(x)$ | limit(f,x,-inf) |
| $\lim\limits_{x\to a^-}f(x)$ | limit(f,x,a,'right') | $\lim\limits_{x\to+\infty}f(x)$ | limit(f,x,+inf) |

**说明**：limit(f)表示求表达式 f 中的自变量（系统默认自变量为 $x$）趋向于 0 时的极限。

**例 1**　求下列函数的极限

(1) $\lim\limits_{x\to1}\left(\dfrac{1}{x+1}-\dfrac{2}{x^3-2}\right)$　　(2) $\lim\limits_{x\to\infty}\dfrac{3x^4-x^3+x^2-6x+1}{2x^4+5}$。

**解**　(1)输入：

```
>>syms x;                %定义 x 为字符变量
>>f=1/(x+1)-2/(x^3-2);limit(f,x,1)
```

输出：

```
ans =
    5/2
```

(2)输入：

```
>> syms x;f=(3*x^4-x^3+x^2-6*x+1)/(2*x^4+5);limit(f,x,inf)
```

输出：

```
ans =
    3/2
```

**例 2**　求 $\lim\limits_{x\to1^+}\left[\dfrac{1}{x\ln^2 x}-\dfrac{1}{(x-1)^2}\right]$。

**解**　输入：

```
>>syms x;
>>f=1/(x*(log(x))^2)-1/(x-1)^2;limit(f,x,1,'right')
```

输出：

```
ans =
    1/12
```

**例 3** 分析函数$f(x)=\dfrac{\sin x}{x}$,在$x\to 0$时的变化趋势,并求其极限。

**解** 输入:

```
>>x=linspace(-2*pi,2*pi,50);        %生成一个包含50个数字的等差数列,首尾分别为-2*pi和2*pi
>> y=sin(x)./x;plot(x,y)
```

输出图形如图 1-6-1 所示。

由图可以看出,函数$f(x)=\dfrac{\sin x}{x}$,在$x\to 0$时,其值与 1 无限接近,可见其极限为 1。下面用 MATLAB 计算加以验证。

输入:

```
>>syms x;f=sin(x)/x;limit(f,x,0)
```

输出:

```
ans =
    1
```

**例 4** 分析函数$f(x)=\left(1+\dfrac{1}{x}\right)^{x}$,在$x\to\infty$时的变化趋势,并求其极限。

**解** 输入:

```
>> x=1:100; y=(1+1./x).^x;plot(x,y)
```

输出图形如图 1-6-2 所示。由图可以看出$f(x)=\left(1+\dfrac{1}{x}\right)^{x}$在$x\to\infty$时,函数值与某常数无限接近,该常数为 e。下面用 MATLAB 计算加以验证。

输入:

```
>> syms x;f=(1+1/x)^x;limit(f,x,inf)
```

输出:

```
ans =
    exp(1)
```

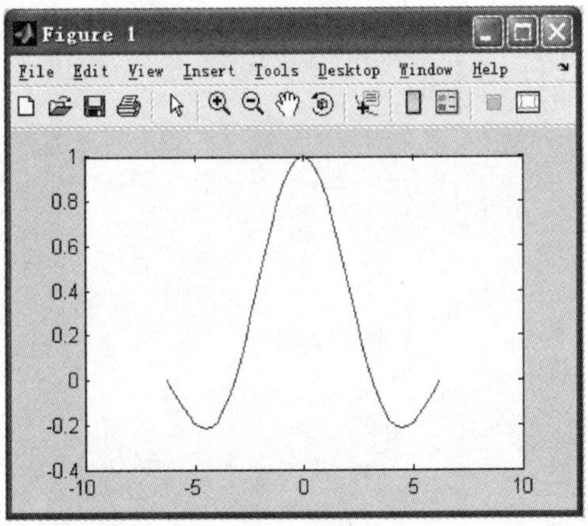


图 1-6-1

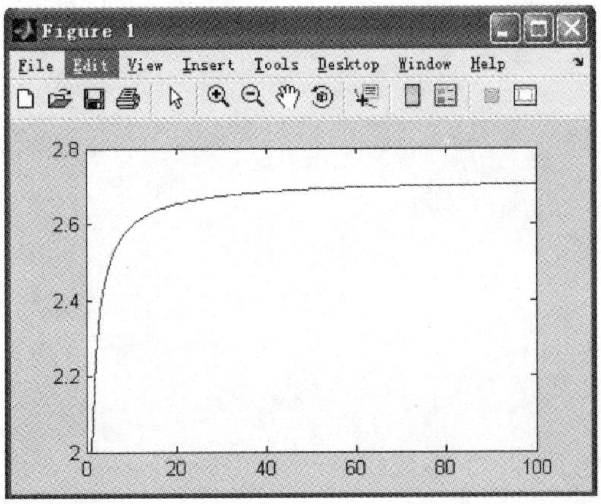


图 1-6-2

**例 5** 银行复利问题。

设有一笔存款的本金为 $A_0$，年利率为 $r$，如果一年分 $n$ 期计息，年利率仍为 $r$，则每期利率为 $\frac{r}{n}$，于是一年后的本利和为 $A=A_0\left(1+\frac{r}{n}\right)^n$，试求计息期数无限大的连续复利函数。

**解** 由题意可知，连续复利函数的极限形式为：$A=\lim\limits_{n\to\infty}A_0\left(1+\frac{r}{n}\right)^n$

下面利用 MATLAB 求出其极限：

输入：

```
>> syms A0 n r;limit(A0*(1+r/n)^n,n,inf)
```

输出：

```
ans =
      A0*exp(r)
```

由结果知，一年后的本利和为 $A_0e^r$，说明在连续复利的方式下，本利和为指数函数，利息的增长是非常快的。

## 习题 1.6

1. 求下列函数的极限：

(1) $\lim\limits_{x\to 0}x\sin\frac{1}{x}$； (2) $\lim\limits_{x\to 0^-}\frac{\sqrt{1+x}-\sqrt{1-x}}{x}$； (3) $\lim\limits_{x\to 0}\frac{\tan x-\sin x}{x^3}$；

(4) $\lim\limits_{x\to+\infty}\frac{x\cos x}{\sqrt{1+x^3}}$； (5) $\lim\limits_{x\to\infty}\left(1-\frac{2}{x}\right)^{3x}$。

2. 物体的温度。

将某种物体加热，它的温度满足如下模型 $T=-100e^{-0.029t}+100$，$t$ 表示时间（单位：min）。问：当 $t\to+\infty$ 时，物体的温度为多少？

# 复习题一

1. 求下列函数的定义域：

(1) $y=\dfrac{\ln(3-x)}{\sqrt{|x|-1}}$；　(2) $y=\arcsin\dfrac{x-1}{2}$。

2. 求下列极限：

(1) $\lim\limits_{x\to-2}\dfrac{x^3+3x^2+2x}{x^2-x-6}$；　(2) $\lim\limits_{x\to0}\dfrac{x^2}{\sqrt{x^2+1}-1}$；

(3) $\lim\limits_{x\to+\infty}\dfrac{2^x-1}{4^x+1}$；　(4) $\lim\limits_{x\to+\infty}(\sqrt{x^2+3x}-x)$；

(5) $\lim\limits_{x\to\infty}\dfrac{(3x-2)^{10}(5x+4)^{20}}{(7x-5)^{30}}$；　(6) $\lim\limits_{x\to+\infty}\dfrac{x\sin\sqrt{x}}{1+2x^2}$；

(7) $\lim\limits_{x\to0}\dfrac{x^2\tan^2x}{(1-\cos x)^2}$；　(8) $\lim\limits_{x\to0}\left(1-\dfrac{2}{x}\right)^{\frac{1}{x}+1}$；

(9) $\lim\limits_{n\to\infty}2^n\sin\dfrac{a}{2^n}$（$a$ 为非零常数）。

3. 试确定常数 $a$ 和 $b$：

(1) $\lim\limits_{x\to\infty}\left(ax-b-\dfrac{x^3+1}{x^2+1}\right)=1$；

(2) $\lim\limits_{x\to1}\dfrac{x^2+bx+a}{1-x}=5$。

4. 求下列函数的连续区间和间断点，并指出间断点的类型：

(1) $f(x)=\dfrac{x^2+3x+2}{x^2-1}$；　(2) $f(x)=\begin{cases}(x+\pi)^2-1, & x<-\pi\\ \cos x, & -\pi\leqslant x\leqslant\pi\\ (x-\pi)\sin\dfrac{1}{x-\pi}, & x>\pi\end{cases}$。

5. 设函数

$$f(x)=\begin{cases}x\sin\dfrac{1}{x}+b, & x<0\\ a, & x=0\\ \dfrac{\sin x}{x}, & x>0\end{cases}$$

问：当 $a$、$b$ 为何值时，$f(x)$ 在 $x=0$ 处连续。

6. 并联电路的总电阻为 $R=\dfrac{R_1R_2}{R_1+R_2}$。若保持 $R_1$ 不变，则当断开 $R_2$ 时，即 $R_2\to+\infty$，$R$ 的变化趋势如何？并对此结果作物理解释。

7. 一片森林现有木材 $a\mathrm{m}^3$，若以年增长率 1.2% 均匀增长，问：$t$ 年时，这片森林有木材多少？

*8. 证明方程 $x\cdot3^x=2$ 至少有一个小于 1 的正根。

# 数学素质拓展——方圆之理，为人之道

方与圆，是两个最基本的几何图形。圆是自然，方乃人为。在自然界中，圆形随处可见，方形无处可寻。方代表直，圆代表曲，直为刚，曲为柔，刚柔相济；圆虽曲，但随手可画；方虽直，但做起来很难。

自古以来，人类一直把方与圆看作是天地之理。天圆地方，是人类对天地形态的最原始的假想；没有规矩，不成方圆，圆与方是人类和谐与规则的标志。方圆之道，孕育着丰富的人生哲理。

为人处世以正直为道德之本。正则“品”端，直则“人”立。正直者，具有道德感并且遵从自己做人的良心，不因利益趋己而偏爱，也不因利益趋他而排斥；正直者，具有责任感并且坚守自己独立的人格，遇风不倒，逆光也明；正直者，具有正义感并有勇气坚持自己的信念，不畏权威，不欺弱小；正直者，坚持真理，捍卫正义，善恶分明心怀坦荡，能够赢得友谊、信任、钦佩和尊重。

但是，社会现实表明，正直者，往往因讲话语言尖锐、直白、不留情面而得罪他人，给自己带来困扰，甚至灾难。这说明，一个人内心要坚持正直，但是，与人交往、表达、沟通，要讲策略，这种策略就是“圆”的哲学。圆形没有棱角，滚动自如。“圆”的哲学就是做人做事、讲话沟通要讲究技巧，适时变通。

一个人若只有“方”而没有“圆”，是一个四处棱角、静止不动的“口”，则面对的就是一盘死棋。相反，如果只有“圆”而没有“方”，则是一个八面玲珑、滚来滚去的“ O ”，圆滑而丧失原则和主见，只能成为一个不可信赖的墙头草。

因此，一个成功的做人之道应该是像中国古钱币那样，外圆内方。方是为人之本，是做人的脊梁；圆是成功之道，是处世的锦囊。“方”是原则，是目标，也是本质；“圆”是策略，是途径，也是手段。为人内需刚正不屈，外需圆滑变通；大事讲原则，小事讲风格。人生在世，运用好“方圆”之理，必能无往不胜，所向披靡。

# 第2章 导数和微分

**学习目标**

1. 理解导数和微分的概念及其几何意义,会用导数(变化率)描述一些简单的实际问题;
2. 了解可导、可微、连续之间的关系;
3. 熟练掌握基本初等函数的导数公式、导数的四则运算法则、复合函数的求导法则和隐函数求导法则;
4. 了解参数方程求导法则;
5. 了解高阶导数的概念,会求某些简单函数的 $n$ 阶导数;
6. 了解微分的四则运算法则和一阶微分形式的不变性,会求函数的微分;
7. 会用 MATLAB 求解函数的导数。

**重点:导数的概念和几何意义、导数的计算、二阶导数、微分的计算。**
**难点:导数概念、微分概念、高阶导数。**

在工程学、力学、化学、生物学、天文学、经济学等自然科学、社会科学及应用科学等多个领域中,需要研究变化率、增长率、强度、通量、流量等问题。为了从数量关系刻画这些实际问题,引进了导数和微分的概念。

导数、微分以及它们的应用,统称为微分学。它是从数量关系上描述物质运动的数学工具。特别是电子计算机的普及更有助于推广微分学的广泛应用以及这些应用的不断发展。

本章主要讨论微分学的两个基本概念——导数和微分,以及计算导数和微分的方法。

为了对微分学要解决的问题和思想方法有个大致的了解,下面分析两个在实际中经常遇到的一类问题——变化率问题。

## 2.1 导数的概念

### 2.1.1 变化率问题示例

**【案例】** 曲柄连杆机构滑块的速度

曲柄连杆机构是机械中常用的一种机构,如图 2-1-1 所示。锯床上的锯条是由曲柄连杆

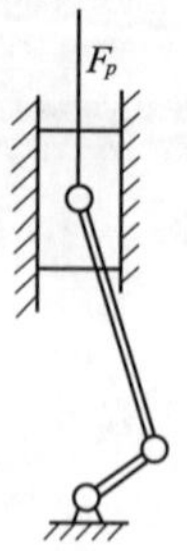
图 2-1-1

机构的滑块带动的。当曲柄匀速转动时，锯条就来回运动，这时锯条的速度不断变化，因此，锯条的运动是一种变速直线运动。

在实际操作中，锯条速度太快，就容易损坏；锯条速度太慢，就要影响工作进度，因此，为了控制锯条运动的快慢，就需要研究锯条速度的变化情况。

1）变速直线运动的速度瞬时问题

（1）提出问题

设一物体作变速直线运动，已知运动物体经过的路程 $s$ 和时间 $t$ 的函数关系为 $s=s(t)$，计算该物体在时刻 $t=t_0$ 时的瞬时速度。

（2）分析问题

当物体作匀速直线运动时，它的速度是不变的，可以按公式

$$\text{速度}=\frac{\text{路程}}{\text{时间}}=\frac{\Delta s}{\Delta t}$$

求出物体在任一时刻的速度，但当物体作变速直线运动时，它的速度随着时间而变化，因此，按上面公式求得的值，只是物体在 $t_0$ 到 $t_0+\Delta t$ 这段时间内的平均速度，而不是在时刻 $t_0$ 的瞬时速度。这里主要是由速度变化引起的，要以讨论匀速运动速度的方法为基础来解决变速运动的速度问题，就会遇到速度“变”与“不变”的问题。

（3）解决问题

从物体整个运动过程来看，速度的变化比较大，但由于速度是连续变化的，当时间变化不大时，速度的变化也不大，因此，在时刻 $t_0$ 到 $t_0+\Delta t$ 一段很短时间内，可以把变速运动近似地看作匀速运动，从而用“不变代变”的方法，求得 $t_0$ 时的瞬时速度的近似值。

物体从时刻 $t_0$ 到 $t_0+\Delta t$ 这段时间内经过的路程为

$$\Delta s=s(t_0+\Delta t)-s(t_0)$$

物体在时刻 $t_0$ 到 $t_0+\Delta t$ 这段时间内的平均速度为

$$\bar{v}=\frac{\Delta s}{\Delta t}=\frac{s(t_0+\Delta t)-s(t_0)}{\Delta t}$$

平均速度 $\bar{v}$ 是物体在时刻 $t_0$ 的瞬时速度的近似值，即

$$v\big|_{t=t_0}\approx\frac{\Delta s}{\Delta t}=\frac{s(t_0+\Delta t)-s(t_0)}{\Delta t}$$

但是，要计算瞬时速度的精确值，如何利用平均速度求瞬时速度？上面已经指出，如 $|\Delta t|$ 取得非常小，则在 $t_0$ 到 $t_0+\Delta t$ 这段时间内的速度变化也非常小。因此，平均速度就非常接近于瞬时速度，当 $\Delta t$ 无限趋近零时，平均速度就无限接近于瞬时速度，所以当 $\Delta t\to0$ 时，平均速度 $\bar{v}=\dfrac{\Delta s}{\Delta t}=\dfrac{s(t_0+\Delta t)-s(t_0)}{\Delta t}$ 的极限，便是物体在时刻 $t_0$ 的瞬时速度，即

$$v\big|_{t=t_0}=\lim_{\Delta t\to0}\frac{\Delta s}{\Delta t}=\lim_{\Delta t\to0}\frac{s(t_0+\Delta t)-s(t_0)}{\Delta t}$$

思考题：汽车仪表盘上显示的速度是瞬时速度还是平均速度？

2）电流强度问题

在生活和生产中，常会遇到电流强度这一概念，例如，对于任何一个电器元件来说，都标有最大额定电流强度的数字，这说明，如果电流强度超过这个数字，该电器元件就要损坏。

下面就讨论电流强度问题。

(1)提出问题

设已知从 $t_0$ 到 $t_0+\Delta t$ 这段时间内通过导线横截面的电量为 $Q=Q(t)$,计算在时刻 $t_0$ 的电流强度。

(2)分析问题

由物理学知道,在恒定电流中,单位时间内通过导线横截面的电量称为电流强度。对于恒定电流,电流强度是不变的,可以用初等数学的方法求得:设时间从 $t_0$ 变到 $t_0+\Delta t$ 时,通过导线横截面的电量为 $\Delta Q=Q(t_0+\Delta t)-Q(t_0)$,则单位时间内通过导线横截面的电量就是电流强度,且有如下关系:

$$\text{电流强度}=\frac{\text{电量}}{\text{时间}}=\frac{\Delta Q}{\Delta t}=\frac{Q(t_0+\Delta t)-Q(t_0)}{\Delta t}$$

对于非恒定电流,电流强度是变的。因此,按照上面的方法求得的 $\frac{\Delta Q}{\Delta t}$ 只是在 $t_0$ 到 $t_0+\Delta t$ 这段时间内的平均电流强度,而不是在时刻 $t_0$ 的电流强度(瞬时电流强度)。这里遇到的主要问题是由电流变化引起的,所以,要以讨论恒定电流强度的方法为基础解决非恒定电流的电流强度问题,就会遇到电流强度“变”与“不变”的问题。

(3)解决问题

从整个过程来看,电流强度的变化比较大。但由于电流强度是连续变化的,当时间很短时,电流强度的变化不大。因此,在时刻 $t_0$ 到 $t_0+\Delta t$ 一段很短的时间内,可以把电流强度近似地看成不变的,从而用“不变代变”的方法,求得时刻 $t_0$ 的电流强度的近似值。

在 $t_0$ 到 $t_0+\Delta t$ 这段时间内,通过导线横截面的电量为

$$Q=Q(t_0+\Delta t)-Q(t_0)$$

按恒定电流的情况进行计算,得到 $t_0$ 到 $t_0+\Delta t$ 这段时间内的平均电流强度 $i$ 是在时刻 $t_0$ 的电流强度的近似值。很明显,如果 $|\Delta t|$ 取得非常小,在 $t_0$ 到 $t_0+\Delta t$ 这段时间内电流强度的变化也非常小。因此,平均电流强度就非常接近于瞬时电流强度,当 $\Delta t$ 无限趋近零时,平均电流强度就无限接近于瞬时电流强度。所以,当 $\Delta t\to 0$ 时,$\frac{\Delta Q}{\Delta t}$ 的极限就是在时刻 $t_0$ 的瞬时电流强度,即

$$i\big|_{t=t_0}=\lim_{\Delta t\to 0}\frac{\Delta Q}{\Delta t}=\lim_{\Delta t\to 0}\frac{Q(t_0+\Delta t)-Q(t_0)}{\Delta t}$$

上面所讨论的两个问题,一个是研究变速直线运动的瞬时速度,另一个是研究电流强度。虽然它们的物理意义各不相同,但都需要研究某个变量相对于另一个变量的变化快慢程度。这类问题通常称为变化率问题。如果抛开上述两个问题的具体意义,它们在数量关系上有共同的本质:都是研究函数增量与自变量增量之比的极限。

## 2.1.2 导数的概念

**定义** 设函数 $y=f(x)$ 在点 $x_0$ 及左右近旁都有定义,当自变量 $x$ 在 $x_0$ 处有增量

$\Delta x(\Delta x \neq 0)$，相应地，函数有增量

$$\Delta y = f(x_0 + \Delta x) - f(x_0),$$

如果当 $\Delta x \to 0$ 时，极限

$$\lim_{\Delta x \to 0}\frac{\Delta y}{\Delta x} = \lim_{\Delta x \to 0}\frac{f(x_0 + \Delta x) - f(x_0)}{\Delta x}$$

存在，则称极限为函数 $y = f(x)$ 在点 $x_0$ 处的导数，记为 $f'(x_0)$，即

$$f'(x_0) = \lim_{\Delta x \to 0}\frac{\Delta y}{\Delta x} = \lim_{\Delta x \to 0}\frac{f(x_0 + \Delta x) - f(x_0)}{\Delta x}$$

也可以记作 $y'\big|_{x = x_0}$，$\left.\frac{dy}{dx}\right|_{x = x_0}$，$\left.\frac{df(x)}{dx}\right|_{x = x_0}$。

令 $x_0 + \Delta x = x$，则 $f(x_0 + \Delta x) - f(x_0) = f(x) - f(x_0)$，$\Delta x \to 0$ 相当于 $x \to x_0$，于是

$$\lim_{\Delta x \to 0}\frac{f(x_0 + \Delta x) - f(x_0)}{\Delta x}$$

成为

$$\lim_{\Delta x \to 0}\frac{f(x) - f(x_0)}{x - x_0}$$

即

$$f'(x_0) = \lim_{x \to x_0}\frac{f(x) - f(x_0)}{x - x_0}$$

根据导数的定义，变速直线运动在 $t = t_0$ 时的瞬时速度，就是位置函数 $s = s(t)$ 在 $t = t_0$ 处的导数

$$v\big|_{t = t_0} = s'(t_0)$$

通过导线的电流在 $t = t_0$ 时的电流强度，就是电量函数 $Q = Q(t)$ 在 $t = t_0$ 处的导数

$$i\big|_{t = t_0} = Q'(t_0)$$

上面讲的是函数在某一点 $x_0$ 处的导数。如果函数 $y = f(x)$ 在区间 $(a,b)$ 内每一点都有导数，那么，函数 $y = f(x)$ 在任意点 $x$ 处的导数是随 $x$ 变化的；对于 $x$ 的每一个确定值，都对应一个确定的导数，这就构成了一个新的函数，这个函数称为函数 $y = f(x)$ 的导函数，用记号 $y'$、$f'(x)$、$\frac{dy}{dx}$ 或 $\frac{df(x)}{dx}$ 表示，即

$$f'(x) = \lim_{\Delta x \to 0}\frac{f(x + \Delta x) - f(x)}{\Delta x}$$

函数 $y = f(x)$ 的导函数 $f'(x)$ 与函数 $y = f(x)$ 在点 $x_0$ 处的导数 $f'(x_0)$ 是既有区别又有联系的两个概念，它们的区别在于：$f'(x)$ 是一个函数，$f'(x_0)$ 却是一个数值。它们的联系在于：在 $x = x_0$ 处的导数值，就是导函数 $f'(x)$ 在处 $x_0$ 的函数值，以后，导函数也简称导数。

由导数的定义可知，求函数 $y = f(x)$ 的导数，可以分为以下三个步骤：

(1)求增量：$\Delta y = f(x + \Delta x) - f(x)$；

(2)算比值：$\frac{\Delta y}{\Delta x}$；

(3)取极限：$\lim\limits_{\Delta x \to 0}\frac{f(x + \Delta x) - f(x)}{\Delta x}$。

下面根据导数的定义来求一些简单的函数的导数。

**例1** 求函数 $y=c$ 的导数($c$ 为常数)。

**解** (1)求增量:$\Delta y=f(x+\Delta x)-f(x)=c-c=0$;

(2)算比值:$\dfrac{\Delta y}{\Delta x}=0$;

(3)取极限:$\lim\limits_{\Delta x\to 0}\dfrac{f(x+\Delta x)-f(x)}{\Delta x}=\lim\limits_{\Delta x\to 0}0=0$。

所以 $y'=(C)'=0$。

就是说:常数的导数等于零。

**例2** 求函数 $y=x^2$ 的导数。

**解** (1)求增量:$\Delta y=f(x+\Delta x)-f(x)=(x+\Delta x)^2-x^2=2x\Delta x+(\Delta x)^2$;

(2)算比值:$\dfrac{\Delta y}{\Delta x}=\dfrac{2x\Delta x+(\Delta x)^2}{\Delta x}=2x+\Delta x$;

(3)取极限:$\lim\limits_{\Delta x\to 0}\dfrac{f(x+\Delta x)-f(x)}{\Delta x}=\lim\limits_{\Delta x\to 0}(2x+\Delta x)=2x$。

所以$(x^2)'=2x$。

更一般地,有$(x^\alpha)'=\alpha x^{\alpha-1}$($\alpha$ 是常数),这个公式称为幂函数的导数公式。这个公式对于 $\alpha$ 是任意实数都成立。

例如,函数 $y=\sqrt{x}$的导数为

$$y'=\left(x^{\frac{1}{2}}\right)'=\frac{1}{2}x^{-\frac{1}{2}}。$$

利用导数定义,还可以求出以下基本初等函数的导数:

$$(\sin x)'=\cos x;\qquad (\cos x)'=-\sin x$$

$$(a^x)'=a^x\ln a,\text{特别地},(\mathrm{e}^x)'=\mathrm{e}^x;$$

$$(\log_a x)'=\frac{1}{x\ln a},\text{特别地},(\ln x)'=\frac{1}{x}。$$

## 2.1.3 导数的意义

1)导数的几何意义

从中学知识中,我们知道圆周的切线是与圆有唯一交点的直线,但是对于一般曲线 $y=f(x)$ 在某点$(x_0,f(x_0))$的切线是什么样的直线?

设曲线 $y=f(x)$上一点 $M(x_0,f(x_0))$,在该曲线上另取动点 $M_1(x_0+\Delta x,f(x_0+\Delta x))$,作割线 $MM_1$。当动点 $M_1$ 沿曲线移动而趋向于 $M$ 时,割线 $MM_1$ 的位置也随之变动。当点 $M_1$ 沿曲线无限接近于 $M$ 时,若割线 $MM_1$ 有极限位置 $MT$,则直线 $MT$ 称为曲线 $y=f(x)$在点 $M$ 处的切线,如图 2-1-2 所示。

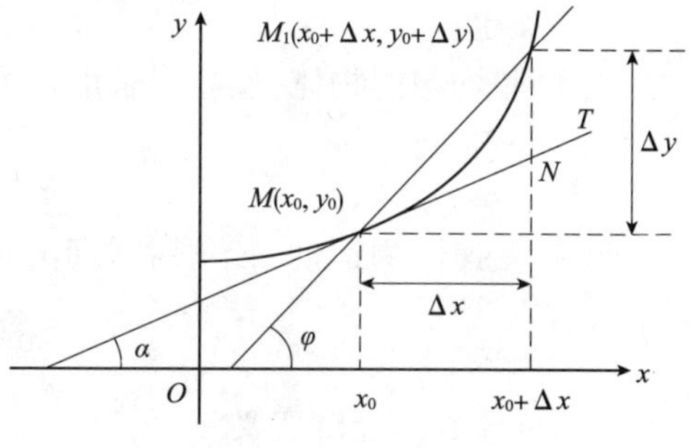

图 2-1-2

割线 $MM_1$ 的斜率为

$$k_{MM_1}=\tan\varphi=\frac{\Delta y}{\Delta x}=\frac{f(x_0+\Delta x)-f(x_0)}{\Delta x}。$$

当 $\Delta x\to 0$ 时，$M_1$ 沿曲线趋于 $M$，从而割线 $MM_1$ 趋向于切线 $MT$。设切线的切线角为 $\alpha$，当 $\alpha\neq\frac{\pi}{2}$时，切线的斜率为

$$k_{切_{MT}}=\tan\alpha=\lim_{\Delta x\to 0}\tan\varphi=\lim_{\Delta x\to 0}\frac{\Delta y}{\Delta x}=\lim_{\Delta x\to 0}\frac{f(x_0+\Delta x)-f(x_0)}{\Delta x}$$

由导数的定义知，$k_{切_{MT}}=\lim\limits_{\Delta x\to 0}\frac{\Delta y}{\Delta x}=f'(x_0)$。

从而表明 $f'(x_0)$ 在几何上表示曲线 $y=f(x)$ 在点 $M(x_0,f(x_0))$ 处切线的斜率，这就是导数的几何意义。

由导数的几何意义可知，曲线 $y=f(x)$ 在点 $M(x_0,f(x_0))$ 处的切线方程为

$$y-y_0=f'(x_0)(x-x_0)$$

法线方程为

$$y-y_0=-\frac{1}{f'(x_0)}(x-x_0)\qquad (f'(x_0)\neq 0)$$

**例 3** 求曲线 $y=\frac{1}{x}$在点$\left(\frac{1}{2},2\right)$处的切线方程。

**解** $y'=\left(\frac{1}{x}\right)'=(x^{-1})'=-\frac{1}{x^2}$，根据导数的几何意义知道，所求切线的斜率为

$$k=y'\big|_{x=\frac{1}{2}}=-\frac{1}{x^2}\bigg|_{x=\frac{1}{2}}=-4$$

所求的切线方程为 $y-2=-4\left(x-\frac{1}{2}\right)$，即 $4x+y-4=0$。

2）导数的物理意义（非均匀变化量的瞬时变化率）

（1）变速直线运动：路程对时间的导数为物体的瞬时速度。

$$v(t)=\lim_{\Delta t\to 0}\frac{\Delta s}{\Delta t}=\frac{\mathrm{d}s}{\mathrm{d}t}$$

（2）交流电路：电量对时间的导数为电流强度。

$$i(t)=\lim_{\Delta t\to 0}\frac{\Delta q}{\Delta t}=\frac{\mathrm{d}q}{\mathrm{d}t}$$

（3）非均匀的物体：质量对长度（面积、体积）的导数为物体的线（面、体）密度。

$$\rho=\lim_{\Delta x\to 0}\frac{\Delta m}{\Delta x}=\frac{\mathrm{d}m}{\mathrm{d}x}$$

（4）变速圆周运动：转角对时间的导数为质点的瞬时角速度。

$$\omega(t)=\lim_{\Delta t\to 0}\frac{\Delta\varphi}{\Delta t}=\frac{\mathrm{d}\varphi}{\mathrm{d}t}$$

*3）导数的经济意义

成本函数 $C(q)$ 的导数 $C'(q)$ 称为边际成本，其经济意义为：产量为 $q$ 时，再生产一个单

位产品所增加的成本。

收入函数 $R(q)$ 的导数 $R'(q)$ 称为边际收入，其经济意义为：销售量为 $q$ 时，再销售一个单位商品所增加的收入。

利润函数 $L(q)$ 的导数 $L'(q)$ 称为边际利润，其经济意义为：当产量达到 $q$ 时，再增加一个单位产量后利润的改变量。

### 2.1.4 可导与连续的关系

**定理** 如果函数 $y=f(x)$ 在点 $x_0$ 处可导，则它在点 $x_0$ 处连续。

**证明** 函数 $y=f(x)$ 在点 $x_0$ 处可导，即 $f'(x_0)$ 存在，$f'(x_0)=\lim\limits_{\Delta x\to 0}\frac{\Delta y}{\Delta x}$。由于

$$\lim_{\Delta x\to 0}\Delta y=\lim_{\Delta x\to 0}\left(\frac{\Delta y}{\Delta x}\cdot\Delta x\right)=\lim_{\Delta x\to 0}\frac{\Delta y}{\Delta x}\cdot\lim_{\Delta x\to 0}\Delta x=f'(x_0)\cdot 0=0,$$

因此，函数 $y=f(x)$ 在点 $x_0$ 处连续。

注意：这个定理的逆定理不成立，即函数 $y=f(x)$ 在点 $x_0$ 处连续，但在点 $x_0$ 处不一定可导。

**例 4** 设 $f(x)=|x|$，讨论 $f(x)$ 在点 $x=0$ 处的连续性与可导性。

**解** $\lim\limits_{x\to 0}f(x)=\lim\limits_{x\to 0}|x|=0=f(0)$，

因此，$f(x)=|x|$ 在点 $x=0$ 处连续，但

$$f'_-(0)=\lim_{x\to 0^-}\frac{f(x)-f(0)}{x}=\lim_{x\to 0^-}\frac{|x|}{x}=\lim_{x\to 0^-}\frac{-x}{x}=-1$$

$$f'_+(0)=\lim_{x\to 0^+}\frac{f(x)-f(0)}{x}=\lim_{x\to 0^+}\frac{|x|}{x}=\lim_{x\to 0^+}\frac{x}{x}=1$$

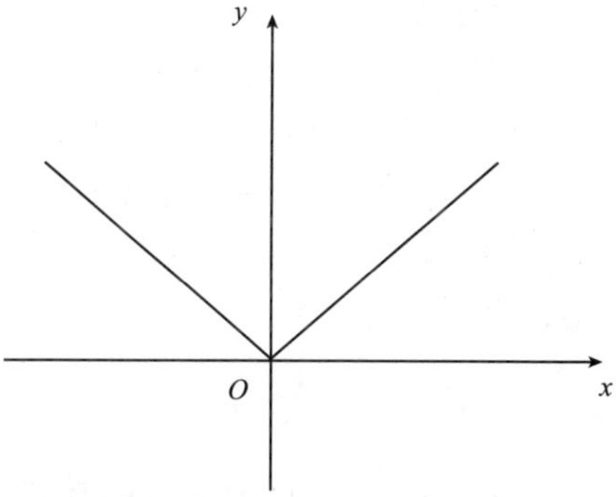

图 2-1-3

由 $f'_-(0)\neq f'_+(0)$ 得 $f(x)=|x|$ 在点 $x=0$ 处不可导。由图 2-1-3 知，图形中的“尖点”是函数的不可导点。

## 习题 2.1

1. 按导数的定义求下列函数在指定点的导数：

(1) $f(x)=\frac{1}{x}$，求 $f'(1)$；

(2) $f(x)=\cos x$，求 $f'\left(\frac{\pi}{6}\right)$。

2. 物体的运动规律为 $s=t^2$，计算该物体在时刻 $t=2\text{s}$ 时的瞬时速度。

3. 求曲线 $y=\sqrt{x}$ 在点(1,1)处的切线方程和法线方程。

4. 求与直线 $2x-y+4=0$ 平行的抛物线 $y=x^2$ 的切线方程。

5. 求下列函数的导数：

(1) $y=x^5$；　　(2) $y=\sqrt[3]{x^2}$；　　(3) $y=x^2\sqrt[3]{x}$。

6. 设物体绕定轴旋转，在时间 $t$ 内转过角度 $\alpha$。如果旋转是匀速的，那么 $\omega=\dfrac{\alpha}{t}$ 称为该物体旋转的角速度。如果旋转是非匀速的，该如何确定该物体在某一瞬时的角速度？

## 2.2 导数的运算

前面根据导数的定义，计算了一些简单函数的导数。但是，对于比较复杂的函数，根据定义计算它们的导数往往很麻烦。下面就介绍一些求导数的基本法则，借助于这些法则，就能比较方便地求出最常见的初等函数的导数。

### 2.2.1 函数的和、差、积、商的求导法则

**定理1** 设函数 $u=u(x)$ 和 $v=v(x)$ 都是 $x$ 的可导函数，则

(1) $(u\pm v)'=u'\pm v'$；

即：两个可导函数的和(差)的导数等于这两个函数的导数的和(差)。

(2) $(uv)'=u'v+v'u$，特别地，$(Cu)'=Cu'$（$C$ 为常数）；

即：两个可导函数乘积的导数等于第一个因子的导数乘第二个因子，加上第一个因子乘第二个因子的导数。

(3) $\left(\dfrac{u}{v}\right)'=\dfrac{u'v-v'u}{v^2}\quad(v(x)\neq 0)$。

即：两个可导函数之商的导数等于分子的导数与分母的乘积减去分母导数与分子的乘积，再除以分母的平方。

下面仅对(2)进行证明。

**证明** 设 $y=u(x)v(x)$，则

$$\begin{aligned}\Delta y&=[u(x+\Delta x)v(x+\Delta x)]-[u(x)v(x)]=[u(x)+\Delta u][v(x)+\Delta v]-uv\\&=\Delta u\times v+u\times\Delta v+\Delta u\times\Delta v,\end{aligned}$$

则
$$\frac{\Delta y}{\Delta x}=\frac{\Delta u}{\Delta x}v+u\frac{\Delta v}{\Delta x}+\Delta u\frac{\Delta v}{\Delta x}。$$

所以
$$\lim_{\Delta x\to 0}\frac{\Delta y}{\Delta x}=\lim_{\Delta x\to 0}\left(\frac{\Delta u}{\Delta x}v+u\frac{\Delta v}{\Delta x}+\Delta u\frac{\Delta v}{\Delta x}\right)。$$

因为函数 $u=u(x)$ 和 $v=v(x)$ 的导数都存在，所以 $\lim\limits_{\Delta x\to 0}\dfrac{\Delta u}{\Delta x}=u'$，$\lim\limits_{\Delta x\to 0}\dfrac{\Delta v}{\Delta x}=v'$。

又因为函数 $u=u(x)$ 在点 $x$ 可导，从而在点 $x$ 连续，所以 $\lim\limits_{\Delta x\to 0}\Delta u=0$。

所以 $\lim\limits_{\Delta x\to 0}\dfrac{\Delta y}{\Delta x}=\left(\lim\limits_{\Delta x\to 0}\dfrac{\Delta u}{\Delta x}\right)v+u\lim\limits_{\Delta x\to 0}\dfrac{\Delta v}{\Delta x}+\lim\limits_{\Delta x\to 0}\Delta u\lim\limits_{\Delta x\to 0}\dfrac{\Delta v}{\Delta x}=u'v+v'u$，

从而 $y'=u'v+v'u$，

即
$$(uv)'=u'v+v'u$$

注意：和、差、积的求导法则可以推广到任意有限个可导函数的情形，例如
$$(uvw)'=u'vw+v'uw+w'uv$$

**例 1** 已知 $y=\sqrt[3]{x}+\ln x$，求 $y'$。

**解** $y'=(\sqrt[3]{x}+\ln x)'=\dfrac{1}{3\sqrt[3]{x^2}}+\dfrac{1}{x}$。

**例 2** 已知 $y=x^3-2\cos x-\sin\dfrac{\pi}{3}$，求 $f'(x)$、$f'(\pi)$。

**解** 由于 $y'=\left(x^3-2\cos x-\sin\dfrac{\pi}{3}\right)'=(x^3)'-2(\cos x)'-\left(\sin\dfrac{\pi}{3}\right)'=3x^2+2\sin x$，

所以 $f'(\pi)=3\pi^2$。

**例 3** 已知 $f(x)=e^x\sin x$，求 $f'(x)$。

**解** $f'(x)=(e^x)'\sin x+(\sin x)'e^x=e^x\sin x+e^x\cos x$。

**例 4** 已知 $y=\sqrt{x}(\cos x+\sin 1)$，求 $y'$、$y'|_{x=1}$。

**解** $y'=\left(\sqrt{x}\right)'(\cos x+\sin 1)+(\cos x+\sin 1)'\sqrt{x}=\dfrac{1}{2\sqrt{x}}(\cos x+\sin 1)-\sqrt{x}\sin x$，

$y'|_{x=1}=\dfrac{1}{2}(\cos 1+\sin 1)-\sin 1=\dfrac{1}{2}\cos 1-\dfrac{1}{2}\sin 1$。

**例 5** 设 $f(x)=x(x-1)(x-2)\cdots(x-99)$，求 $f'(0)$。

**解** 因为 $f'(x)=(x)'(x-1)(x-2)\cdots(x-99)+x[(x-1)(x-2)\cdots(x-99)]'$

$=(x-1)(x-2)\cdots(x-99)+x[(x-1)(x-2)\cdots(x-99)]'$，

所以 $f'(0)=-99!$。

**例 6** 已知 $f(x)=\tan x$，求 $\dfrac{dy}{dx}$。

**解** $\dfrac{dy}{dx}=(\tan x)'=\left(\dfrac{\sin x}{\cos x}\right)'=\dfrac{(\sin x)'\cos x-(\cos x)'\sin x}{\cos^2 x}$

$=\dfrac{\cos^2 x+\sin^2 x}{\cos^2 x}=\dfrac{1}{\cos^2 x}=\sec^2 x$。

**例 7** 已知 $f(x)=\sec x$，求 $y'$。

**解** $y'=\left(\dfrac{1}{\cos x}\right)'=\dfrac{(1)'\cos x-(\cos x)'\cdot 1}{\cos^2 x}=\dfrac{\sin x}{\cos^2 x}=\sec x\tan x$。

用类似的方法，还可以求
$$(\cot x)'=-\csc^2 x,\ (\csc x)'=-\csc x\cot x。$$

**例 8** 已知 $f(x)=\dfrac{1-\sqrt{x}}{1+\sqrt{x}}$，求 $f'(4)$。

**解** 因为 $f'(x)=\dfrac{(1-\sqrt{x})'(1+\sqrt{x})-(1+\sqrt{x})'(1-\sqrt{x})}{(1+\sqrt{x})^2}$

$$=\frac{-\frac{1}{2\sqrt{x}}(1+\sqrt{x})-\frac{1}{2\sqrt{x}}(1-\sqrt{x})}{(1+\sqrt{x})^2}=-\frac{1}{\sqrt{x}(1+\sqrt{x})^2},$$

所以 $f'(4)=-\dfrac{1}{18}$。

## 2.2.2 基本初等函数的导数公式

前面已得到了部分基本初等函数的导数公式。由于基本初等函数的导数是进行导数运算的基础，下面给出全部基本初等函数的导数公式（表 2-2-1），读者应熟记以下导数公式：

基本初等函数导数公式　　表 2-2-1

| | |
|---|---|
| 常数函数的导数 | $(C)'=0$（$C$ 为常数） |
| 幂函数的导数 | $(x^\alpha)'=\alpha x^{\alpha-1}$（$\alpha$ 为常数） |
| 指数函数的导数 | $(a^x)'=a^x\ln a$，特别有 $(e^x)'=e^x$ |
| 对数函数的导数 | $(\log_a x)'=\dfrac{1}{x\ln a}$，特别有 $(\ln x)'=\dfrac{1}{x}$ |
| 三角函数的导数 | $(\sin x)'=\cos x$，　$(\cos x)'=-\sin x$<br>$(\tan x)'=\dfrac{1}{\cos^2 x}=\sec^2 x$，$(\cot x)'=-\dfrac{1}{\sin^2 x}=-\csc^2 x$<br>$(\sec x)'=\sec x\cdot\tan x$，$(\csc x)'=-\csc x\cdot\cot x$ |
| 反三角函数的导数 | $(\arcsin x)'=\dfrac{1}{\sqrt{1-x^2}}$，　$(\arccos x)'=-\dfrac{1}{\sqrt{1-x^2}}$<br>$(\arctan x)'=\dfrac{1}{1+x^2}$，　$(\operatorname{arccot} x)'=-\dfrac{1}{1+x^2}$ |

## 2.2.3 复合函数的求导法则

由于前面还讨论了函数的和、差、积、商的求导法则，则由基本初等函数及常数经过有限次四则运算构成的较复杂的初等函数也就会求了。但一般说来，单靠这种方法计算一般初等函数还是有困难。

例如，曲柄连杆机构中，已知滑块的运动规律 $s=r\cos\omega t+\sqrt{l^2-r^2\sin^2\omega t}$，求滑块的速度，就要计算复合函数的导数。下面就来讨论复合函数的求导法。

**【引例】** 求 $y=\sin 2x$ 的导数。

**分析** 由 $(\sin x)'=\cos x$，是否也有 $(\sin 2x)'=\cos 2x$ 呢？

一方面，$y'_x=(\sin 2x)'=(2\sin x\cos x)'$

$=2(\sin x\cos x)'=2(\cos x\cos x-\sin x\sin x)=2\cos 2x$。

由此说明 $(\sin 2x)'\neq\cos 2x$。

另一方面，$y=\sin 2x$ 可看成由 $y=\sin u$，$u=2x$ 复合而成，其中 $u$ 是中间变量，由 $y'_u=\cos u$，$u'_x=2$，可得 $y'_u\cdot u'_x=2\cos u=2\cos 2x$。

即
$$y'_x=y'_u\cdot u'_x。$$

**定理2** 设 $y=f(u)$，$u=\varphi(x)$，且 $\varphi(x)$ 在点 $x$ 处可导，$f(u)$ 在相应的点 $u$ 处可导，则复合函数 $y=f[\varphi(x)]$ 在点 $x$ 处也可导。且

$$y'_x=y'_u\cdot u'_x \quad 或 \quad \frac{dy}{dx}=\frac{dy}{du}\cdot\frac{du}{dx}。$$

这个法则说明：复合函数对自变量的导数，等于复合函数对中间变量的导数乘以中间变量对自变量的导数。

复合函数的求导法则可以推广到多个中间变量的情形。例如：若 $y=f(u)$，$u=\varphi(v)$，$v=\psi(x)$ 均可导，则复合函数 $y=f\{\varphi[\psi(x)]\}$ 的导数为

$$y'_x=y'_u\cdot u'_v\cdot v'_x \quad 或 \quad \frac{dy}{dx}=\frac{dy}{du}\cdot\frac{du}{dv}\cdot\frac{dv}{dx}。$$

复合函数的求导法则一般称为链式法则。

**例9** 已知 $y=\sin^2 x$，求 $y'$。

**解** 函数 $y=\sin^2 x$ 可以分解为 $y=u^2$，$u=\sin x$。

而 $\frac{dy}{du}=2u$，$\frac{du}{dx}=\cos x$，

则 $\frac{dy}{dx}=\frac{dy}{du}\cdot\frac{du}{dx}=2u\cos x=2\sin x\cos x=\sin 2x$。

**例10** 已知 $y=(1-2x)^7$，求 $y'$。

**解** 由于函数 $y=(1-2x)^7$ 可以分解为 $y=u^7$，$u=1-2x$，故

$y'_x=y'_u\cdot u'_x=(u^7)'\cdot(1-2x)'=7u^6\cdot(-2)=-14(1-2x)^6$。

注意：复合函数求导后，需要把引进的中间变量代换成原来自变量的式子。对复合函数分解比较熟练后，可不必再写出中间变量，只要直接按复合函数的构建层次，由外向内逐层求导。

**例11** 已知 $y=\ln\sin x$，求 $\frac{dy}{dx}$。

**解** $\frac{dy}{dx}=(\ln\sin x)'=\frac{1}{\sin x}\cdot(\sin x)'=\frac{1}{\sin x}\cdot\cos x=\cot x$。

**例12** 已知 $y=\sqrt[3]{(1-2x^2)}$，求 $\frac{dy}{dx}$。

**解** $\frac{dy}{dx}=[(1-2x^2)^{\frac{1}{3}}]'=\frac{1}{3}(1-2x^2)^{-\frac{2}{3}}(1-2x^2)'=-\frac{4x}{3}(1-2x^2)^{-\frac{2}{3}}$。

**例 13** 设 $y=e^{\sin\frac{1}{x}}$，求$\frac{dy}{dx}$。

**解** $\frac{dy}{dx}=\left(e^{\sin\frac{1}{x}}\right)'=e^{\sin\frac{1}{x}}\left(\sin\frac{1}{x}\right)'=e^{\sin\frac{1}{x}}\cos\frac{1}{x}\left(\frac{1}{x}\right)'=-\frac{1}{x^2}e^{\sin\frac{1}{x}}\cos\frac{1}{x}$。

**例 14** 已知 $y=\ln\left(x+\sqrt{x^2+1}\right)$，求 $y'$。

**解** $y'=\frac{1}{x+\sqrt{x^2+1}}\cdot\left(x+\sqrt{x^2+1}\right)'=\frac{1}{x+\sqrt{x^2+1}}\cdot\left(1+\frac{1}{2\sqrt{x^2+1}}\cdot 2x\right)'=\frac{1}{\sqrt{x^2+1}}$。

**例 15** 一台锯床采用曲柄连杆机构，已知滑块的运动规律 $s=r\cos\omega t+\sqrt{l^2-r^2\sin^2\omega t}$，求滑块的速度。

**解** 滑块的速度为：

$$v=s'=\left(r\cos\omega t+\sqrt{l^2-r^2\sin^2\omega t}\right)'=(r\cos\omega t)'+\left(\sqrt{l^2-r^2\sin^2\omega t}\right)'$$

$$=-\left(r\omega\sin\omega t+\frac{r^2\omega\sin 2\omega t}{2\sqrt{l^2-r^2\sin^2\omega t}}\right)。$$

在实际问题中，最常见的函数是初等函数，它是由基本初等函数（幂函数、三角函数、反三角函数、指数函数和对数函数）及常数经过有限次四则运算和复合步骤构成的。对于初等函数，可以利用基本初等函数的导数公式，函数的和、差、积、商的求导法则以及复合函数的求导法则求出它们的导数。

### 2.2.4 隐函数的导数

用式子表示函数的变量之间的对应关系，可以有不同的表达方式。例如，$y=x^2$，$y=A\sin(\omega x+\varphi)$。这种函数表达方式的特点是：等号左端是因变量的符号 $y$，而右端是含有自变量 $x$ 的式子。用这种方式表示的函数称为显函数。有些函数的表示方式却不是这样，例如，方程 $xy=1$ 当 $x$ 在 $(0,+\infty)$ 内取定一个值时，方程 $xy=1$ 可确定 $y$ 的一个值与之对应，因而方程 $xy=1$ 确定了 $y$ 是 $x$ 的函数，这样用方程表示的函数称为隐函数。

一般地，如果在方程 $F(x,y)=0$ 中，当 $x$ 取某区间内的任一值时，相应地总有满足这个方程的唯一 $y$ 值存在，那么就说方程 $F(x,y)=0$ 在该区间内确定了一个隐函数。

把一个隐函数化成显函数，称为隐函数的显化。例如从方程 $xy=1$ 中解出 $y=\frac{1}{x}$，就是把隐函数化成显函数。但是，隐函数的显化有时是困难的，甚至是不可能的。例如方程 $x-\frac{1}{2}\sin y+y=0$确定的隐函数就不能化成显函数。

在实际问题中，有时需要计算隐函数的导数，因此，人们希望有一种方法，不管隐函数能否显化，都能直接由方程求出它所确定的隐函数的导数来。下面通过具体例子来说明这种方法。

**例 16** 求由方程 $x+y^3-1=0$ 所确定的隐函数 $y$ 的导数。

**解** 方程 $x+y^3-1=0$ 确定了 $y$ 是 $x$ 的函数，把方程两边分别对 $x$ 求导数。

方程右边对 $x$ 求导得

$$(0)'=0。$$

方程左边对 $x$ 求导时，第二项 $y^3$ 是 $y$ 的幂函数，而 $y$ 又是 $x$ 的函数，因此必须按照复合函数的求导法则来求数 $y^3$ 对 $x$ 导数。方程左边对 $x$ 求导得

$$(x+y^3-1)'=1+3y^2y',$$

因而

$$1+3y^2y'=0,$$

从而

$$y'=-\frac{1}{3y^2}。$$

**例 17** 求由方程 $xy+e^y-e=0$ 所确定的隐函数 $y$ 的导数。

**解** 把方程两边的每一项对 $x$ 求导数得

$$(xy)'+(e^y)'-(e)'=(0)',$$

即

$$y+y'x+e^yy'=0,$$

从而

$$y'=-\frac{y}{x+e^y}。$$

**例 18** 求椭圆 $\frac{x^2}{16}+\frac{y^2}{9}=1$ 在 $\left(2,\frac{3\sqrt{3}}{2}\right)$ 处的切线方程。

**解** 把椭圆方程的两边分别对 $x$ 求导，得

$$\frac{x}{8}+\frac{2y\cdot y'}{9}=0。$$

从而 $y'=-\frac{9x}{16y}$。

当 $x=2$ 时，$y=\frac{3\sqrt{3}}{2}$，代入上式得所求切线的斜率

$$k=y'|_{x=2}=-\frac{\sqrt{3}}{4}。$$

所求的切线方程为

$$y-\frac{3\sqrt{3}}{2}=-\frac{\sqrt{3}}{4}(x-2),$$

即 $\sqrt{3}x+4y-8\sqrt{3}=0$。

在求导运算中，常会遇到下列两类函数的求导问题，一类是幂指函数，即形如 $[f(x)]^{g(x)}$ 的函数；另一类是一系列函数的乘、除、乘方、开方所构成的函数。若直接求导，则运算量比较大，而先对函数取对数，利用对数化简后，再用隐函数的求导方法求导数，就比较简单。这种求导的方法叫对数求导法，下面通过具体例子来说明这种方法。

**例 19** 求 $y=x^{\sin x}\quad(x>0)$ 的导数。

**解法一** 两边取对数，得

$$\ln y=\sin x\cdot\ln x,$$

上式两边对 $x$ 求导，得

$$\frac{1}{y}y' = \cos x \cdot \ln x + \sin x \cdot \frac{1}{x},$$

于是 $y' = y\left(\cos x \cdot \ln x + \sin x \cdot \frac{1}{x}\right) = x^{\sin x}\left(\cos x\ln x + \frac{\sin x}{x}\right)$。

**解法二** 因为 $y = x^{\sin x} = e^{\sin x\ln x}$,

所以 $y' = x^{\sin x}(\sin x\ln x)' = \left(\cos x\ln x + \frac{\sin x}{x}\right)$。

**例 20** 求函数 $y = \sqrt{\frac{(x-1)(x-2)}{(x-3)(x-4)}}(x>4)$ 的导数。

**解** 先在两边取对数,得

$$\ln y = \frac{1}{2}[\ln(x-1) + \ln(x-2) - \ln(x-3) - \ln(x-4)]。$$

上式两边对 $x$ 求导,得

$$\frac{1}{y}y' = \frac{1}{2}\left(\frac{1}{x-1} + \frac{1}{x-2} - \frac{1}{x-3} - \frac{1}{x-4}\right)。$$

于是 $$y' = \frac{1}{2}\sqrt{\frac{(x-1)(x-2)}{(x-3)(x-4)}}\left(\frac{1}{x-1} + \frac{1}{x-2} - \frac{1}{x-3} - \frac{1}{x-4}\right)。$$

## *2.2.5 由参数方程所确定的函数的导数

在解析几何中研究线曲线时,有时采用参数方程,特别是研究运动轨迹时,就常采用参数方程。当需要计算由参数方程所确定的函数的导数时,有时从参数方程中消去参数 $t$ 会有困难。因此就希望有一种方法能直接由参数方程算出它所确定的函数的导数。下面就来介绍由参数方程所确定的函数的求导数方法。

设 $y$ 与 $x$ 的函数关系是由参数方程 $\begin{cases} x = \varphi(t) \\ y = \psi(t) \end{cases}$ 确定的,则称该函数关系所表达的函数为由参数方程所确定的函数。设 $x = \varphi(t)$ 具有单调连续反函数 $t = \varphi^{-1}(x)$,且此反函数能与函数 $y = \psi(t)$ 构成复合函数 $y = \psi[\varphi^{-1}(x)]$,若 $x = \varphi(t)$ 和 $y = \psi(t)$ 都可导,则

$$\frac{dy}{dx} = \frac{dy}{dt} \cdot \frac{dt}{dx} = \frac{dy}{dx} \cdot \frac{1}{\frac{dx}{dt}} = \frac{\psi'(t)}{\varphi'(t)},$$

即 $$\frac{dy}{dx} = \frac{\psi'(t)}{\varphi'(t)},或\frac{dy}{dx} = \frac{\frac{dy}{dt}}{\frac{dx}{dt}}。$$

这就是由参数方程所确定的函数的求导公式。

**例 21** 求出由摆线的参数方程 $\begin{cases} x = a(t - \sin t) \\ y = a(1 - \cos t) \end{cases}$ 所确定的函数的导数 $\frac{dy}{dx}$。

**解** $\frac{dy}{dx} = \frac{y'(t)}{x'(t)} = \frac{[a(1-\cos t)]'}{[a(t-\sin t)]'} = \frac{a\sin t}{a(1-\cos t)} = \frac{\sin t}{1-\cos t} = \cot\frac{t}{2}$ ($t \neq 2k\pi, k$ 为整数)。

**例 22** 求椭圆$\begin{cases}x=a\cos t\\ y=b\sin t\end{cases}$在相应于 $t=\frac{\pi}{4}$点处的切线方程。

**解** $\frac{\mathrm{d}y}{\mathrm{d}x}=\frac{(b\sin t)'}{(a\cos t)'}=\frac{b\cos t}{-a\sin t}=-\frac{b}{a}\cot t$。

所求切线的斜率为

$$\frac{\mathrm{d}y}{\mathrm{d}x}\Big|_{t=\frac{\pi}{4}}=-\frac{b}{a}。$$

切点的坐标为

$$x_0=a\cos\frac{\pi}{4}=\frac{\sqrt{2}}{2}a,y_0=b\sin\frac{\pi}{4}=\frac{\sqrt{2}}{2}b。$$

切线方程为

$$y-\frac{\sqrt{2}}{2}b=-\frac{b}{a}\left(x-\frac{\sqrt{2}}{2}a\right),$$

即 $bx+ay-\sqrt{2}ab=0$。

## 习题 2.2

1. 求下列函数在指定点的导数：

(1) $f(x)=3x^4+2x^3-1$，求 $f'(0)$、$f'(1)$；

(2) $f(x)=\frac{x}{\cos x}$，求 $f'(0)$、$f'(\pi)$；

(3) $f(x)=x^2(2+\sqrt{x})$，求 $f'(4)$。

2. 求下列函数的导函数：

(1) $y=3^x+\frac{1}{x}+x^e-\cos\sqrt{2}$；

(2) $y=\sqrt{x}-\frac{1}{\sqrt{x}}$；

(3) $y=x^3\log_3 x$；

(4) $y=\frac{1-x^2}{1+x^2}$；

(5) $y=x\sin x+2\arctan x$；

(6) $y=\frac{x}{1-\cos x}$；

(7) $f(x)=x(x-1)(x-2)\cdots(x-10)$，求 $f'(10)$。

3. 下列函数的导函数：

(1) $y=(1+2x)^7$；

(2) $y=\sin\left(5x+\frac{\pi}{4}\right)$；

(3) $y=\sin\sqrt{x}$；

(4) $y=\cos x^2$；

(5) $y=\sqrt{1-x^2}$；

(6) $y=\sqrt{1-\sin x}$；

(7) $y=\mathrm{e}^{\frac{1}{x}}$；

(8) $y=\ln(1-x^2)$；

(9) $y=\ln\sin(1+x)$；

(10) $y=\sin\sqrt{1+x^2}$；

(11) $y=\sqrt{\dfrac{1+x}{1-x}}$；

(12) $y=\tan\dfrac{1}{x}$；

(13) $y=\dfrac{1}{\sqrt{2-x^2}}$；

(14) $y=\sin^2 x\cos 2x$；

(15) $y=\sec^2\dfrac{x}{a}+\csc^2\dfrac{x}{a}$；

(16) $y=\left(x^3-\dfrac{1}{x^3}+1\right)^4$；

(17) $y=\dfrac{x}{2}\sqrt{a^2-x^2}+\dfrac{a^2}{2}\arcsin\dfrac{x}{a}\quad(a>0)$；

(18) $y=\dfrac{1+\cos^2 x}{\sin x^2}$；

(19) $y=(x+\sin^2 x)^3$；

(20) $y=\arctan\sqrt{x}$。

4. 求由下列方程所确定的隐函数 $y$ 对 $x$ 导数：

(1) $y^2-2xy+3=0$；

(2) $y^3+x^3-3xy=0$；

(3) $x\cos y=\sin(x+y)$；

(4) $e^{xy}-x^2+y^2=0$。

5. 下列函数的导函数：

(1) $y=\sqrt{\dfrac{x}{(x-2)(x-3)}}$；

(2) $y=x^x$。

*6. 求由下列参数方程所确定的函数的导数 $\dfrac{dy}{dx}$：

(1) $\begin{cases}x=1-e^{3t}\\ y=t\cos t\end{cases}$；

(2) $\begin{cases}x=\arctan t\\ y=\ln(1+t^2)\end{cases}$，在 $t=2$ 处。

## 2.3 高阶导数

在工程中常需要考虑运动物体惯性力，由力学知道，惯性力 $F=-ma$，其中 $m$ 为运动物体质量，$a$ 为运动物体的加速度。要计算惯性力，就要先计算加速度。我们知道，当物体作变速直线运动，只要路程 $s=s(t)$ 对时间 $t$ 求导数，就能得到物体的瞬时速度 $v(t)$，即

$$v(t)=s'(t)。$$

根据物理学知识，加速度就是速度对时间的变化率，于是，加速度 $a$ 就是路程函数 $s(t)$ 对时间 $t$ 的导数的导数。因此只要 $v(t)$ 对时间 $t$ 求导数就得到加速度，即

$$a=v'(t)=[s'(t)]'。$$

### 2.3.1 高阶导数的概念

**定义** 如果函数 $y=f(x)$ 的导数 $y'=f'(x)$ 仍然是 $x$ 的函数，则称 $[f'(x)]'$ 为函数 $y=f(x)$ 的二阶导数，记为

$$f''(x),y'',\frac{d^2y}{dx^2},或\frac{d^2f(x)}{dx^2}。$$

类似地，$f(x)$ 的二阶导数的导数称为 $f(x)$ 的三阶导数，记为

$$f'''(x), y''', \frac{d^3y}{dx^3}, 或 \frac{d^3f(x)}{dx^3}。$$

一般地，$f(x)$ 的 $n-1$ 阶导数的导数称为 $f(x)$ 的 $n$ 阶导数，记为

$$f^{(n)}(x), y^{(n)}, \frac{d^ny}{dx^n}, 或 \frac{d^nf(x)}{dx^n}。$$

二阶和二阶以上的导数统称为高阶导数。

显然，求函数的高阶导数就是多次接连地求导数。因此可以利用前面所学的求导公式和求导方法来计算高阶导数。

**例1** 已知 $y=x^2$，求 $y'''$。

**解** $y'=2x, y''=2, y'''=0$。

**例2** 设 $f(x)=\arctan x$，求 $f'''(0)$

**解** $f'(x)=\dfrac{1}{1+x^2}$，

$$f''(x)=\left(\frac{1}{1+x^2}\right)'=\frac{-2x}{(1+x^2)^2},$$

$$f'''(x)=\left(\frac{-2x}{(1+x^2)^2}\right)'=\frac{2(3x^2-1)}{(1+x^2)^3},$$

$$f'''(0)=\left.\frac{2(3x^2-1)}{(1+x^2)^3}\right|_{x=0}=-2。$$

**例3** $y=\sin x$，求 $y^{(n)}$。

**解** $y'=\cos x=\sin\left(x+\dfrac{\pi}{2}\right)$，

$$y''=\cos\left(x+\frac{\pi}{2}\right)=\sin\left(x+2\cdot\frac{\pi}{2}\right),$$

$$y'''=\cos\left(x+2\cdot\frac{\pi}{2}\right)=\sin\left(x+3\cdot\frac{\pi}{2}\right),$$

$$y^{(4)}=\cos\left(x+3\cdot\frac{\pi}{2}\right)=\sin\left(x+4\cdot\frac{\pi}{2}\right),$$

依此类推，得

$$y^{(n)}=\sin\left(x+n\cdot\frac{\pi}{2}\right)。$$

## 2.3.2 二阶导数在力学中的应用

如果物体运动的方程为 $s=s(t)$，则在时刻 $t$ 的瞬时速度 $v$ 是路程 $s$ 对时间 $t$ 的导数，即

$$v=s'(t)=\frac{ds}{dt},$$

而加速度 $a$ 又是速度的变化率，所以

$$a=\frac{dv}{dt}=\frac{d^2s}{dt^2}。$$

故物体运动的加速度 $a$ 是路程 $s$ 对时间 $t$ 的二阶导数。

类似地，物体在变速圆周运动中，物体的角加速度就是转角 $\theta$ 对时间 $t$ 的二阶导数。即

$$a_{角}=\frac{d^2\theta}{dt^2}。$$

**例 4** 在图 2-3-1 所示的曲柄连杆机构中，曲柄长为 $r$，连杆长为 $l$，曲柄旋转的角速度为 $\omega$，连杆绕滑块销摆动时的角度为 $\theta$，连杆绕滑块销摆动时的角度的运动规律为 $\theta=\arcsin\left(\frac{r}{l}\sin\omega t\right)$，试求连杆绕滑块销摆动时的角加速度。

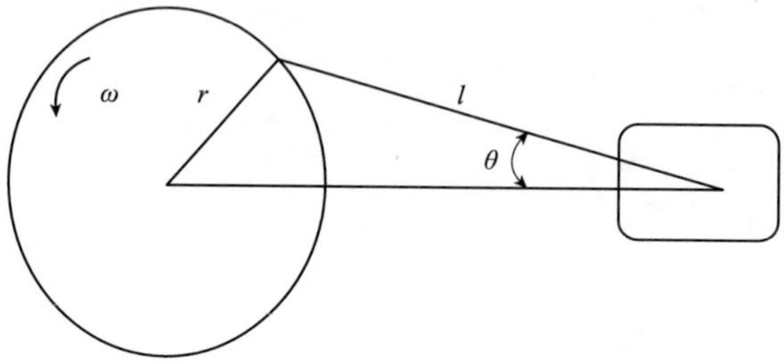


图 2-3-1

**解** 滑块销摆动时的角速度为

$$v=\frac{d\theta}{dt}=\left[\arcsin\left(\frac{r}{l}\sin\omega t\right)\right]'=\frac{r\omega\cos\omega t}{\sqrt{l^2-r^2\sin^2\omega t}},$$

滑块销摆动时的角加速度为

$$a=\frac{d^2\theta}{dt^2}=\frac{r\omega^2(r-l^2)\sin\omega t}{(l^2-r^2\sin^2\omega t)^{\frac{3}{2}}}。$$

**例 5** 升降机提升过程的运动规律为 $x=\frac{H}{2}(2-\cos\varphi)$，其中 $x$ 是升降机在时刻 $t$ 的位置坐标，$H$ 是上升总高度，$\varphi=\sqrt{\frac{2a_0}{H}}t$，$a_0$ 是常数。试计算升降机的速度和加速度。

**解** 因为 $\frac{dx}{d\varphi}=\frac{H}{2}\sin\varphi$，$\frac{d\varphi}{dt}=\sqrt{\frac{2a_0}{H}}$，

升降机的速度为：

$$v=\frac{dx}{dt}=\frac{dx}{d\varphi}\cdot\frac{d\varphi}{dt}=\sqrt{\frac{a_0H}{2}}\sin\sqrt{\frac{2a_0}{H}}t,$$

升降机的加速度为

$$a=\frac{d^2x}{dt^2}=a_0\cos\sqrt{\frac{2a_0}{H}}t。$$

## 习题 2.3

1. 在测试一汽车的制动性能时发现，制动后汽车行驶的距离（单位：m）与时间（单位：s）满足 $s=19.2t-0.4t^3$。求汽车在 $t=4$s 时的速度和加速度。

2. 求 $f(x)=x^3+2x^2-3x+4$ 的 $n(n\geqslant 4)$ 阶导数。

3. 求幂函数 $y=x^n$（$n$ 是正整数）的 $n$、$n+1$ 阶导数。

4. 已知 $y=\cos x$，求 $y^{(n)}$。

5. $y=x\ln x$，则 $y^{(10)}$。

## 2.4 微分

### 2.4.1 问题的提出

**问题1**：设一物体作变速直线运动，已知物体的路程 $s$ 和时间 $t$ 的函数关系为 $s=s(t)$，则物体在时刻 $t$ 到 $t+\Delta t$ 这段时间内经过的路程为

$$\Delta s=s(t+\Delta t)-s(t),$$

当 $s=s(t)$ 比较复杂时，计算 $\Delta s$ 比较麻烦，有无简单的方法呢？

分析：物体作变速运动时，它的速度随着时间而变化，但当间隔时间比较小时，物体速度变化比较小，变速运动可作等速运动，因此

$$\Delta s\approx s'(t)\Delta t。$$

**问题2**：问一金属正方形薄片，当受冷热影响时，其边长由 $x_0$ 变到 $x_0+\Delta x$（如图 2-4-1），该薄片的面积改变了多少？

**分析**：设正方形薄片边长为 $x$ 时，面积为 $s$，则 $s=x^2$。正方形薄片受冷热影响所改变的面积可以看成是当自变量 $x$ 从 $x_0$ 变到 $x_0+\Delta x$ 时，函数 $s=x^2$ 的相应的改变量 $\Delta s$，即

$$\Delta s=(x+x_0)^2-{x_0}^2=2x_0\Delta x+(\Delta x)^2。$$

在实际问题中，为了简化计算，往往只要求得 $\Delta s$ 具有一定精确度的近似值，为此，对 $\Delta s$ 作如下分析：

$\Delta s$ 是由两部分组成的：一部分是 $2x_0\Delta x$，在图 2-4-1 中，它表示画有斜线的两块窄矩形面积之和；另一部分是 $(\Delta x)^2$，在图 2-4-1 中，它表示画有交叉线的一小块正方形的面积。

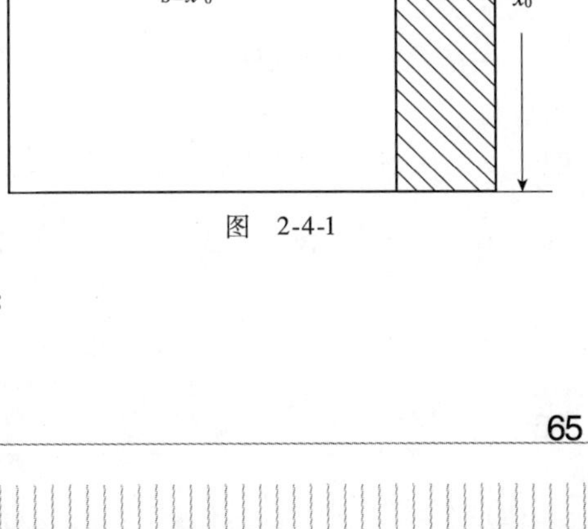

图 2-4-1

显然，当 $\Delta x\to 0$ 时，$(\Delta x)^2$ 趋向于零的速度比 $\Delta x$ 趋向于零的速度要快得多，$(\Delta x)^2$ 是比 $\Delta x$ 高阶的无穷小。

因此当 $|\Delta x|$ 很小时，小块正方形的面积 $(\Delta x)^2$ 可以忽略不计。即可以用两块窄矩形面积之和 $2x_0\Delta x$ 作 $\Delta s$ 的近似值，即 $\Delta s\approx 2x_0\ \Delta x$，它所产生的误差是 $(\Delta x)^2$。

通过上面两个问题的分析，单从数量上可以发现：

函数 $y=f(x)$，当 $|\Delta x|$ 很小时，有近似表达式

$$\Delta y \approx f'(x)\Delta x,$$

并且 $|\Delta x|$ 越小,其近似程度越好。

在实际工作中,如在测量的误差估计中,也会遇到这类和函数密切相关的问题:当自变量有一微小增量时,要计算函数相应的增量,一般说来,计算函数增量是比较麻烦的。因此,我们需要一个既简单而又有一定精确度的求函数增量的近似表达式。对于一般的函数是否也有类似的结论呢?下面讨论这个问题。

设函数 $y=f(x)$ 在 $x$ 可导,即

$$\lim_{\Delta x \to 0}\frac{\Delta y}{\Delta x}=f'(x),$$

则
$$\frac{\Delta y}{\Delta x}=f'(x)+\alpha。$$

其中 $\lim\limits_{\Delta x \to 0}\alpha=0$,于是

$$\Delta y=f'(x)\Delta x+\alpha\Delta x。$$

显然,$\alpha\Delta x$ 是比 $\Delta x$ 高阶的无穷小($\Delta x \to 0$)。

因此,对于一般的函数 $y=f(x)$,只要它在 $x$ 可导,就有近似表达式

$$\Delta y \approx f'(x)\Delta x。$$

而且产生的误差是比 $\Delta x$ 高阶的无穷小。

## 2.4.2 微分的概念

**定义** 若函数 $y=f(x)$ 在点 $x$ 处有导数 $f'(x)$,则称 $f'(x)\Delta x$ 为函数在点 $x$ 处的微分,记为 $\mathrm{d}y$,即 $\mathrm{d}y=f'(x)\Delta x$。

因为 $(x)'=1$,所以 $\mathrm{d}x=1\cdot\Delta x=\Delta x$。

即,自变量的改变量 $\Delta x$ 等于自变量的微分 $\mathrm{d}x$,因而函数的微分又可写成

$$\mathrm{d}y=f'(x)\mathrm{d}x。$$

从而有

$$\frac{\mathrm{d}y}{\mathrm{d}x}=f'(x)。$$

所以,一个函数的导数与微分有着密切的联系:函数的微分等于该函数的导数与自变量的微分的乘积;而函数的导数等于该函数的微分与自变量微分之商。因此,导数又称微商。

由函数的微分的定义看出,要计算函数的微分,只要计算函数的导数,再乘以自变量的微分即可。

**例 1** 求函数 $y=\ln x$ 当 $x=1$,$\Delta x=0.01$ 时的微分。

**解** $\mathrm{d}y=(\ln x)'\Delta x=\frac{1}{x}\Delta x$。当 $x=1$,$\Delta x=0.01$ 时的微分

$$\mathrm{d}y\Big|_{\substack{x=1\\ \Delta x=0.01}}=\frac{1}{x}\Delta x\Big|_{\substack{x=1\\ \Delta x=0.01}}=0.01。$$

## 2.4.3 微分的几何意义

设$M(x,y)$是曲线$y=f(x)$上的一个点，当自变量有微小增量$\Delta x$时，就得到曲线上另一个点$M'(x+\Delta x,y+\Delta y)$，如图 2-4-2 所示。

显然，$MP=\Delta x$，$M'P=\Delta y$，过点$M$作曲线的切线$MT$，倾角为$\alpha$，则

$$QP=MP\tan\alpha=\Delta x\cdot y'=\mathrm{d}y$$

所以，$\Delta y$是曲线$y=f(x)$上点$M$的纵坐标的增量时，$\mathrm{d}y$就是曲线在该点处切线的纵坐标的增量。

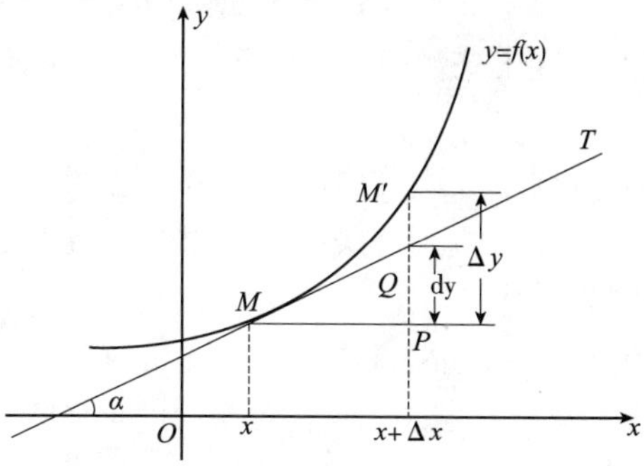


图 2-4-2

## 2.4.4 微分运算

1）微分公式和微分运算法则

根据函数的微分的定义，由基本初等函数的导数公式和函数四则运算的求导法则，可以推出基本初等函数的微分公式，如表 2-4-1 所示。

**基本初等函数微分公式** 表 2-4-1

| 导数公式 | 微分公式 | 导数公式 | 微分公式 |
|---|---|---|---|
| $(C)'=0$ | $\mathrm{d}(C)=0$ | $(x^{\alpha})'=\alpha x^{\alpha-1}$ | $\mathrm{d}(x^{\alpha})=\alpha x^{\alpha-1}\mathrm{d}x$ |
| $(a^x)'=a^x\ln a$<br>$(e^x)'=e^x$ | $\mathrm{d}(a^x)=a^x\ln a\mathrm{d}x$<br>$\mathrm{d}(e^x)=e^x\mathrm{d}x$ | $(\log_a x)'=\frac{1}{x\ln a}$<br>$(\ln x)'=\frac{1}{x}$ | $\mathrm{d}(\log_a x)=\frac{1}{x\ln a}\mathrm{d}x$<br>$\mathrm{d}(\ln x)=\frac{1}{x}\mathrm{d}x$ |
| $(\sin x)'=\cos x$ | $\mathrm{d}(\sin x)=\cos x\mathrm{d}x$ | $(\cos x)'=-\sin x$ | $\mathrm{d}(\cos x)=-\sin x\mathrm{d}x$ |
| $(\tan x)'=\sec^2 x$ | $\mathrm{d}(\tan x)=\sec^2 x\mathrm{d}x$ | $(\cot x)'=-\csc^2 x$ | $\mathrm{d}(\cot x)=-\csc^2 x\mathrm{d}x$ |
| $(\arcsin x)'=\frac{1}{\sqrt{1-x^2}}$ | $\mathrm{d}(\arcsin x)=\frac{1}{\sqrt{1-x^2}}\mathrm{d}x$ | $(\arccos x)'=-\frac{1}{\sqrt{1-x^2}}$ | $\mathrm{d}(\arccos x)=-\frac{1}{\sqrt{1-x^2}}\mathrm{d}x$ |
| $(\arctan x)'=\frac{1}{1+x^2}$ | $\mathrm{d}(\arctan x)=\frac{1}{1+x^2}\mathrm{d}x$ | $(\mathrm{arccot}x)'=-\frac{1}{1+x^2}$ | $\mathrm{d}(\mathrm{arccot}x)=-\frac{1}{1+x^2}\mathrm{d}x$ |

根据函数的微分的定义，由函数和、差、积、商的求导法则可推出函数的和、差、积、商的微分法则。

设$u(x)$、$v(x)$都可微，则

（1）$\mathrm{d}(u\pm v)=\mathrm{d}u\pm\mathrm{d}v$；

（2）$\mathrm{d}(uv)=v\mathrm{d}u+u\mathrm{d}v$；

（3）$\mathrm{d}\left(\frac{u}{v}\right)=\frac{v\mathrm{d}u-u\mathrm{d}v}{v^2}$。

2）复合函数的微分法则

设函数 $u=\varphi(x)$ 在点 $x$ 处可微，$y=f(u)$ 在点 $u$ 处可微，则复合函数 $y=f[\varphi(x)]$ 在点 $x$ 处也可微，且微分为 $dy=y'_x dx=f'(u)\varphi'(x)dx$。

由于 $\varphi'(x)dx=du$，所以 $dy=f'(u)du$。

这个式子表明：不管 $u$ 是自变量还是中间变量，函数 $y=f(u)$ 的微分总是保持同一形式：

$$dy=f'(u)du。$$

这个性质称为微分形式不变性。

所以微分公式中 $x$ 可以是自变量，也可以是中间变量。

**例 2** 设 $y=\cos(1-2x)$，求 $dy$。

**解** $dy=d\cos(1-2x)=-\sin(1-2x)d(1-2x)$

$=-\sin(1-2x)(d(1)-d(2x))=2\sin(1-2x)dx$。

**例 3** $y=e^{2x}\sin x$，求 $dy$。

**解** $dy=de^{2x}\sin x=\sin x\, de^{2x}+e^{2x}d\sin x=2e^{2x}\sin x dx+e^{2x}\cos x dx$

$=(2e^{2x}\sin x+e^{2x}\cos x)dx$。

**例 4** 在下列等式的括号中填入适当的函数，使等式成立：

（1）d(　　)$=x\,dx$；　　（2）d(　　)$=e^{2x}dx$。

**解** 因为 $d(x^2)=2x dx$，所以 $d\left(\frac{1}{2}x^2+c\right)=x dx$（$c$ 为任意常数）。

因为 $d(e^{2x})=2e^{2x}dx$，所以 $d\left(\frac{1}{2}e^{2x}+c\right)=e^{2x}dx$（$c$ 为任意常数）。

## *2.4.5 微分在工程计算中的应用

1）微分在工程近似计算中的应用

在工程问题中，经常会遇到一些复杂的计算公式。如果直接用这些公式进行计算，是很费事的。前面我们已经讨论过，当 $|\Delta x|$ 很小时，有近似表达式 $\Delta y\approx dy=f'(x)\Delta x$。并且 $|\Delta x|$ 越小，近似程度越好。因此，在实际应用中，时常把函数的微分作为函数增量的近似值以简化运算。而且一般说来，计算函数的微分比计算函数的增量来得简单。

当 $|\Delta x|$ 不大时，$\Delta y\approx f'(x_0)\Delta x$，即

$$f(x_0+\Delta x)-f(x_0)\approx f'(x_0)\Delta x,$$

所以

$$f(x_0+\Delta x)\approx f(x_0)+f'(x_0)\Delta x。$$

令 $x_0+\Delta x=x$，则 $\Delta x=x-x_0$。所以

$$f(x)\approx f(x_0)+f'(x_0)(x-x_0)。$$

该式表明，在点 $x_0$ 附近的函数值 $f(x)$ 可用该点函数值 $f(x_0)$ 及微分 $f'(x_0)(x-x_0)$ 之和来近似代替。

因此，如果 $f(x_0)$、$f'(x_0)$ 容易计算，计算点 $x_0$ 附近的函数值 $f(x)$ 近似值就比较方便。

**例 5** 有一批半径为 10cm 的金属球，为了提高球面的光洁度，要镀上一层铬，，厚度定为 0.01cm。试估计一下每只球需用多少铬？（铬的密度是 7.22 g/cm$^3$）

**解** 球体体积为 $V=\frac{4}{3}\pi r^3$，$r_0=10\text{cm}$，$\Delta r=0.01\text{cm}$。

所以 $$V'=4\pi r^2$$

镀层的体积为 $$\Delta V=V(r_0+\Delta r)-V(r_0)\approx V'(r_0)\Delta r=4\pi r_0{}^2\Delta r$$
$$=4\times 3.14\times 10^2\times 0.01=12.56(\text{cm}^3)$$

于是镀每只球需用的铬约为

$$12.56\times 7.22=90.68(\text{g})。$$

**例6** 计算 arctan0.98 的近似值。

**解** 设 $f(x)=\arctan x$，则 $f'(x)=\frac{1}{1+x^2}$。

取 $x_0=1$，$\Delta x=-0.02$，

$$\arctan 0.98\approx f(1)+f'(1)\times(-0.02)=\arctan 1-\frac{1}{1+1^2}\times 0.02=\frac{\pi}{4}-0.01$$
$$=0.78=44°26'。$$

用上例的方法可以推得以下几个工程上常用的近似公式(假定$|x|$是较小的数值)：

$$\sin x\approx x(x\text{ 是角的弧度值})；$$
$$\tan x\approx x(x\text{ 是角的弧度值})；$$
$$\sqrt[n]{1+x}\approx 1+\frac{1}{n}x；$$
$$e^x\approx 1+x；$$
$$\ln(1+x)\approx x。$$

**例7** 计算 $e^{-0.001}$的近似值。

**解** 当 $x=-0.001$ 时，绝对值较小。

则 $e^{-0.001}\approx 1-0.001=0.999$。

2)微分在误差估计中的应用

在生产实践中，经常要测量各种数据。但是有的数据不易直接测量，这时就需要通过测量其他有关数据，根据某种公式算出所要的数据。由于受测量仪器的精度、测量的条件和测量的方法等各种因素的影响，测得的数据往往带有误差，而根据带有误差的数据计算所得的结果也会有误差，这种误差就称为间接测量误差。下面就讨论怎样用微分来估计间接测量误差。

如果某个量的精确值为 $A$，它的近似值为 $a$，那么$|A-a|$称为 $a$ 的绝对误差，而绝对误差$|A-a|$与$|a|$的比值$\frac{|A-a|}{|a|}$称为 $a$ 的相对误差。

在实际工作中，某个量的精确值往往是无法知道的，从而绝对误差和相对误差也就无法求得。但是根据测量仪器的精度等因素，有时能够确定误差在某一个范围内。如果某个量的精确值是 $A$，测得它的近似值是 $a$，又知道它的误差不超过 $\delta_A$，即$|A-a|\leqslant\delta_A$，则 $\delta_A$ 称为测量 $A$ 的绝对误差限，$\frac{\delta_A}{|a|}$称为测量 $A$ 的相对误差限。

由于以后只讨论具体量的绝对误差限与相对误差限的大小，因此，绝对误差限与相对误

差限也分别简称为绝对误差与相对误差。

**例 8** 用卡尺测得圆钢的直径 $D=60.03\text{mm}$，测量 $D$ 的绝对误差 $\delta_D=0.05\text{mm}$。利用公式 $A=\frac{\pi}{4}D^2$ 计算圆钢的截面积时，试估计面积的误差。

**解** 因为 $A=\frac{\pi}{4}D^2$，所以 $A'=\frac{\pi}{2}D$，由于 $|\Delta D|\leqslant\delta_D=0.05$ 较小，所以可以用 $A$ 的微分 $dA$ 来近似代替增量 $\Delta A$，即

$$\Delta A\approx dA=A'\cdot\Delta D=\frac{\pi}{2}D\cdot\Delta D。$$

所以 $|DA|\approx|dA|=\frac{\pi}{2}D\cdot|\Delta D|\leqslant\frac{\pi}{2}D\cdot\delta_D$。

由于 $D=60.03$，所以 $A$ 的绝对误差为

$$\delta_A=\frac{\pi}{2}D\cdot\delta_D=\frac{\pi}{2}\times60.03\times0.05=4.715(\text{mm}^2),$$

$A$ 的相对误差为

$$\frac{\delta_A}{A}=\frac{\frac{\pi}{2}D\cdot\delta_D}{\frac{\pi}{4}D^2}=2\cdot\frac{\delta_D}{D}=2\times\frac{0.05}{60.03}\approx0.17\%。$$

## 习题 2.4

1. 求函数 $y=x-x^2$ 在 $x=1$，当 $\Delta x=0.01$ 时的 $\Delta y$ 及 $dy$。

2. 求下列函数的微分：

(1) $y=x^2-\frac{1}{x}-\sqrt{x}$；

(2) $y=5^x+\ln5$；

(3) $y=x\sqrt{1-x^2}$；

(4) $y=\frac{x}{1-x^2}$；

(5) $y=\arcsin\sqrt{1-x^2}$；

(6) $y=\ln\sin(1+x)$；

(7) $y=x^2\cos x$；

(8) $y=e^{-x^2}$。

3. 在下列等式的括号中填入适当的函数，使等式成立：

(1) $d(\quad)=3dx$；

(2) $d(\quad)=2xdx$；

(3) $d(\quad)=\frac{1}{x}dx$；

(4) $d(\quad)=\cos2xdx$；

(5) $d(\quad)=e^xdx$；

(6) $d(\quad)=\frac{1}{1+x^2}dx$；

(7) $d(\quad)=-\frac{1}{x^2}dx$；

(8) $\frac{\ln x}{x}dx=\ln x\,d(\quad)=d(\quad)$；

(9) $d(\quad)=\frac{1}{\sin^2 2x}dx$；

(10) $d(\quad)=\frac{1}{\sqrt{4-x^2}}dx$。

*4. 利用微分求近似值：

(1) $\sqrt[3]{996}$；

(2) $\tan 136^{\circ}$。

*5. 测得一张圆形盘片的半径为24cm，且已知其最大可能的测量误差为0.2cm。

(1)用微分估计在计算盘片面积时的最大误差；

(2)相对误差是多少？

## 2.5 利用MATLAB求解函数导数

在MATLAB中，求函数导数的命令函数为diff，其调用格式如下：

diff(f,x)：以$x$为自变量，求$f$对$x$的一阶导数。

diff(f,x,n)：以$x$为自变量，求$f$对$x$的$n$阶导数。

g = diff(f,x,n)；x = x0；eval(g)：求函数$f=f(x)$在$x=x_0$处的$n$阶导数。

### 2.5.1 显函数求导

**例1** 已知函数$y=\sin x^2$，求$\frac{dy}{dx}$、$\left.\frac{dy}{dx}\right|_{x=1}$、$\frac{d^2y}{dx^2}$。

**解** 具体操作命令及输出结果如下

| 输入命令 | 输出结果 |
|---|---|
| >>syms x;y = sin(x^2);diff(y,x) | ans =<br>2 * cos(x^2) * x |
| >>g = diff(y,x);x = 1;eval(g) | ans =<br>1.0806 |
| >>diff(y,x,2) | ans =<br>-4 * sin(x^2) * x^2 + 2 * cos(x^2) |

**例2** 已知函数$f(x)=\frac{\cos x}{1-\sin x}$，求$f'\left(\frac{\pi}{6}\right)$。

**解** 输入：

```
>>syms x;y = cos(x)/(1 - sin(x));diff(y,x)
```

输出：

```
ans =
-sin(x)/(1 - sin(x)) + cos(x)^2/(1 - sin(x))^2
```

输入：

```
>>g = diff(y,x);x = pi/6;eval(g)
```

输出：

```
ans =
    2.000 0
```

**例 3** 求曲线 $y=x^2$ 在点$\left(\frac{1}{2},\frac{1}{4}\right)$处的切线方程，并绘制其图像。

**解** 输入

```
>>syms x;y=x^2;y1=diff(y,x);x=1/2;eval(y1)
```

输出

```
ans =

    1
```

所以其切线方程为 $y-\frac{1}{4}=x-\frac{1}{2}$，

即

$$y=x-\frac{1}{4}。$$

再输入执行：

```
>>x=-6:0.1:6;y=x.^2;plot(x,y)
>>hold on;   %使用当前坐标系和图形保留
>>x=-6:0.1:6;y=x-1/4;plot(x,y)
```

即在同一坐标系内作出函数 $y=x^2$ 和它在 $x=\frac{1}{2}$处的切线，如图 2-5-1 所示。

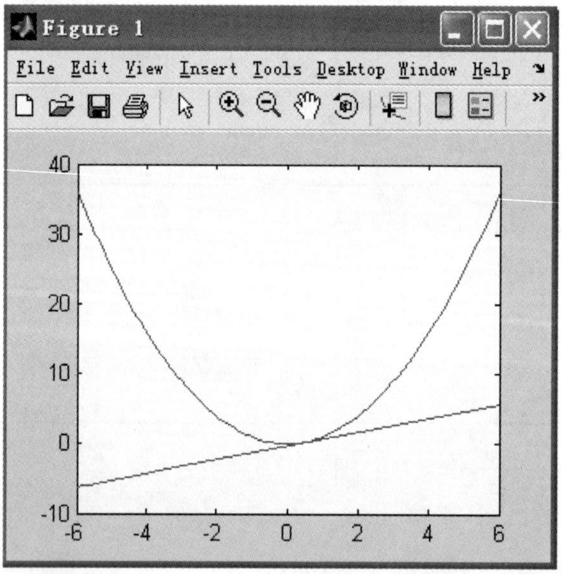


图 2-5-1

## 2.5.2 隐函数求导

**例 4** 已知由方程 $e^y+y\sin x-e^x=0$ 所确定的隐函数 $y=y(x)$ 可导，求$\frac{dy}{dx}$。

**解** 输入：

```
>>syms x y;f=exp(y)+y*sin(x)-exp(x);
```

```
>>dfx=diff(f,x);dfy=diff(f,y);      %求函数f分别对x、y的偏导数dfx及dfy
>>g=-dfx/dfy
```

输出:

```
g=
    (-y*cos(x)+exp(x))/(exp(y)+sin(x))。
```

### 2.5.3 参数方程求导

**例5** 已知参数方程 $\begin{cases}x=t\sin t\\ y=1-\cos t\end{cases}$,求 $\frac{\mathrm{d}y}{\mathrm{d}x}$、$\frac{\mathrm{d}^2y}{\mathrm{d}x^2}$。

**解** 输入:

```
>>syms t;x=t*sin(t);y=1-cos(t);dx=diff(x,t);dy=diff(y,t);dy/dx
```

输出:

```
ans=
    sin(t)/(sin(t)+t*cos(t))
```

输入:

```
>>d2y=diff(dy/dx,t);d2y/dx
```

输出:

```
ans=
    (cos(t)/(sin(t)+t*cos(t))-sin(t)/(sin(t)+t*cos(t))^2*(2*cos(t)-t*sin(t)))/(sin(t)+t*cos(t))
```

## 习题 2.5

1. 求下列函数的导数:

(1) $y=(1+x^2)\arctan x$,求 $y'$;  (2) $y=\arcsin\sqrt{1-x^2}$,求 $y'$;

(3) $y=\mathrm{e}^{-x}\ln x$,求 $y''$;  (4) $y=\ln(1+x)$,求 $\left.\frac{\mathrm{d}^2y}{\mathrm{d}x^2}\right|_{x=1}$。

2. 求曲线 $y=\ln(1+x)$ 在点(0,0)处的切线方程,把两者的图像画在同一坐标系下,并观察图形之间的关系。

3. 求下列隐函数的导数 $y'_x$:

(1) $x+xy-y^2=0$;  (2) $y^2=2px$;  (3) $y=1-\mathrm{e}^y x$。

4. 求由参数方程 $\begin{cases}x=t+\sin t\\ y=t\cos t\end{cases}$ 所确定的函数 $y$ 的导数 $\frac{\mathrm{d}y}{\mathrm{d}x}$。

# 复习题二

1. 求下列函数的导数：

(1)$f(x)=(x-1)(x^2+1)$；

(2)$f(x)=\frac{2x^2-1}{x}$；

(3)$y=\frac{x^2+2x-2}{x-1}$；

(4)$y=\sqrt{x^2+1}$；

(5)$y=(2x-3)^{10}$；

(6)$f(x)=(2x+1)^3(3x-2)^4$；

(7)$y=\frac{1}{\sqrt{x^2+1}}$，求$\left.\frac{dy}{dx}\right|_{x=1}$；

(8)$y=\sqrt{x-\sqrt{x}}$。

2. (1)若$x^2y+y^3=x+y$，求$\frac{dy}{dx}$。

(2)已知$f(x)=\frac{x\sqrt{x-1}}{(x-2)^3}$，求$f'(x)$。

(3)已知$y=(\sin x)^x$，求$y'$。

3. 求下列函数的微分：

(1)$f(x)=2\sqrt{x}+\frac{2}{x}-\frac{3}{x^2}$；

(2)$y=\sqrt{1-x^3}$；

(3)$f(x)=\sqrt{\frac{e^x}{x^2+1}}$；

(4)$y=(x^2+x+1)^{12}$；

(5)$f(x)=(x-1)^3(x+1)^4$；

(6)$y=\frac{x^2}{x+1}$。

4. 求$f(x)=\frac{1}{1-x}$的$n$阶导数。

5. 一质点作直线运动，其位移函数为$s(t)=-t^3-2t+4$，求此质点的速度函数与加速度函数。

6. (1)求与函数$f(x)=\frac{x-1}{x+1}$相切于(1,0)的直线方程式。

(2)求与$x^2+y^2=17$相切于(1,4)的直线方程式。

7. 求曲线$\begin{cases}x=\sin t\\y=\cos 2t\end{cases}$上对应于$t=\frac{\pi}{6}$的点处的切线方程。

8. 试估计$\sqrt[3]{1.03}$的值。

9. 一正立方体，测得的边长为8cm，所得正立方体的体积为512$cm^3$。假设在测量边长时所产生的误差在2%之内，试估计该正方体的体积的最大误差。

10. 一球状的气球正以每秒0.5π $cm^3$ 的速度灌入空气，求当气球的半径为2cm时，气球半径的变化率。

11. 扩音器插头为圆柱形，截面半径$r$为0.15cm，长度$l$为4cm。为了提高其导电性能，要在该圆柱的侧面镀上一层厚为0.001cm的铜，估计一下每个插头大约需要用多少克铜？(铜的密度为$\gamma=8.9g/cm^3$)

# 数学素质拓展——4×100m 接力赛的困惑

1968 年 10 月在第十九届夏季奥运会上，美国选手海因斯突破 10s 大关，创造了 9.9s 的男子百米世界纪录。也是在这次运动会上，男子 4×100m 接力赛中的美国队以 38.2s 的优异成绩打破世界纪录，夺得冠军。4×100m 只花 38.2s，平均每 100m 所花时间还不到 9.6s。四人平均每 100m 所花时间比打破世界纪录的百米冠军所花的时间还要少，这可能吗？

按接力赛跑规则，第二、三、四棒接力时，都有一段长 20m 的接力区，在接力区的前面还有一段长 10m 的预跑区。如果第二棒接力时，离起点 80～90m 处这一段是预跑区，离起点 90～110m 处是接力区。

通过前面百米赛跑数学模型可以看出，百米赛跑的起跑后，在 20m 处已经达到较快的速度，而在 30m 处已经接近最快速度。因为预跑区与接力区总长 30m，所以，运动员接棒之后可以很快达到最高跑速，而不必像第一棒运动员那样需要经历一段长约 30m 的逐步加速阶段。因此，第二、三、四棒运动员的那一段 100m 成绩，肯定比他们各自在百米赛跑中的成绩要好得多。只要有过硬的传棒技术，4×100m 接力赛跑每百米平均所花的时间比百米赛跑冠军跑 100m 所花的时间少一点是不足为奇的，如下图所示。

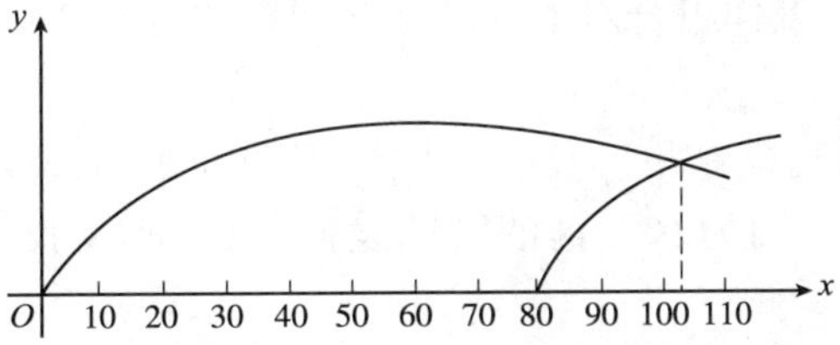


在凯勒用数学工具研究赛跑的同时，美国计算专家艾斯特运用数学、力学，并借助计算机研究了当时铁饼投掷世界冠军的投掷技术，从而得出了自己的研究理论。据此，艾斯特提出了改正投掷技术的训练措施，从而使这位世界冠军在短期内将成绩提高了 4m，在一次奥运会的比赛中创造了连破三次世界纪录的辉煌成绩。

# 第3章 导数的应用

## 学习目标

1. 了解微分中值定理；
2. 会用洛必达法则求未定式的极限；
3. 会用一阶导数判断函数的单调性；
4. 理解函数极值的概念，会求函数的极值；
5. 能够对简单实际问题中的最优化问题进行讨论求解；
6. 了解曲线的凹凸性和拐点的概念，会用二阶导数判断函数图形的凹凸性及拐点；
7. 了解曲率、曲率半径的含义，会求曲线的曲率和曲率半径；
8. 会用 MATLAB 求一元函数的极值和最优解。

**重点：实际问题中最优化问题的求解。**
**难点：微分中值定理的应用、函数最值的应用。**

在上一章中我们已讨论了导数和微分的计算方法。在本章中，我们将主要介绍如何用导数解决实际问题。

**【案例】** 从油井到炼油厂输油管的铺设。

某煤油厂需要用输油管把一座海上油井和炼油厂连接起来，油井距岸边和到炼油厂的距离如图 3-1-1 所示。如果水下输油管的铺设成本为 5 千万元/km，而陆地输油管的铺设成本为 3 千万元/km。试问：怎样组合水下和陆地输油管才能使连接费用成本最小？

初步的分析：

我们不妨先尝试几种可能结果，以获得对这一问题的感性认识。

(1)水下输油管最短。因为水下输油管铺设比较贵，所以我们尽可能少铺设水下的输油管。

如果直接铺到最近的岸边(12km)再铺设陆地输油管(20km)到炼油厂，则成本为

$$C=5\times12+3\times20=120\text{ 千万元}$$

(2)全部铺设水下输油管(长度最短)，如图 3-1-2 所示。

从水下直接铺设输油管到炼油厂，成本为

$$C=5\cdot\sqrt{12^2+20^2}\approx116.62\text{ 万元}$$

这种方案比方案(1)要节省费用。

(3)折中方案

如图3-1-3所示,先从水下铺设输油管到10km处,再从陆地铺设到炼油厂,则成本为

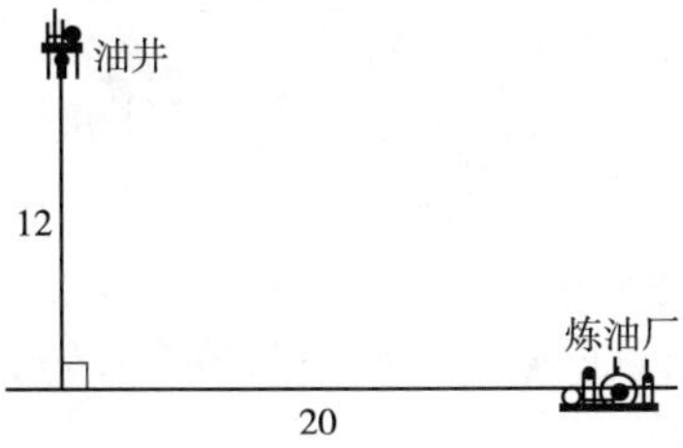


图 3-1-1

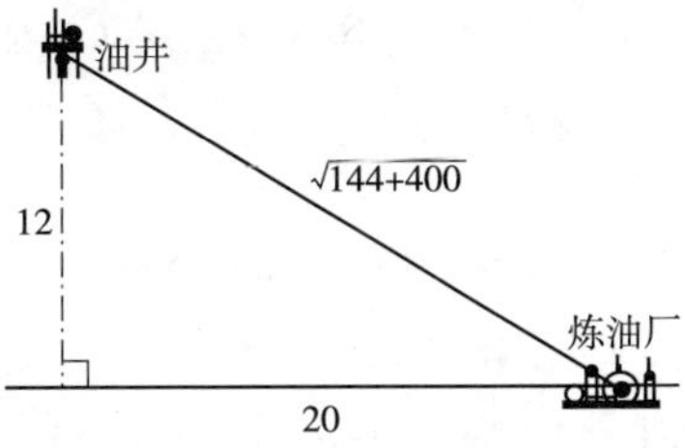


图 3-1-2

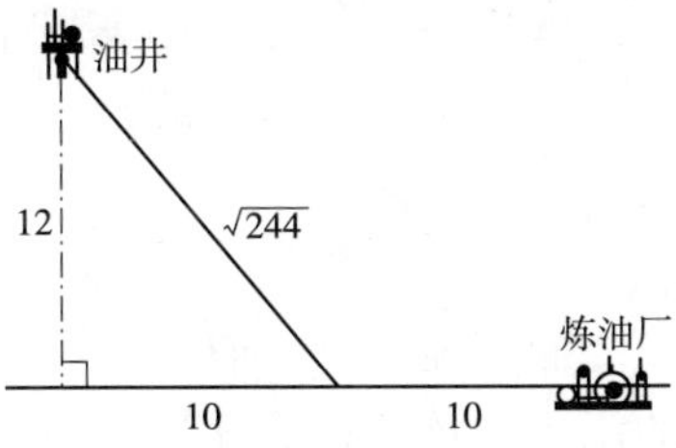


图 3-1-3

$$C=5\cdot\sqrt{12^2+10^2}+3\times10\approx108.10\text{ 千万元。}$$

初步分析得出的结论:两个极端的方案(水下输油管最短或输油管全部在水下)都没有给出最优解,折中方案似乎比较好一些。

进一步分析问题:折中方案中的10km处的那个点是根据经验而取的,有没有另一种选择会更好一些呢?如果有的话,怎样去求得?要解决这样的问题,我们先要介绍微分学的几个重要定理及其应用。

## *3.1 微分中值定理

**定理1** 如果函数$f(x)$满足下列条件:

(1)在$[a,b]$上连续;

(2)在$(a,b)$内可导,

则在$(a,b)$内至少存在一点$\xi\in(a,b)$,使得

$$f'(\xi)=\frac{f(b)-f(a)}{b-a}\text{或}f(b)-f(a)=f'(\xi)(b-a)\text{。}$$

这个定理也称为拉格朗日(Lagrange)中值定理(或微分中值定理)。

定理的几何意义:若连续曲线$y=f(x)$的弧$\overset{\frown}{AB}$上,除端点外的每一点处都有不垂直于$x$轴的切线,则该曲线弧上至少存在一点$C$,使曲线在该点处的切线与弦$AB$平行,如图3-1-4所示。

**例1** 函数$f(x)=x^2+2x$在$[0,2]$上满足拉格朗日中值定理的条件吗?如果满足,求出使定理成立的$\xi$的值。

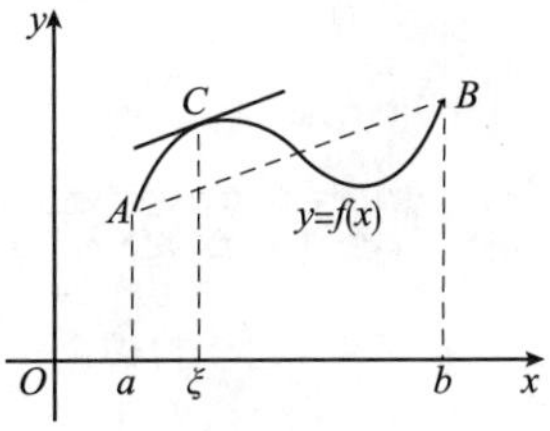


图 3-1-4

**解** 因为$f(x)=x^2+2x$在闭区间$[0,2]$上连续,且在开区间$(0,2)$内可导,所以满足拉格朗日中值定理的条件,又$f'(x)=2x+2$,于是有

$$\frac{f(2)-f(0)}{2-0}=2\xi+2,$$

解得 $\xi=1\in(0,2)$。

我们知道，常数函数的导数为零；反之，某一区间内导数处处为零的函数是否一定为常数函数？结论是肯定的。

**推论 1** 若在区间 $(a,b)$ 内恒有 $f'(x)\equiv 0$，则在 $(a,b)$ 内 $f(x)$ 是一个常数。

**证明：** 任取 $x_1$、$x_2\in(a,b)$（不妨设 $x_1<x_2$），则在区间 $[x_1,x_2]$ 上 $f(x)$ 满足拉格朗日中值定理的条件，有

$$f(x_2)-f(x_1)=f'(\xi)(x_2-x_1)\quad(x_1<\xi<x_2)$$

而 $f'(\xi)=0$，所以 $f(x_2)=f(x_1)$，由于 $x_1,x_2$ 为 $(a,b)$ 内任意两点，表明 $f(x)$ 在 $(a,b)$ 内的函数值总是相等，因此 $f(x)$ 在 $(a,b)$ 内为一常数。

**推论 2** 若在区间 $(a,b)$ 内恒有 $f'(x)=g'(x)$，则 $f(x)=g(x)+C$（$C$ 为任意常数）。

**例 2** 求证：当 $b>a>0$ 时，不等式 $3a^2(b-a)<b^3-a^3<3b^2(b-a)$ 成立。

**证明** 设 $f(x)=x^3,x\in[a,b]$，则 $f(x)$ 在区间 $[a,b]$ 上连续，在 $(a,b)$ 内可导。由拉格朗日中值定理，得

$$b^3-a^3=3\xi^2(b-a)\quad(a<\xi<b)$$

于是，有 $3a^2(b-a)<b^3-a^3<3b^2(b-a)$。

在拉格朗日中值定理中，如果加上条件 $f(a)=f(b)$，则可得到下面的罗尔（Rolle）定理。

**定理 2** 如果函数 $f(x)$ 满足下列条件：

(1) 在 $[a,b]$ 上连续；

(2) 在 $(a,b)$ 内可导；

(3) $f(a)=f(b)$；

则在 $(a,b)$ 内至少存在一点 $\xi\in(a,b)$，使得 $f'(\xi)=0$。

罗尔定理的几何意义是很明显的，读者可以自己分析。

## 习题 3.1

1. 下列函数在指定的区间内是否满足拉格朗日中值定理的条件？如果满足，求出定理结论中的 $\xi$ 值：

(1) $f(x)=\sqrt{x},[1,4]$； (2) $f(x)=\dfrac{1}{x^3},[-1,2]$。

2. 利用拉格朗日中值定理证明：

当 $0<a<b$ 时， $\dfrac{b-a}{b}<\ln\dfrac{b}{a}<\dfrac{b-a}{a}$。

## 3.2 洛必达法则

在求极限的过程中，如果当 $x\to x_0$ 或 $x\to\infty$ 时，两个函数 $f(x)$、$g(x)$ 都趋向于零或者都趋向于无穷大，这时极限 $\lim\limits_{\substack{x\to x_0\\(x\to\infty)}}\dfrac{f(x)}{g(x)}$ 可能存在也可能不存在，通常称这类极限为未定式，分别记

为$\frac{0}{0}$或$\frac{\infty}{\infty}$。例如，$\lim\limits_{x\to\frac{\pi}{2}}\frac{2x-\pi}{\cos x}$、$\lim\limits_{x\to 0}\frac{e^x-e^{-x}}{\sin x}$都是$\frac{0}{0}$型，$\lim\limits_{x\to+\infty}\frac{\ln x}{x^2}$、$\lim\limits_{x\to 0^+}\frac{\ln\sin x}{\ln x}$是$\frac{\infty}{\infty}$型。显然，用第1章所学方法很难求出极限值来。下面介绍这类极限的一种简便而有效的方法——洛必达法则。

## 3.2.1 $\frac{0}{0}$及$\frac{\infty}{\infty}$型未定式的极限

**定理1** （洛必达法则）如果函数$f(x)$和$g(x)$满足下列条件：

(1) $\lim\limits_{x\to x_0}f(x)=0$，$\lim\limits_{x\to x_0}g(x)=0$；

(2) 在$x_0$的某邻域内（点$x_0$本身可除外）可导，且$g'(x)\neq 0$；

(3) $\lim\limits_{x\to x_0}\frac{f'(x)}{g'(x)}=A$（或$\infty$）。

则$\lim\limits_{x\to x_0}\frac{f(x)}{g(x)}=\lim\limits_{x\to x_0}\frac{f'(x)}{g'(x)}=A$（或$\infty$）。

**说明：**(1) 这个定理告诉我们，当$x\to x_0$时，$\frac{0}{0}$型未定式的值在符合定理条件下，可以通过分子、分母分别求导，再求极限而确定；

(2) 定理只对$x\to x_0$时进行了描述，对于$x$的其他变化趋势也成立；

(3) $\frac{\infty}{\infty}$型未定式极限也有类似于$\frac{0}{0}$型未定式极限的洛必达法则，除$\frac{0}{0}$和$\frac{\infty}{\infty}$差别外，条件和结论极为相似，这里就不再描述。

**例1** 求$\lim\limits_{x\to 0}\frac{e^x-e^{-x}}{\sin x}$。

**解** 当$x\to 0$时，有$\lim\limits_{x\to 0}(e^x-e^{-x})=0$和$\lim\limits_{x\to 0}\sin x=0$，这是$\frac{0}{0}$型未定式。

由洛必达法则得

$$\lim_{x\to 0}\frac{e^x-e^{-x}}{\sin x}=\lim_{x\to 0}\frac{e^x+e^{-x}}{\cos x}=\frac{1+1}{1}=2。$$

**例2** 求$\lim\limits_{x\to 0}\frac{x-\sin x}{x^3}$。

**解** 当$x\to 0$时，$\lim\limits_{x\to 0}(x-\sin x)=0$和$\lim\limits_{x\to 0}x^3=0$，这是$\frac{0}{0}$型未定式。

由洛必达法则得

$$\lim_{x\to 0}\frac{x-\sin x}{x^3}=\lim_{x\to 0}\frac{1-\cos x}{3x^2}。$$

当$x\to 0$时，$\lim\limits_{x\to 0}(1-\cos x)=0$和$\lim\limits_{x\to 0}3x^2=0$，这仍是$\frac{0}{0}$型未定式。再用洛必达法则得：

$$\lim_{x\to 0}\frac{x-\sin x}{x^3}=\lim_{x\to 0}\frac{1-\cos x}{3x^2}=\lim_{x\to 0}\frac{\sin x}{6x}=\frac{1}{6}。$$

**例 3** 求$\lim\limits_{x\to+\infty}\dfrac{\ln x}{x^n}(n>0)$。

**解** 当$x\to+\infty$时，$\lim\limits_{x\to+\infty}\ln x=+\infty$和$\lim\limits_{x\to+\infty}x^n=+\infty$，这是$\dfrac{\infty}{\infty}$型未定式。

由洛必达法则得

$$\lim_{x\to+\infty}\frac{\ln x}{x^n}=\lim_{x\to+\infty}\frac{\frac{1}{x}}{nx^{n-1}}=\lim_{x\to+\infty}\frac{1}{nx^n}=0。$$

**例 4** 求$\lim\limits_{x\to\infty}\dfrac{x+\sin x}{x-\sin x}$。

**分析** 虽然是$\dfrac{\infty}{\infty}$型未定式，但是$\lim\limits_{x\to\infty}\dfrac{(x+\sin x)'}{(x-\sin x)'}=\lim\limits_{x\to\infty}\dfrac{1+\cos x}{1-\cos x}$不存在，说明洛必达法则失效，此时应当选择其他方法求极限。

**解** $\lim\limits_{x\to\infty}\dfrac{x+\sin x}{x-\sin x}=\lim\limits_{x\to\infty}\dfrac{1+\frac{1}{x}\sin x}{1-\frac{1}{x}\sin x}=1$。

洛必达法则是求未定式极限的一种有效方法，但如果能与约分、化简、等价无穷小替代或重要极限等其他求极限方法综合使用，可以使有些极限的运算更加简便。

**例 5** 求$\lim\limits_{x\to0}\dfrac{\tan x-x}{x^2\sin x}$。

**解** 由于$x\to0$时，$\sin x\sim x$，所以有

$$\lim_{x\to0}\frac{\tan x-x}{x^2\sin x}=\lim_{x\to0}\frac{\tan x-x}{x^2\cdot x}\overset{\frac{0}{0}}{=}\lim_{x\to0}\frac{\sec^2x-1}{3x^2}=\lim_{x\to0}\frac{\tan^2x}{3x^2}$$
$$=\frac{1}{3}\lim_{x\to0}\left(\frac{\tan x}{x}\right)^2=\frac{1}{3}。$$

## 3.2.2 其他未定式的极限

未定式的极限除了$\dfrac{0}{0}$型、$\dfrac{\infty}{\infty}$型未定式以外，还有$0\cdot\infty$、$\infty-\infty$、$0^0$、$\infty^0$、$1^\infty$等类型的未定式，它们经过适当的变形后，都可以转化为$\dfrac{0}{0}$或$\dfrac{\infty}{\infty}$这两种未定式，再利用洛必达法则求极限。

**例 6** 求$\lim\limits_{x\to\infty}x\left(e^{\frac{1}{x}}-1\right)$。

**解** 这是$0\cdot\infty$型未定式。作适当的变形可转化为$\dfrac{0}{0}$型未定式，得

$$\lim_{x\to\infty}x\left(e^{\frac{1}{x}}-1\right)=\lim_{x\to\infty}\frac{e^{\frac{1}{x}}-1}{\frac{1}{x}}\overset{\frac{0}{0}}{=}\lim_{x\to\infty}\frac{e^{\frac{1}{x}}\cdot\left(-\frac{1}{x^2}\right)}{-\frac{1}{x^2}}=1$$

**例7** 求$\lim\limits_{x\to 0}\left(\frac{1}{\sin x}-\frac{1}{x}\right)$。

**解** 这是$\infty-\infty$型未定式。通分后运用洛必达法则，得

$$\lim_{x\to 0}\left(\frac{1}{\sin x}-\frac{1}{x}\right)=\lim_{x\to 0}\frac{x-\sin x}{x\sin x}\overset{\frac{0}{0}}{=}\lim_{x\to 0}\frac{1-\cos x}{\sin x+x\cos x}$$

$$\overset{\frac{0}{0}}{=}\lim_{x\to 0}\frac{\sin x}{\cos x+\cos x-x\sin x}=0。$$

**例8** 求$\lim\limits_{x\to 0^+}x^{\sin x}$。

**解** 这是$0^0$型未定式，由于$x^{\sin x}$是幂指函数，故通过取对数及运用对数运算法则可转化为$\frac{0}{0}$或$\frac{\infty}{\infty}$型未定式。由于

$$\lim_{x\to 0^+}x^{\sin x}=\lim_{x\to 0^+}e^{\ln x^{\sin x}}=\lim_{x\to 0^+}e^{\sin x\ln x}=e^{\lim\limits_{x\to 0^+}\sin x\ln x}$$

而
$$\lim_{x\to 0^+}\sin x\ln x=\lim_{x\to 0^+}\frac{\ln x}{\frac{1}{\sin x}}\overset{\frac{\infty}{\infty}}{=}\lim_{x\to 0^+}\frac{\frac{1}{x}}{\frac{-\cos x}{\sin^2 x}}=-\lim_{x\to 0^+}\frac{\sin x}{x}\cdot\tan x=0$$

所以
$$\lim_{x\to 0^+}x^{\sin x}=e^0=1。$$

总结：使用洛必达法则求极限时，还应注意以下几点：

（1）每次使用法则前，必须检验是否属于$\frac{0}{0}$型或$\frac{\infty}{\infty}$型未定式，若不是，就不能使用该法则，否则会导致错误结果。并且在计算的过程中，注意不断化简其中间过程，以使计算顺利进行。

（2）当$\lim\limits_{\substack{x\to x_0\\(x\to\infty)}}\frac{f'(x)}{g'(x)}$不存在时，并不能判定所求极限$\lim\limits_{\substack{x\to x_0\\(x\to\infty)}}\frac{f(x)}{g(x)}$不存在，此时应该寻求其他方法求极限。

## 习题 3.2

1. 用洛必达法则求下列极限：

（1）$\lim\limits_{x\to 0}\frac{e^{x^2}-1}{\cos x-1}$；

（2）$\lim\limits_{x\to+\infty}\frac{x^2+\ln x}{x\ln x}$；

（3）$\lim\limits_{x\to 0}\frac{e^x-e^{-x}-2x}{x-\sin x}$；

（4）$\lim\limits_{x\to 1}\left(\frac{2}{x^2-1}-\frac{1}{x-1}\right)$；

（5）$\lim\limits_{x\to\pi}(x-\pi)\tan\frac{x}{2}$；

（6）$\lim\limits_{x\to\infty}\left(\cos\frac{2}{x}\right)^{x^2}$。

2. 求下列极限：

（1）$\lim\limits_{x\to\infty}\frac{x+\sin x}{\cos x-x}$；

（2）$\lim\limits_{x\to 0}\frac{x^2\sin\frac{1}{x}}{\sin x}$；

(3) $\lim\limits_{x\to+\infty}\dfrac{e^x-e^{-x}}{e^x+e^{-x}}$。

## 3.3 函数的单调性与极值

要解决3.1节案例1中的从油井到炼油厂输油管的铺设问题，还必须学习函数的单调性与极值。

### 3.3.1 函数的单调性

**【引例1】** 讨论函数 $y=e^x-x-1$ 的单调性。

**分析** 任取 $x_1<x_2$，有

$$f(x_2)-f(x_1)=e^{x_2}-x_2-e^{x_1}+x_1=(e^{x_2}-e^{x_1})+(x_1-x_2)。$$

当 $x_1<x_2$ 时，$e^{x_2}-e^{x_1}>0$，而 $x_1-x_2<0$，所以很难判断 $f(x_2)$ 与 $f(x_1)$ 的大小。

由此可见，利用单调性的定义判断函数单调性太困难。下面我们利用导数来研究函数的单调性。

从图3-3-1a)可直观看出，若函数 $y=f(x)$ 在区间 $(a,b)$ 内单调增加，则图像是一条随 $x$ 的增大而逐渐上升的曲线，各点处的切线与 $x$ 轴的正向夹角为锐角，所以 $f'(x)>0$。

由图3-3-1b)可看出，若函数 $y=f(x)$ 在区间 $(a,b)$ 内单调减少，则图像是一条随 $x$ 的增大而逐渐下降的曲线，各点处的切线与 $x$ 轴的正向夹角为钝角，所以 $f'(x)<0$。

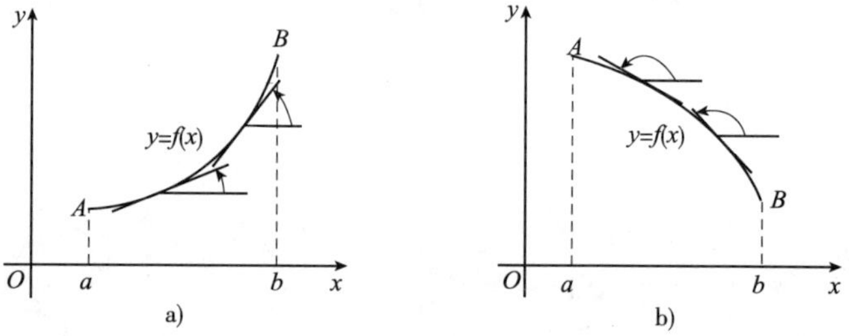


图 3-3-1

反之，能否由导数的符号判定函数的单调性呢？由拉格朗日中值定理可得出如下定理：

**定理1** 设函数 $y=f(x)$ 在区间 $[a,b]$ 上连续，在 $(a,b)$ 内可导。

(1) 如果在 $(a,b)$ 内 $f'(x)>0$，那么函数 $y=f(x)$ 在 $[a,b]$ 上单调增加；

(2) 如果在 $(a,b)$ 内 $f'(x)<0$，那么函数 $y=f(x)$ 在 $[a,b]$ 上单调减少。

**说明：**(1) 定理1中的闭区间换成其他各种区间（包括无穷区间），结论也成立；

(2) 如果在 $(a,b)$ 内 $f'(x)\geqslant0$（或 $f'(x)\leqslant0$），但等号只在个别点处成立，那么定理1的结论也成立。

使定理1的结论成立的区间，就是函数 $y=f(x)$ 的单调区间。

**例1**　用定理1来解答引例1。

**解**　函数 $y=e^x-x-1$ 的定义域为 $(-\infty,+\infty)$，

$$y'=e^x-1,$$

因为在 $(-\infty,0)$ 内 $y'<0$，所以函数 $y=e^x-x-1$ 在 $(-\infty,0]$ 上单调减少；因为在 $(0,+\infty)$ 内 $y'>0$，所以函数 $y=e^x-x-1$ 在 $[0,+\infty)$ 上单调增加。

注意：函数的单调性是一个区间上的性质，要用导数在这一区间上的符号来判定，而不能用一点处的导数符号来判别一个区间上的单调性。

**例2**　判定函数 $f(x)=\arctan x-x$ 的单调性。

**解**　$f(x)$ 的定义域为 $(-\infty,+\infty)$，

$$f'(x)=\frac{1}{1+x^2}-1=\frac{-x^2}{1+x^2}\leqslant 0$$

且仅 $f'(0)=0$，所以 $f(x)$ 在 $(-\infty,+\infty)$ 内单调减少。

当 $f(x)$ 和 $f'(x)$ 比较复杂时，要求出 $f'(x)>0$（或 $f'(x)<0$）的区间就变得较困难了。但是如果能找出单调增加区间和单调减少区间的分界点，问题就容易解决。

观察图3-3-2可以看出，使 $f'(x)=0$ 或 $f'(x)$ 不存在的点 $x$（如图中的 $x_0$、$x_1$）常常可能成为函数单调区间的分界点。

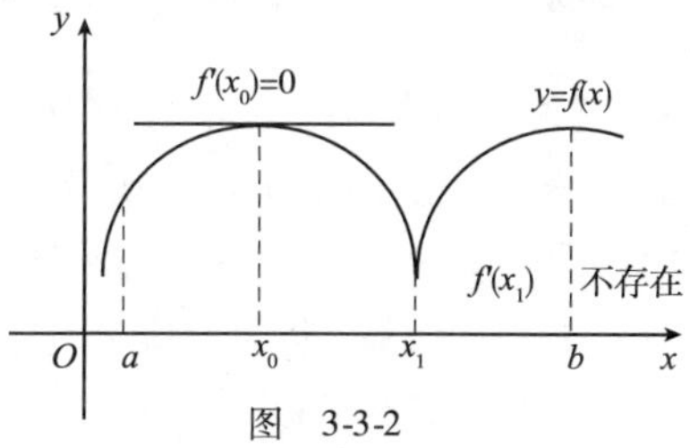

图　3-3-2

**定义1**　若 $f'(x_0)=0$，则称 $x_0$ 为函数 $f(x)$ 的驻点。

综上所述，求函数 $y=f(x)$ 的单调区间的一般步骤如下：

(1)确定函数 $f(x)$ 的定义区间；

(2)求 $f'(x)$，求出定义区间内使 $f'(x)=0$ 的驻点 $x_i$ 和 $f'(x)$ 不存在的点 $x_j$；

(3)将 $x_i$ 和 $x_j$ 按从小到大的顺序划分定义区间为若干区间，并列表讨论各区间上 $f'(x)$ 的符号，确定增减区间。

**例3**　求函数 $f(x)=x^3-6x^2-15x+1$ 的单调区间。

**解**　(1)函数的定义域为 $(-\infty,+\infty)$；

(2)$f'(x)=3x^2-12x-15=3(x-5)(x+1)$，令 $f'(x)=0$，得驻点 $x_1=-1$，$x_2=5$，无 $f'(x)$ 不存在的点；

(3)列表（表3-3-1）讨论，以确定增减区间：

**确定增减区间**　　表3-3-1

| $x$ | $(-\infty,-1)$ | $-1$ | $(-1,5)$ | $5$ | $(5,+\infty)$ |
|---|---|---|---|---|---|
| $f'(x)$ | + | 0 | − | 0 | + |
| $f(x)$ | ↗ | | ↘ | | ↗ |

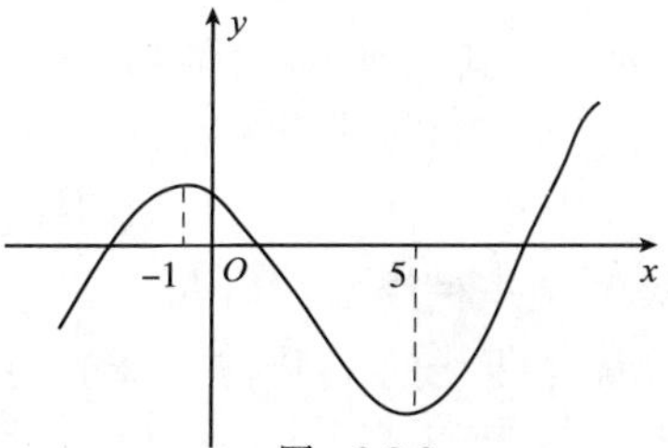

图　3-3-3

表中符号"↗"表示函数单调增加，"↘"表示函数单调减少，故函数 $f(x)$ 的单调增加区间为 $(-\infty,-1)$ 和 $(5,+\infty)$，单调减少区间为 $[-1,5]$，见图3-3-3。

**例4**　求函数 $f(x)=(x-1)x^{\frac{2}{3}}$ 的单调区间。

**解**　(1)函数的定义域为 $(-\infty,+\infty)$；

(2) $f'(x)=x^{\frac{2}{3}}+\frac{2}{3}(x-1)x^{-\frac{1}{3}}=\frac{5x-2}{3x^{\frac{1}{3}}}$,

令 $f'(x)=0$，得 $x=\frac{2}{5}$；$f(x)$ 的不可导点为 $x=0$；

(3) 列表（表 3-3-2）讨论，以确定增减区间：

确定增减区间　　表 3-3-2

| $x$ | $(-\infty,0)$ | 0 | $\left(0,\frac{2}{5}\right)$ | $\frac{2}{5}$ | $\left(\frac{2}{5},+\infty\right)$ |
|---|---|---|---|---|---|
| $f'(x)$ | + | 不存在 | − | 0 | + |
| $f(x)$ | ↗ | | ↘ | | ↗ |

所以 $(-\infty,0]$ 和 $\left[\frac{2}{5},+\infty\right)$ 是 $f(x)$ 的单调增加区间，$\left[0,\frac{2}{5}\right]$ 是 $f(x)$ 的单调减少区间。

## 3.3.2 函数的极值

**【引例 2】** 在本节例 3 中，分别考察点 $x=-1$ 和 $x=5$ 左右两侧邻近函数值的大小。

**分析** 由图 3-3-3 看到，点 $x=-1$ 和 $x=5$ 是函数 $f(x)=x^3-6x^2-15x+1$ 的单调区间的分界点。在点 $x=-1$ 的左侧邻近，函数 $f(x)$ 是单调增加的，在点 $x=-1$ 的右侧邻近，函数 $f(x)$ 是单调减少的。因此，对于点 $x=-1$ 左右两侧邻近的某一个范围内的任何一个点 $x$ $(x\neq-1)$，都有 $f(x)<f(-1)$ 成立。类似地，对于点 $x=5$ 左右两侧邻近的某一个范围内的任何一个点 $x(x\neq5)$，都有 $f(x)>f(5)$ 成立。

具有上述性质的点 $x=-1$ 和 $x=5$ 在函数研究中具有重要的意义，对这样的点给出定义如下：

**定义 2** 设函数 $f(x)$ 在 $x_0$ 的某邻域内有定义，如果对于该邻域内任何异于 $x_0$ 的 $x$ 都有

(1) $f(x)<f(x_0)$ 成立，则称 $f(x_0)$ 为 $f(x)$ 的极大值，称 $x_0$ 为 $f(x)$ 的极大值点；

(2) $f(x)>f(x_0)$ 成立，则称 $f(x_0)$ 为 $f(x)$ 的极小值，称 $x_0$ 为 $f(x)$ 的极小值点。

极大值、极小值统称为极值，极大值点、极小值点统称为极值点。

从定义来求函数的极值是非常困难的，所以我们必须找出哪一些点有可能是极值点。

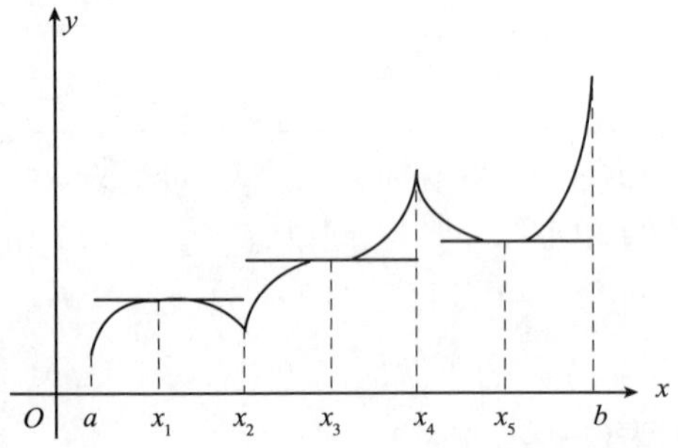


图 3-3-4

**【引例 3】** 分别考察图 3-3-4 中函数在各点 $x_1$、$x_2$、$x_3$、$x_4$、$x_5$ 的极值情况。

**分析** 从图 3-3-4 可以看出：

(1) $x_1$、$x_4$ 为极大值点，其对应极大值分别为 $f(x_1)$ 和 $f(x_4)$；$x_2$、$x_5$ 为极小值点，其对应极小值分别为 $f(x_2)$ 和 $f(x_5)$。其中极大值 $f(x_1)$ 比极小值 $f(x_5)$ 小，说明函数的极值是一种局部性概念。

(2) 函数的极值通常在曲线的上升与下降的转折处取得，这些极值点是函数单调区间的分界点。

因此驻点和导数不存在的点是可能的极值点。

(3)曲线在点($x_3,f(x_3)$)处的切线是水平的,即$f'(x_3)=0$,但函数在$x_3$处并没有取得极值。

结合图3-3-4,可得到函数取得极值的必要条件和充分条件。

**定理2** (极值存在的必要条件) 设函数$f(x)$在$x_0$处可导,且在$x_0$处取得极值,那么$f'(x_0)=0$,即点$x_0$是函数$f(x)$的驻点。

注意:

(1)定理2表明:可导函数$f(x)$的极值点必定是它的驻点;但反之,函数的驻点却不一定是极值点。例如,$x=0$是$y=x^3$的驻点,但不是极值点。

(2)定理2的条件是$f(x)$在$x_0$处可导,但是,在导数不存在的点,函数也可能取得极值。例如,函数$f(x)=|x|$在点$x=0$处不可导,而函数在该点取得极小值。

哪些驻点或不可导点是函数的极值点呢?结合图3-3-4可得:

**定理3** (极值存在的第一充分条件)设函数$f(x)$在$x_0$处连续,且在$x_0$的某邻域内可导($x_0$可除外),$f'(x_0)=0$(或$f'(x_0)$不存在)。当$x$由小增大经过$x_0$时,如果,

(1)$f'(x)$的符号由正变负,那么$f(x)$在$x_0$处取得极大值;

(2)$f'(x)$的符号由负变正,那么$f(x)$在$x_0$处取得极小值;

(3)$f'(x)$的符号不改变,那么$f(x)$在$x_0$处没有极值。

**例5** 求函数$f(x)=2x^3-3x^2-12x+21$的极值。

**解** (1)函数的定义域为$(-\infty,+\infty)$;

(2)$f'(x)=6x^2-6x-12=6(x+1)(x-2)$,

令$f'(x)=0$得驻点$x_1=-1,x_2=2$,$f'(x)$无不存在的点。

(3)列表(表3-3-3)讨论,以确定极值:

**求极大值与极小值** 表3-3-3

| $x$ | $(-\infty,-1)$ | $-1$ | $(-1,2)$ | 2 | $(2,+\infty)$ |
|---|---|---|---|---|---|
| $f'(x)$ | + | 0 | − | 0 | + |
| $f(x)$ | ↗ | 极大值28 | ↘ | 极小值1 | ↗ |

所以函数的极大值为$f(-1)=28$;函数极小值为$f(2)=1$。

**例6** 求函数$f(x)=2x-3x^{\frac{2}{3}}$的极值。

**解** (1)函数的定义域为$(-\infty,+\infty)$;

$$(2)f'(x)=2-2x^{-\frac{1}{3}}=2(1-x^{-\frac{1}{3}})=\frac{2(\sqrt[3]{x}-1)}{\sqrt[3]{x}},$$

令$f'(x)=0$得驻点$x=1$;此外,$x=0$为$f(x)$的不可导点;

(3)列表(表3-3-4)讨论,以确定极值:

**确定极值** 表3-3-4

| $x$ | $(-\infty,0)$ | 0 | $(0,1)$ | 1 | $(1,+\infty)$ |
|---|---|---|---|---|---|
| $f'(x)$ | + | 不存在 | − | 0 | + |
| $f(x)$ | ↗ | 极大值0 | ↘ | 极小值−1 | ↗ |

所以函数的极大值为$f(0)=0$;函数的极小值为$f(1)=-1$。

上面给出了用一阶导数判定极值的第一充分条件。若函数$f(x)$在驻点处具有二阶导数，则在驻点处是否有极值，还可用下面的第二充分条件来判别。

**定理4** （极值存在的第二充分条件）设函数$f(x)$在$x_0$处具有二阶导数，且$f'(x_0)=0$，$f''(x_0)\neq 0$，那么，

（1）当$f''(x_0)<0$时，函数$f(x)$在$x_0$处取得极大值；

（2）当$f''(x_0)>0$时，函数$f(x)$在$x_0$处取得极小值。

**例7** 求函数$f(x)=x^3-4x^2-3x$的极值。

**解** （1）函数的定义域为$(-\infty,+\infty)$；

（2）$f'(x)=3x^2-8x-3=(3x+1)(x-3)$，令$f'(x)=0$得驻点$x_1=-\frac{1}{3}$，$x_2=3$；

（3）$f''(x)=6x-8$；

（4）因为$f''\left(-\frac{1}{3}\right)=-10<0$，得函数的极大值为$f\left(-\frac{1}{3}\right)=\frac{14}{27}$，

由$f''(3)=10>0$，得函数的极小值为$f(3)=-18$。

注意：在$f'(x_0)=0$，且$f''(x_0)\neq 0$的情况下用定理4求极值比较方便。但在$f''(x_0)=0$或$f''(x_0)$不存在的情况下，定理4不能用，此时仍需用定理3讨论。

## 习题 3.3

1. 求下列函数的单调区间：

（1）$f(x)=x^3-6x^2-15x+4$；　　（2）$f(x)=x-\ln(1+x)$；

（3）$f(x)=\sqrt[3]{(2x-1)^2(1-x)^2}$。

2. 求下列函数的极值：

（1）$f(x)=2x^3-6x^2-18x+2$；　　（2）$f(x)=(x^2-1)^3+1$；

（3）$f(x)=\sqrt[3]{(x-1)^2}$。

3. 已知函数$f(x)=x^3+ax^2+bx$在$x=1$处有极值$-12$，试确定系数$a$、$b$的值。

4. 试问$a$为何值时，函数$f(x)=a\sin x+\frac{1}{3}\sin 3x$在$x=\frac{\pi}{3}$处取得极值？它是极大值还是极小值？并求此极值。

## 3.4 最优化问题

在实际问题中常常会遇到，在一定条件下，怎样使用材料才能让效率最高、性能最好、进程最快等问题，如3.1节案例1中的输油管铺设问题。在许多情况下，这类问题可归结为一个函数在给定区间上的最大值或最小值问题。

可以证明，如果$f(x)$在$[a,b]$上连续，则$f(x)$在$[a,b]$上必定能取得最大值与最小值。

那么什么样的点可能是一个连续函数取得最大值或最小值的点呢？

观察图3-4-1可知，函数的最值可在区间内部取到，也可在区间的端点上取到，如果是在区间内部取到，那么这个最值一定是函数的极值，因此求 $f(x)$ 在区间 $[a,b]$ 上的最值，可求出一切可能的极值点（驻点及不可导点）和端点处的函数值，进行比较，其中最大的就是函数的最大值，最小的就是函数的最小值。

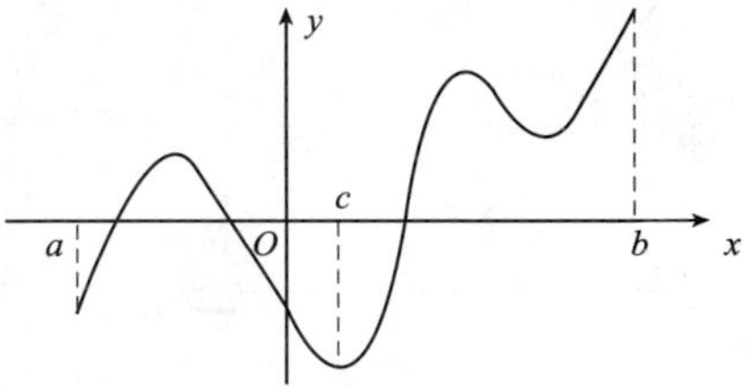

图　3-4-1

**例1**　求函数 $f(x)=x^4-4x^3+4x^2$ 在区间 $\left[-1,\frac{3}{2}\right]$ 上的最大值和最小值。

**解**(1)求导数：$f'(x)=4x^3-12x^2+8x=4x(x-1)(x-2)$，

令 $f'(x)=0$，得驻点为 $x_1=0,x_2=1,x_3=2$（舍去）；

(2)计算函数值：

$$f(-1)=9, f(0)=0, f(1)=1, f\left(\frac{3}{2}\right)=\frac{9}{16};$$

(3)比较得：

函数 $f(x)$ 的最大值是 $f(-1)=9$，$f(x)$ 的最小值是 $f(0)=0$。

说明：在某些特殊情况下，可以简化求最大（小）值的方法，例如：

(1)如果函数 $f(x)$ 在 $[a,b]$ 上单调增加（减少），则 $f(a)$ 是最小（大）值，$f(b)$ 是最大（小）值。

(2)如果函数 $f(x)$ 在 $[a,b]$ 上连续，在 $(a,b)$ 内可导，而在 $(a,b)$ 内只有一个驻点，且是极值点，则当函数在该点处取得极大（小）值时，该极大（小）值就是函数的最大（小）值。这个结果对于开区间及无穷区间也适用（图3-4-2）。

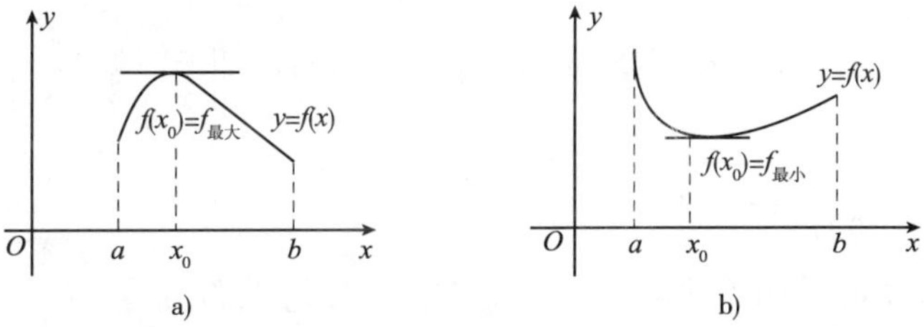

图　3-4-2

在实际问题中，往往可以根据实际情况断定函数 $f(x)$ 在定义区间内确有最值，而当可导函数 $f(x)$ 在这定义区间内又只有唯一驻点 $x_0$，则可断定 $f(x)$ 在点 $x_0$ 处取到了相应的最值。下面就来列举实际问题中最优化问题的求解。

## 3.4.1　工程中的最优化问题

**例2**　3.1中案例1——油井问题的求解。

现在把水下输油管的长度 $y$ 千米和陆上输油管的长度 $x$ 千米作为变量（如图3-4-3）。则输油管的成本为

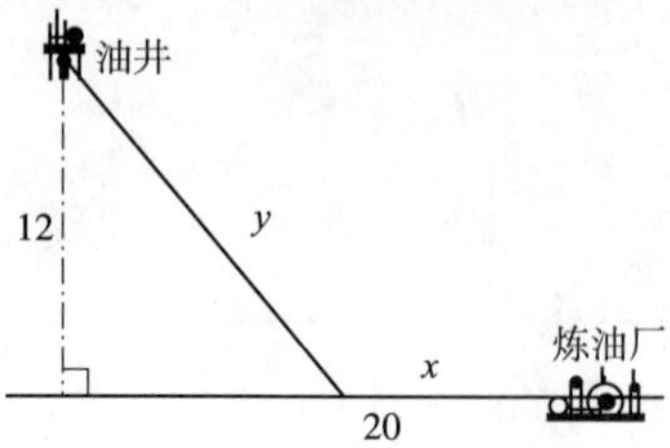

图 3-4-3

$$C=3x+5y$$

将 $y=\sqrt{12^2+(20-x)^2}$，代入上式得

$$C(x)=3x+5\sqrt{12^2+(20-x)^2}\quad(0\leqslant x\leqslant 20)$$

现在的目标是在区间 $0\leqslant x\leqslant 20$ 上求 $C(x)$ 的最小值。先求 $C(x)$ 的导数

$$C'(x)=3+5\cdot\frac{1}{2}\cdot\frac{2(20-x)(-1)}{\sqrt{144+(20-x)^2}}=3-\frac{5(20-x)}{\sqrt{144+(20-x)^2}},$$

再令 $C'(x)=0$ 解得 $x_1=11$，$x_2=29$（舍去）。

计算：$C(11)=108$（千万元），$C(0)\approx 116.62$（千万元），$C(20)=120$（千万元）。

比较发现把水下输油管通到离炼油厂 11km 就能使连接费用成本最小，为 108 千万元。

**说明**：求工程问题最大值或最小值的步骤如下：

**第 1 步：认识问题**

研读问题，明确什么是已知量？什么是未知量？什么是要求的量？

**第 2 步：构造目标函数**

(1)设一个变量；

(2)利用所设变量构造出求最大值或最小值的函数；

(3)确定该函数的定义域。

**第 3 步：求驻点**

先求函数的导数，然后令导数为零，确定唯一的驻点。

**第 4 步：求最值**

把驻点的函数值与定义域端点的函数值（如果存在）作比较后，确定最值。

**例 3** 梁的最大转角问题。

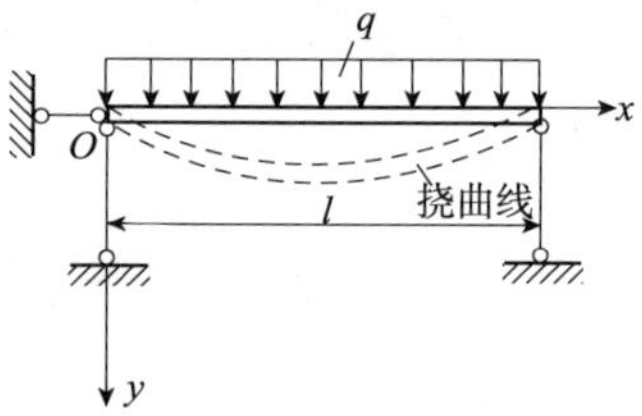

图 3-4-4

如图 3-4-4 所示的简支梁受均匀荷载 $q$ 而发生弯曲，此梁弯曲的挠曲线方程为

$$y=\frac{q}{24EI}(x^4-2lx^3+l^3x),$$

式中，抗弯刚度 $EI$、梁的跨度 $l$ 及 $q$ 均为常数，求此梁的转角方程 $\theta(x)$ 及最大转角（绝对值最大）。（提示：在变形很小的条件下，任一横截面的以弧度为单位的转角 $\theta$ 约等于挠曲线在该截面处的斜率，即 $\theta\approx\tan\theta=\frac{dy}{dx}$。）

**解**

$$\theta(x)=\frac{dy}{dx}=\frac{q}{24EI}(4x^3-6lx^2+l^3)\quad(0\leqslant x\leqslant l)$$

$$\theta'(x)=\frac{q}{24EI}(12x^2-12lx)=\frac{q}{2EI}x(x-l),$$

令 $\theta'(x)=0$，得

$$x_1=0,x_2=l。$$

计算：

$$\theta(0)=\frac{ql^3}{24EI},\theta(l)=-\frac{ql^3}{24EI}。$$

比较得：$|\theta|_{\max}=\dfrac{ql^3}{24EI}$。

可见，简支梁在受均布荷载的作用下，最大转角发生在支座处。

**例 4** 最大功率。

如图 3-4-5 所示，已知电源的电压为 $E$，内阻为 $r$，在通信和电子工程中，总希望负载得到的功率越大越好。问如何选择负载电阻 $R$，才能使输出功率 $P$ 最大，并求此最大功率 $P_m$。

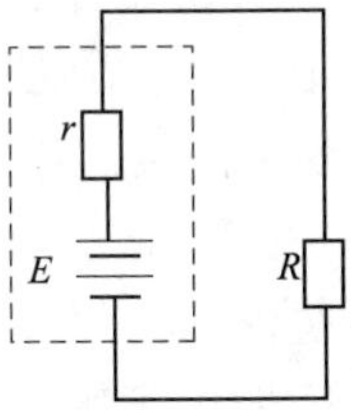

图 3-4-5

**解** 目标函数是功率 $P$ 与电阻 $R$ 间的函数关系。由电学可知，消耗在负载电阻 $R$ 上的功率为 $P=I^2R$，其中 $I$ 为回路中的电流。根据闭合电路欧姆定律，$I=\dfrac{E}{R+r}$，有

$$P=\frac{E^2R}{(R+r)^2}\quad(R>0)$$

求功率 $P$ 对 $R$ 的导数，得 $$P'=\frac{\mathrm{d}P}{\mathrm{d}R}=\frac{E^2(r-R)}{(R+r)^3},$$

令 $P'=0$，解得驻点 $R=r$。

由于此闭合电路的最大输出功率一定存在，且驻点唯一，所以当 $R=r$ 时，输出功率最大，即为 $P_m=\dfrac{E^2}{4r}$。即负载电阻等于电源内阻时，电源与负载相匹配。

**例 5** 灯柱的高度与最大照明度。

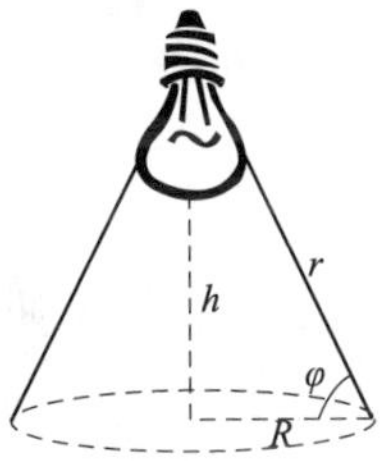

图 3-4-6

如图 3-4-6 所示，在半径为 $R$ 的圆形场地中央竖有一灯柱，问灯柱为多高时，可使场地边缘得到的照明度最大？（根据物理学知识，照明度 $J$ 与 $\sin\varphi$ 成正比，与半径 $r$ 的平方成反比，即 $J=k\cdot\dfrac{\sin\varphi}{r^2}$。其中比例常数 $k$ 由灯光强度决定，$\varphi$ 是光线与地面的夹角）。

**解** 在图 3-4-6 中，由于

$$\sin\varphi=\frac{h}{r},\quad r=\sqrt{h^2+R^2},$$

则 $\sin\varphi=\dfrac{h}{r}=\dfrac{h}{\sqrt{h^2+R^2}}$，所以有

$$J(h)=k\cdot\frac{\sin\varphi}{r^2}=k\cdot\frac{h}{(h^2+R^2)\sqrt{h^2+R^2}}\quad(h>0)$$

故照明度 $J$ 为高度 $h$ 的函数。

照明度 $J(h)$ 关于灯柱高度 $h$ 的导数为：

$$J'(h)=\frac{\mathrm{d}J}{\mathrm{d}h}=k\cdot\frac{R^2-2h^2}{(h^2+R^2)^{\frac{5}{2}}}$$

令 $J'(h)=0$，得唯一驻点 $h=\dfrac{\sqrt{2}}{2}R$。

因此，可以得出结论：当灯柱高度为 $h=\dfrac{\sqrt{2}}{2}R$ 时，场地边缘的照亮度为最大。

### 3.4.2 经济学中的最优化问题

在经济学中，我们经常会遇到这样的问题，怎样才能使“产品最多”、“用料最省”、“成本最低”、“效益最高”等。这类问题也可归结为求某一函数的最大值或最小值问题。

**例 6** 最大收益问题。

某商家销售红杉牌衬衫，若定价每件 50 元，一个月可售出 1 000 件。市场调查表明，若每件售价每降低 2 元，则一个月的销售量会增加 100 件。问每件售价定为多少元时，能使商家的销售额最大，最大销售额是多少？

**解** 销售额最大即收益最大，故目标函数为收益函数 $R$。

设一个月内衬衫的总销售量为 $x$ 件，则每月增加的销售量为 $(x-1\,000)$ 件。

按题意，每件衬衫售价每次降低 2 元，销售量可增加 100 件。由于降价而多销售 $(x-1\,000)$ 件，故每件衬衫降价共 $\frac{x-1\,000}{100}\times 2=0.02x-20$（元），因此每件衬衫售出价为

$$p(x)=50-(0.02x-20)=70-0.02x\text{（元/件）},$$

收益函数

$$R(x)=x\cdot p(x)=70x-0.02x^2\quad(0<x<3\,500)$$

$R'(x)=70-0.04x$，令 $R'(x)=0$，得唯一驻点 $x=1\,750$。

所以，当 $x=1\,750$ 时，收益函数取得最大值。此时，每件衬衫的售价为

$$p(1\,750)=70-0.02\times 1\,750=35\text{（元/件）},$$

最大销售额 $R(1\,750)=1\,750\times 35=61\,250$（元）。

**例 7** 最大利润和税收问题。

某种商品的平均成本 $\overline{C}(x)=2$，价格函数 $P(x)=20-4x$（$x$ 为商品数量），国家向企业每件商品征税为 $t$。问：

（1）生产商品多少时，利润最大？

（2）在企业取得最大利润的情况下，$t$ 为何值时才能使总税收最多？此时总利润和总税收各为多少？

**解** （1）总成本 $C(x)=x\overline{C}(x)=2x$，

总收益 $R(x)=x\cdot P(x)=20x-4x^2$，

总税收 $T(x)=tx$，

总利润 $L(x)=R(x)-C(x)-T(x)=(18-t)x-4x^2\quad(x>0)$，

由于 $L'(x)=18-t-8x$，令 $L'(x)=0$，得唯一驻点 $x=\frac{18-t}{8}$。

所以当 $x=\frac{18-t}{8}$ 时，利润最大，最大利润为 $L\left(\frac{18-t}{8}\right)=\frac{(18-t)^2}{16}$。

（2）取得最大利润时的税收

$$T=tx=\frac{t(18-t)}{8}=\frac{18t-t^2}{8}\quad(t>0)$$

$T'=\frac{dT}{dt}=\frac{9-t}{4}$，令 $T'=0$，得唯一驻点 $t=9$。

所以，当 $t=9$ 时，总税收取得最大值，$T(9)=\frac{9(18-9)}{8}=\frac{81}{8}$，

此时的总利润为 $L=\frac{(18-9)^2}{16}=\frac{81}{16}$。

## 习题 3.4

1. 求下列函数在给定区间上的最值：

(1) $f(x)=x^4-2x^2+6,[-2,3]$；

(2) $f(x)=x+\sqrt{1-x},[-5,1]$。

2. 已知某梁挠曲线方程为 $y(x)=\frac{qx^2}{24EI}(x^2-4lx+6l^2)$，其中，抗弯刚度 $EI$、梁的跨度 $l$ 及 $q$ 均为常数，求此梁的转角方程 $\theta(x)$ 及最大转角（绝对值最大）。

3. 电路的峰值电流。

假设一交流电路在给定的时刻 $t$（以秒计）的电流 $i$（以安培计）为 $i=2\cos t+2\sin t$。这个电路的峰值电流（最大的幅值）为多少？

4. 某处立交桥上、下是两条互相垂直的公路，一条是东西走向，一条是南北走向（见图 3-4-7）。现有一辆汽车在桥下南方 100m 处，以 20m/s 的速度向北行驶，而另一辆汽车在桥上西方 150m 处，以同样 20m/s 速度向东行驶，已知桥高为 10m，问经过多长时间两辆汽车之间距离最小？

图 3-4-7

5. 发动机的最大效率。

一汽车厂家测试一种新开发汽车的发动机效率，若发动机的效率 $p(\%)$ 与汽车的速度 $v$（单位：km/h）之间的函数关系为

$$p=0.768v-0.00004v^3,$$

问车速为多少时，发动机的效率最大？发动机的最大效率是多少？

6. 圆柱形蓄水池总造价。

欲做一个容积为 $250\pi m^3$ 的无盖圆柱形蓄水池，已知柱底单位造价为周围造价的两倍，问蓄水池的尺寸应怎样设计才能使总造价最低？

7. 建输油管线的成本。

超级油轮在离岸 4km 的船坞卸油，最靠近船坞的炼油厂在靠近船坞的岸边点往东 9km，必须建一条输油管线把船坞和炼油厂连接起来，如果在水下建造输油管线成本为每千米 300 万元，而在陆地上建输油管线的成本为每千米 200 万元。请确定水下和陆地的输油管线交

接点的位置使建造成本最低。

8. 最大利润。

设某商店以每件100元的进价购进一批衬衫，据统计，此种衬衫的需求量$Q$(单位：件)与价格$p$(单位：元)之间的函数关系为$Q=800-2p$。问该商店应将售价定为多少元卖出，才能获得最大利润，最大利润是多少？

## *3.5 曲线的凹凸性与拐点

**【引例】** 产品销售曲线。

某地区，一种耐用消费品的销售数量$y$与销售时间$x$之间有函数关系$y=f(x)$，其销售情况如图3-5-1所示，这是一条单调上升的曲线，表明随着时间的延续，销售数量不断增加。由于前期的广告宣传以及人们对该产品的需求，使得该产品上市后，在时间$(0,x_0)$段内销量越来越好，对应的曲线上升趋势由缓慢逐渐加快。但随着时间及需求量的变量，当销售量达到$f(x_0)$后，在时间$(x_0,+\infty)$段内销售量趋于平稳并逐渐进入饱和状态，对应的曲线的上升趋势逐渐转向缓慢。销售曲线上的点$M(x_0,f(x_0))$是销售量由加快转向平稳的转折点。

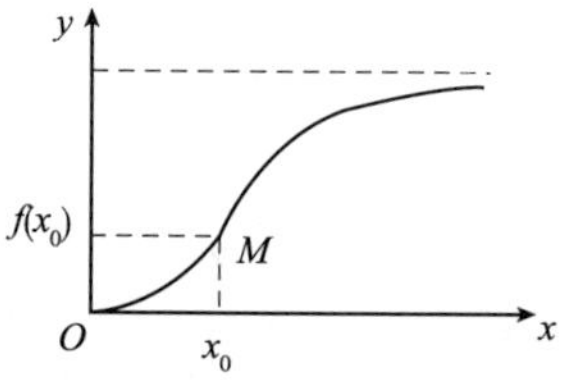

图 3-5-1

由此可见，研究函数的变化情况，仅判断它在某区间上的单调增减还不够，如图3-5-1中的曲线在区间$(0,+\infty)$内都是单调上升，但在区间$(0,x_0)$内曲线弧向上弯曲，而在区间$(x_0,+\infty)$内曲线弧向下弯曲，因此有必要进一步研究曲线的弯曲方向。

### 3.5.1 曲线凹凸性与拐点的定义及判定

**定义** 设函数$f(x)$在某区间$I$上连续，如果：

(1)若曲线弧位于其任一点切线的上方，则称曲线弧在该区间内是凹的(或称上凹)；

(2)若曲线弧位于其任一点切线的下方，则称曲线弧在该区间内是凸的(或称下凹)；

(3)连续曲线弧上凹弧与凸弧的分界点，称为曲线的拐点。

由图3-5-2a)知，当曲线弧是凹时，曲线上各点处切线的倾斜角$\alpha$随$x$的增大而增大，即$\tan\alpha$是递增的，说明$f'(x)$单调增加，从而有$[f'(x)]'=f''(x)>0$。

由图3-5-2b)知，当曲线弧是凸时，曲线上各点处切线的倾斜角$\alpha$随$x$的增大而减小，即$\tan\alpha$是递减的，说明$f'(x)$单调减少，从而有$[f'(x)]'=f''(x)<0$。

由此可见，曲线凹凸性可以用$f''(x)$的符号来判别。

**定理** (曲线凹凸性判别法)设函数$y=f(x)$在区间$(a,b)$内具有二阶导数，

(1)若$f''(x)>0$，则曲线在$(a,b)$内是凹的；

(2)若$f''(x)<0$，则曲线在$(a,b)$内是凸的。

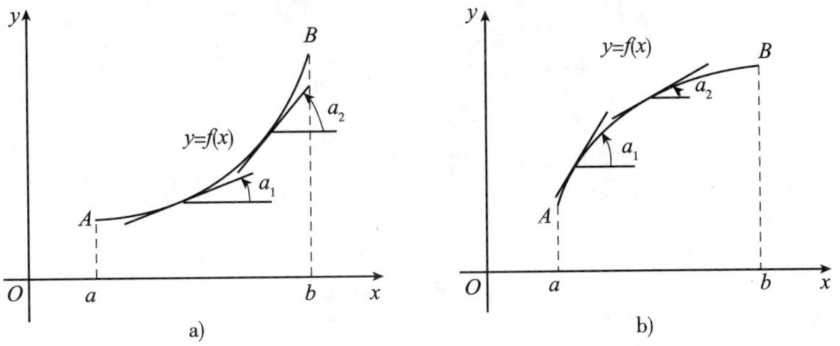


图 3-5-2

**例 1** 判定曲线 $y=x^3$ 的凹凸性。

**解** 函数定义域为$(-\infty,+\infty)$，

$y'=3x^2$， $y''=6x$。令 $y''=0$，得 $x=0$。

当 $x<0$ 时，$y''<0$，曲线在区间$(-\infty,0)$内是凸的；当 $x>0$ 时，$y''>0$，曲线在区间$(0,+\infty)$内是凹的[如图 3-5-3a)]。

点$(0,0)$是曲线由凸变凹的分界点，即拐点。

图 3-5-3a)还表明，拐点的左右近旁 $f''(x)$ 异号，要满足这一特征，拐点处的 $f''(x)$ 要么为零，要么不存在[如图 3-5-3b)]。

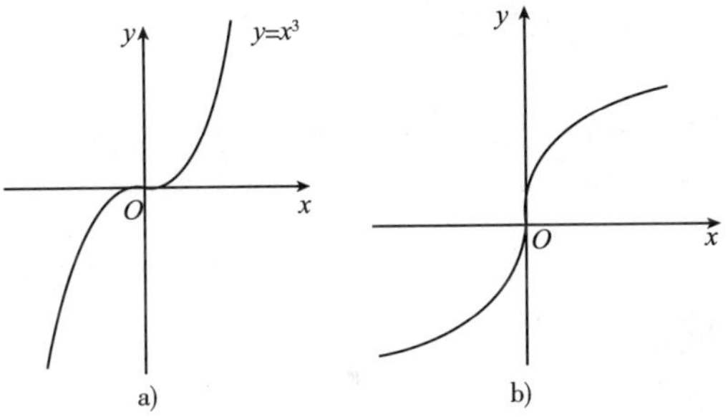


图 3-5-3

综上所述，求曲线 $y=f(x)$ 的凹凸区间和拐点的一般步骤如下：

(1)确定函数的定义区间；

(2)求 $f''(x)$，求出定义区间内使 $f''(x)=0$ 的 $x_i$ 和 $f''(x)$ 不存在的 $x_j$；

(3)将 $x_i$ 及 $x_j$ 按从小到大的顺序划分定义区间为若干区间，并列表判定 $f''(x)$ 在各区间内的符号，确定曲线的凹凸区间和拐点。

**例 2** 求曲线 $y=2x^4-4x^3+2$ 的凹凸区间和拐点。

**解** (1)函数的定义区间为$(-\infty,+\infty)$；

(2)$y'=8x^3-12x^2$，$y''=24x^2-24x=24x(x-1)$，

令 $y''=0$，得 $x_1=0$，$x_2=1$，无 $y''$ 不存在的点；

(3)列表讨论(见表 3-5-1)：

**凹凸区间与拐点** 表 3-5-1

| $x$ | $(-\infty,0)$ | 0 | $(0,1)$ | 1 | $(1,+\infty)$ |
|---|---|---|---|---|---|
| $y''$ | + | 0 | — | 0 | + |
| $y$ | ∪ | 拐点(0,2) | ∩ | 拐点(1,0) | ∪ |

表中符号"∪"表示曲线是凹的，"∩"表示曲线是凸的。

因此，曲线在区间$(-\infty,0)$和$(1,+\infty)$内是凹的，在区间$(0,1)$内是凸的，曲线的拐点为$(0,2)$和$(1,0)$。

**例 3** 求曲线 $y=\sqrt[3]{x-1}$ 的凹凸区间和拐点。

**解** (1)函数的定义区间为 $(-\infty,+\infty)$；

(2) $y'=\frac{1}{3}(x-1)^{-\frac{2}{3}}$，$y''=-\frac{2}{9\cdot\sqrt[3]{(x-1)^5}}$，

令 $y''=0$，无解，当 $x=1$ 时，$y''$ 不存在；

(3)列表讨论（见表 3-5-2）：

凹凸区间和拐点　　表 3-5-2

| $x$ | $(-\infty,1)$ | 1 | $(1,+\infty)$ |
|---|---|---|---|
| $y''$ | + | 0 | — |
| $y$ | ∪ | 拐点(1,0) | ∩ |

因此，曲线在区间 $(-\infty,1)$ 内是凹的，在区间 $(1,+\infty)$ 内是凸的，曲线的拐点为(1,0)。

注意：(1)拐点是曲线上的点，一般记作 $(x_0,f(x_0))$，它与极值点不同，极值点在 $x$ 轴上，而拐点在曲线上。

(2)使 $f''(x_0)=0$ 的点 $(x_0,f(x_0))$ 不一定是曲线 $y=f(x)$ 的拐点。例如，曲线 $y=x^4$ 在原点(0,0)处虽然有 $f''(0)=0$，但是点(0,0)不是该曲线的拐点。因为，当 $x\in R$ 时，恒有，$f''(x)=12x^2\geqslant 0$，仅有 $f''(0)=0$。

## 3.5.2 曲线凹凸性与拐点的应用

利用二阶导数确定曲线的凹凸性还可以判断事物在变化过程中的变化率的增长或减少问题。

**例 4** 收益分析。

某公司的某种产品投入的广告费 $x$（万元）与销售收益 $R$（万元）之间的关系为

$$R(x)=3x^2-0.1x^3\quad(0<x<20)$$

试对该产品的收益率进行分析。

**解** 收益率是指广告费增加一个单位投资所增加的收益，即投资的边际收益。

收益率函数为 $$R'(x)=6x-0.3x^2,$$

$$R''(x)=6-0.6x=0.6(10-x)。$$

令 $R''(x)=0$，得 $x=10$。列表讨论，如表 3-5-3 所示。

凹凸区间与拐点　　表 3-5-3

| $x$ | (0,10) | 10 | (10,20) |
|---|---|---|---|
| $R''(x)$ | + | 0 | — |
| $R'(x)$ | 增 | 30 | 减 |
| $R(x)$ | ∪ | 拐点(10,200) | ∩ |

从表可以看出，当投入的广告费 $x$ 在 0 ~ 10 万元时，销售收益率 $R'(x)$ 随 $x$ 的增加而增加；而当 $x$ 在(10 ~ 20)万元时，销售收益率 $R'(x)$ 随 $x$ 的增加而减少。在经济学中，拐点的横坐标 $x=10$ 称为收益率递减点。

在进行投资分析时，当项目的投资总额小于收益率递减点时，其投资收益率是递增的，也就是说增加投资额会使投资效益增加；而当项目的投资总额大于收益率递减点时，其投资收益率是递减的，也就是说增加投资额会使投资效益减少。这说明在收益率递减点之后所增加的投资，一般不被认为是好的资金使用。

## 习题 3.5

1. 求下列曲线的拐点及凹凸区间：

(1) $y=x^3-3x^2-9x+9$；　　(2) $y=xe^{-x}$；

(3) $y=\frac{2}{3}x-\sqrt[3]{x}$；　　(4) $y=x^2\ln x$。

2. 试确定 $a$、$b$、$c$ 的值，使三次曲线 $y=ax^3+bx^2+cx+4$ 有拐点 $(1,-7)$，并且在该点处的切线斜率为 $-12$。

## *3.6 曲率

### 3.6.1 曲率的直观认识

关于曲线的弯曲程度，我们有这样的直观认识：直线是不弯曲的；半径较小的圆比半径较大的圆弯曲得厉害些。对于一般的曲线来说，不同部分的弯曲程度是不同的。例如，我们熟悉的函数 $y=x^2$ 在顶点(0,0)附近弯曲得比远离顶点的部分更厉害些。

在工程技术中，有时要考虑曲线的弯曲程度。例如，工程中的各种梁、机床的转轴等在受力后都容易产生弯曲变形，因此在设计时，对它们的弯曲有一定的限制。又如在设计公路时，也要考虑弯曲程度，弯曲得太厉害容易造成行车隐患。根据我国高速公路弯道设计标准：在平原和丘陵地带，高速公路的弯道最小曲率半径为650m；山区地带的高速公路，弯道最小曲率半径为250m。在设计铁路弯道时，更要注重弯道的设计。

**【案例】** 铁路的弯道和曲率。

中国工程院院士、湖南株洲电力机车厂高级工程师刘佑榍说：铁路提速是一个浩大的工程——和F1赛车在赛道上转弯时一样，高速列车转弯时产生的加速度相当于自身重力加速度的4~5倍，列车运行是无法承受这样的急转弯的。弯道曲率半径越大，列车转弯就越平稳。为了尽量平稳，铁路部门对6万多千米铁路线上的弯道一一进行调整，将小曲率半径线路全部改造成大半径或直线线路，同时调高曲线外轨。

由于列车时速与铁路弯道的曲率半径关系密切，火车轨道从直道(直线)进入到半径为 $R$ 的弯曲(圆弧)，为行驶安全必须经过一段缓冲区(缓冲曲线)，以使铁道的曲率从零增加到 $\frac{1}{R}$，我国铁路采用的缓冲曲线为三次抛物线 $C:y=\frac{x^3}{6RL}$。为保证列车运行时的安全，根据曲率半径计算公式和我国铁路采用三次抛物线作为缓冲曲线的技术要求，使缓冲曲线的曲率从 0 逐渐增加到$\frac{1}{R}$，从而起到缓冲作用。

数学上用“曲率”来描述曲线的弯曲程度。

## 3.6.2 曲率

1）曲率的概念

曲线的弯曲程度与哪些因素有关？由车辆转向的常识知，车辆沿着路转向时，弯道转向半径的大小是由路的方向改变的程度和弯道路段长度两个因素所决定的。

（1）如图 3-6-1a）所示，当动点从点 $M$ 沿曲线弧 $\widehat{MN}$ 移动到 $N$ 时，动点处的切线也相应随之转动，其切线与 $x$ 轴的夹角由 $\alpha$ 变为 $\alpha+\Delta\alpha$，角度改变了 $\Delta\alpha$（称为转角），而改变这个角度所经过的路程是弧长 $|\Delta s|=\widehat{MN}$。

（2）由图 3-6-1b）知：若两弧长度相等，则切线的转角越大，曲线弧弯曲程度也越大；

（3）由图 3-6-1c）知：若两弧切线的转角相等，则弧长越短，曲线弧弯曲程度越大。

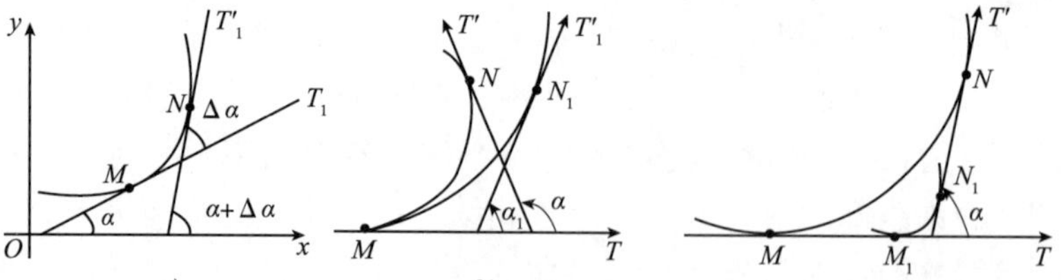


图 3-6-1

综上分析可知，一段曲线弧的弯曲程度与切线的转角 $|\Delta\alpha|$ 成正比，与弧长 $|\Delta s|=\widehat{MN}$ 成反比。于是用比值 $\left|\frac{\Delta\alpha}{\Delta s}\right|$ 来表示曲弧段 $\widehat{MN}$ 的弯曲程度，并称为曲线弧 $\widehat{MN}$ 上的平均曲率。

为了描述曲线在某一点处的曲率,给出以下定义。

**定义** 设光滑曲线$\overset{\frown}{MN}$两端切线的转角为$|\Delta\alpha|$,弧长为$|\Delta s|$,若当点$N$沿曲线趋近于$M$,即$\Delta s\to 0$时,平均曲率的极限

$$\lim_{\Delta s\to 0}\left|\frac{\Delta\alpha}{\Delta s}\right|$$

存在,则该极限称为曲线在点$M$的曲率,记为

$$K=\lim_{\Delta s\to 0}\left|\frac{\Delta\alpha}{\Delta s}\right|=\left|\frac{\mathrm{d}\alpha}{\mathrm{d}s}\right|。$$

2)曲率的计算

根据曲率的定义及导数与切线斜率的关系,可以得出简便的曲率计算公式。

设函数$y=f(x)$具有二阶导数,则曲线$y=f(x)$在$M(x,y)$处的曲率为

$$K=\left|\frac{\mathrm{d}\alpha}{\mathrm{d}s}\right|=\frac{|y''|}{(1+y'^2)^{\frac{3}{2}}} \tag{3-6-1}$$

**例1** 求直线$y=a$上任一点的曲率。

**解** 由$y'=0,y''=0$,得$K=0$。

即直线上任一点的曲率都为零。这与我们直觉认识的“直线不弯曲”是一致的。

**例2** 求圆$x^2+y^2=R^2$上任意一点的曲率。

**解** 方程两边同时对$x$求导得

$$2x+2y\cdot y'=0,$$

而
$$y'=-\frac{x}{y},\quad y''=-\frac{y-xy'}{y^2}=-\frac{R^2}{y^3},$$

代入公式(3-6-1)得

$$K=\frac{\left|-\frac{R^2}{y^3}\right|}{\left[1+\left(-\frac{x}{y}\right)^2\right]^{\frac{3}{2}}}=\frac{1}{R}。$$

可见,圆周上每一点处的曲率相同,且都等于该圆半径$R$的倒数$\frac{1}{R}$,即圆的弯曲程度处处一样,且半径越小,曲率越大,即弯曲得越厉害。

**例3** 如图3-6-2所示,铁轨由直道转入圆弧弯道时,若接头处的曲率突然改变,容易发生事故。为了行驶平稳,往往在直道和弯道之间接入一段缓冲段,使曲率连续地由零过渡到$\frac{1}{R}$($R$为圆弧轨道的半径)。通常用三次抛物线$y=\frac{1}{6RL}x^3,x\in[0,x_0]$作为缓冲段$OA$,其中$L$为$OA$的长度。试验证缓冲段$OA$在始端$O$的曲率为零,并且当$\frac{L}{R}$很小时,在终端$A$的曲率近似为$\frac{1}{R}$。

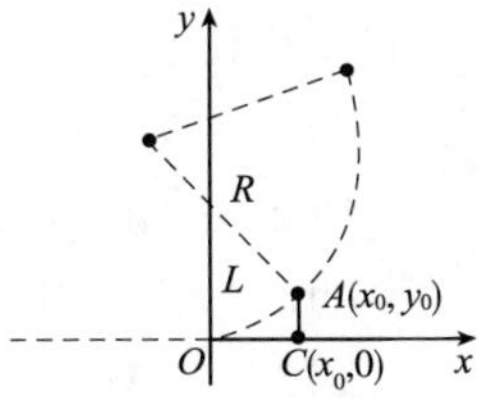


图 3-6-2

**证明** 在缓冲段上,$y'=\frac{1}{2Rl}x^2,y''=\frac{1}{Rl}x$。在$x=0$处,$y'=0,y''=0$,故缓冲始点$O$的曲率$K_0=0$。

根据实际要求$l\approx x_0$,有

$$y'|_{x=x_0}=\frac{1}{2Rl}x_0^{\ 2}\approx\frac{1}{2Rl}l^2=\frac{l}{2R},$$

$$y''|_{x=x_0}=\frac{1}{Rl}x_0\approx\frac{1}{Rl}\cdot l=\frac{1}{R}。$$

故在终端 $A$ 的曲率为

$$K_A=\frac{|y''|}{(1+y'^2)^{\frac{3}{2}}}\bigg|_{x=x_0}\approx\frac{\frac{1}{R}}{\left(1+\frac{l^2}{4R^2}\right)^{\frac{3}{2}}},$$

因为$\frac{l}{R}\ll1$，略去二次项$\frac{l^2}{4R^2}$，得 $K_A\approx\frac{1}{R}$。

## 3.6.3　曲率圆与曲率半径

根据曲率的定义和计算公式，曲线上任一点处的弯曲程度都可以用数值来表示。而由例 2 知，半径为 $R$ 的圆上各点的曲率都是$\frac{1}{R}$。因此，曲线上某点的曲率 $K$ 和以半径为$\frac{1}{K}$的圆的曲率相同，不妨借助这种半径为$\frac{1}{K}$的圆形象地表示曲线在该点的弯曲程度。

过曲线 $L$ 上一点 $M$ 作切线的法线（如图 3-6-3 所示），在法线指向曲线凹的一侧取一点 $C$，使 $MC=\frac{1}{K}$（$K$ 为曲线上点 $M$ 处的曲率）。以点 $C$ 为圆心，$R=\frac{1}{K}$为半径的圆称为曲线 $L$ 在点 $M$ 处的曲率圆，其半径 $R=\frac{1}{K}$称为曲线 $L$ 在点 $M$ 处的曲率半径，点 $C$ 称为曲线 $L$ 在点 $M$ 处的曲率中心。

**例 4**　砂轮直径的选择。

设工件内表面的截线为抛物线 $y=0.4x^2$。现拟用砂轮磨削其内表面，试问，选用多大直径的砂轮比较合适？

**解**　如图 3-6-4 所示，为了保证工件的形状，与砂轮接触处的部分不能被磨削太多，显然，这要求所选砂轮的半径应当不大于该抛物线上曲率半径的最小值。为此，首先应计算其曲率半径的最小值，即曲率的最大值。

因为 $y'=0.8x$，$y''=0.8$，则曲率

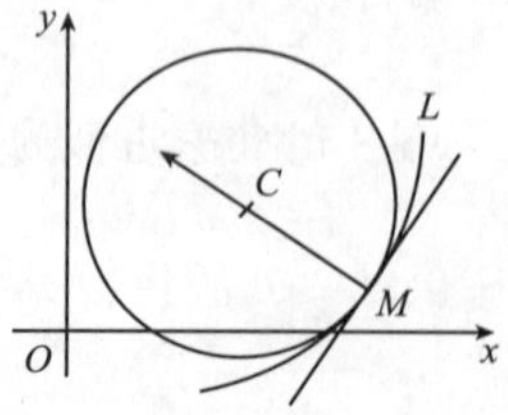


图　3-6-3

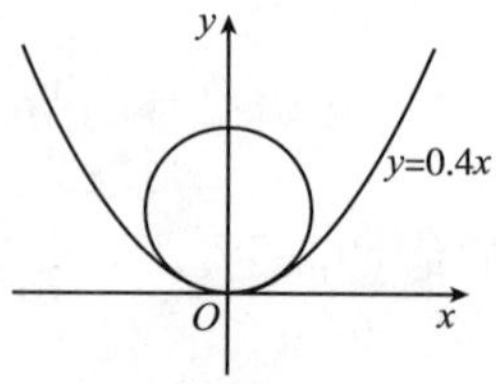


图　3-6-4

$$K=\frac{0.8}{(1+0.64x^2)^{\frac{3}{2}}},$$

欲使曲率最大,只需让上式分母最小。

易见,当 $x_0=0$ 时,曲率最大,即 $K_{max}=0.8$。

于是,曲率半径的最小值为

$$R_{min}=\frac{1}{K_{max}}=\frac{1}{0.8}=1.25$$

可见,应选直径不超过 2.5 个单位长的砂轮。

## 习题 3.6

1. 求下列曲线在指定点处的曲率:

(1)曲线 $\frac{x^2}{a^2}+\frac{y^2}{b^2}=1$ 在点 $\left(\frac{\sqrt{2}}{2}a,\frac{\sqrt{2}}{2}b\right)$ 处的曲率;

(2)曲线 $y=\frac{x}{1+x^2}$ 在点 $\left(1,\frac{1}{2}\right)$ 处的曲率。

2. 若某一桥梁的桥面设计为抛物线,其方程为 $y=2x^2+3$,求它在顶点处的曲率。

3. 工件弯曲的比较。

已知 $A$、$B$ 两弧形工件的弧线段设计是抛物线,其方程分别 $y=x^2$ 和 $y=x^3$,试比较 $A$、$B$ 两工件在 $x=1$ 处的曲率。

4. 曲线 $y=\ln x$ 在哪一点处的曲率半径最小,求出该点的曲率半径。

5. 一辆连同载货共 5t 的汽车在抛物线拱线桥上行驶,速度 21.6km/h,桥的跨度为 10m,拱的矢高为 0.25m,如图 3-6-5 所示,求汽车越过桥顶时对桥的压力。(提示:沿曲线运动的物体所受的向心力为 $F=\frac{mv^2}{\rho}$,这里 $m$ 为物体的质量,$v$ 为物体的速度,$\rho$ 为物体轨迹的曲率半径)

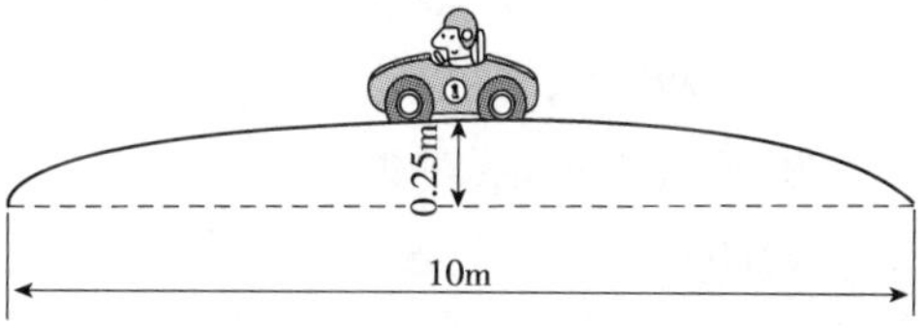

图 3-6-5

## 3.7 利用 MATLAB 求一元函数的极值与最值

MATLAB7.1 提供 fminbnd 函数求一元函数的极小值点与最小值点,其调用格式如下:

f='f(x)';[xmin,ymin]=fminbnd(f,a,b)

表示求函数 $y=f(x)$ 在区间 $(a,b)$ 上的极小值,但它只能给出连续函数的局部最优解;

f = ′ - f(x)′;[xmax,ymax] = fminbnd(f,a,b)

表示求函数 $y=f(x)$ 在区间 $(a,b)$ 上的极大值，这里极大值要取出输出量 ymax 的相反数。

**例 1** 求函数 $y=2x^3-6x^2-18x+7$ 在 $[-4,4]$ 上的极值，并作图对照。

**解** 输入：

```
>>x = -4:0.1:4;y = 2 * x.^3 - 6 * x.^2 - 18 * x + 7;plot(x,y)
```

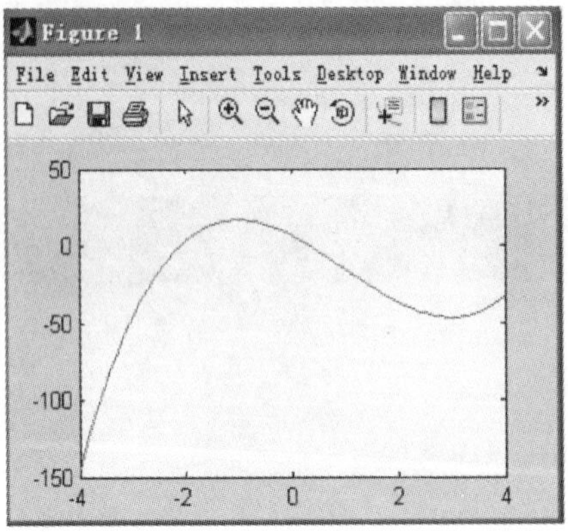


图 3-7-1

输出图形如图 3-7-1 所示，由图可知，显然函数 $y$ 在 $[-4,4]$ 上有极大值和极小值，于是输入：

```
>>[x1,y1] = fminbnd('2 * x^3 - 6 * x^2 - 18 * x +7', -4,4)
```

输出：

```
x1 =
  3.000 0
y1 =
  -47.000 0
```

函数 $y$ 在 $[-4,4]$ 上的极大值点与 $-y$ 在 $[-4,4]$ 上的极小值点相同，于是输入：

```
>>[x2,y2] = fminbnd('-(2 * x^3 - 6 * x^2 - 18 * x +7)', -4,4)
```

输出：

```
x2 =
    -1.000 0
y2 =
  -17.000 0
```

即函数在 $x=3$ 处取得极小值 $-47$；在 $x=-1$ 处取得极大值为 17。

**说明**：作图主要是为了直观估计极值为极大值还是极小值。

**例 2** 用一块边长为 24cm 的正方形铁皮，在其四角各截去一块面积相等的小正方形，做成无盖铁盒。问截去的小正方形边长为多少时，做出的铁盒容积最大？最大值为多少？

**解** 设截去的小正方形边长为 $x$(cm)，铁盒的容积为 $V(\text{cm}^3)$。则有

$$V=x\,(24-2x)^2 \quad (0<x<12)$$

问题转化为求函数 $V=f(x)$ 在区间 $(0,12)$ 上的最大值问题。

输入：

```
>>f = '-x * (24 - 2 * x)^2';[x,V] = fminbnd(f,0,12)
```

输出：

```
x =
    4.000 0
V =
      -1.024 0e+003
```

即截去的小正方形边长为4cm时，铁盒的容积取到最大值1 024$cm^3$。

## 习题 3.7

1. 求下列函数的极值：

(1) $y=\sin(x-2)+\frac{x}{5}, x\in[-3,3]$；　　(2) $y=2e^{-x}\sin x, x\in[0,8]$；

(3) $y=x^3-4x^2+x-2, x\in[-1,4]$。

2. 某工厂需要建一个面积为512$m^2$ 的堆料场，堆料场的一边可以利用原来的墙壁，其他三边需要砌新的墙壁，问堆料场的长和宽各为多少时，才能使砌墙所用的材料最省？

# 复习题三

1. 求下列极限：

(1) $\lim\limits_{x\to a}\dfrac{x^m-a^m}{x^n-a^n}$；　　(2) $\lim\limits_{x\to+\infty}\dfrac{2^x}{x^3}$；

(3) $\lim\limits_{x\to+\infty}\dfrac{\ln\left(1+\dfrac{1}{x}\right)}{\arctan\dfrac{1}{x}}$；　　(4) $\lim\limits_{x\to+\infty}\left(\dfrac{x}{x-1}-\dfrac{1}{\ln x}\right)$；

(5) $\lim\limits_{x\to0}\dfrac{\sin x-x\cos x}{x^2\sin x}$；　　(6) $\lim\limits_{x\to+\infty}\left(\dfrac{2}{\pi}\arctan x\right)^{2x}$；

(7) $\lim\limits_{x\to\infty}x^2\left(1-\cos\dfrac{1}{x}\right)$；　　(8) $\lim\limits_{x\to\infty}\dfrac{x}{x-\sin x}$。

2. 求下列函数的单调区间和极值：

(1) $y=2x^2-\ln x$；　　(2) $y=x+e^{-x}$；

(3) $y=4x-6x^{\frac{2}{3}}+2$；　　(4) $y=x-3(x-1)^{\frac{2}{3}}$。

3. 求下列函数的最值：

(1) $y=\dfrac{2x}{1+x^2}$，　$x\in[-3,3]$　　(2) $y=2x^3-6x^2-18x-7$　$(1\leqslant x\leqslant4)$

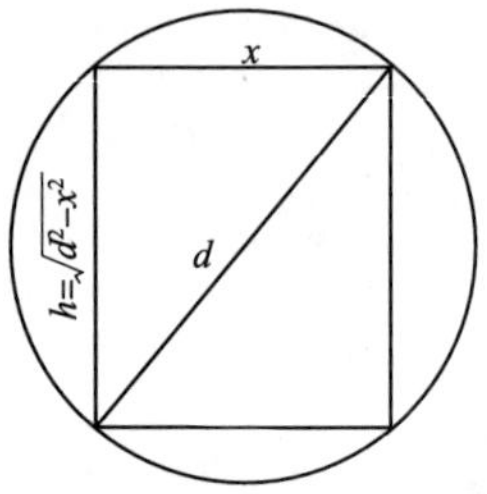


图 3-1

4. 求函数 $y=e^{-\frac{1}{2}x^2}$ 的凹凸区间和拐点。

5. 根据力学知识，矩形截面梁的弯曲截面系数 $W=\dfrac{1}{6}bh^2$，其中 $h$、$b$ 分别为矩形截面的高和宽，$W$ 与梁的承载能力密切相关，$W$ 越大则承载能力越强。现要将一根直径为 $d$ 的圆木锯成矩形截面梁，如图 3-1所示。要使 $W$ 值最大，$h$、$b$ 应为何值？$W$ 的最大值是多少？

6. 已知某梁转角方程为

$$\theta(x)=\begin{cases}\dfrac{1}{EI}\left[\dfrac{1}{16}qlx^2-\dfrac{7}{384}ql^3\right], & 0\leqslant x\leqslant\dfrac{l}{2}\\[2ex] \dfrac{1}{EI}\left[\dfrac{1}{16}qlx^2-\dfrac{1}{6}q\left(x-\dfrac{l}{2}\right)^3-\dfrac{7}{384}ql^3\right], & \dfrac{l}{2}\leqslant x\leqslant l\end{cases}$$

其中，抗弯刚度 $EI$、梁的跨度 $l$ 及荷载集度 $q$ 均为常数，求最大转角（即转角的绝对值最大）。

7. 最大利润。

一租赁公司有 40 套设备要出租。当租金定为每套每月 200 元时，该设备可以全部出租；当租金每套每月增加 10 元时，出租的设备就会减少一套，而对于出租的设备，每套每月还需要花 20 元的维修费。问每套每月的租金定为多少时，该公司可获得最大利润？

8. 求曲线 $x^2+xy+y^2=3$ 在点(1,1)处的曲率及曲率半径。

9. 如图 3-2 所示，飞机沿抛物线 $y=\frac{x^2}{400}$（单位为 m）俯冲飞行，在原点 $O$ 处速度为 $v=400\text{m/s}$，飞行员体重 70kg。求俯冲到原点时，飞行员对座椅的压力（提示：沿曲线运动的物体所受的向心力为 $F=\frac{mv^2}{\rho}$，这里 $m$ 为物体的质量，$v$ 为物体的速度，$\rho$ 为物体轨迹的曲率半径）。

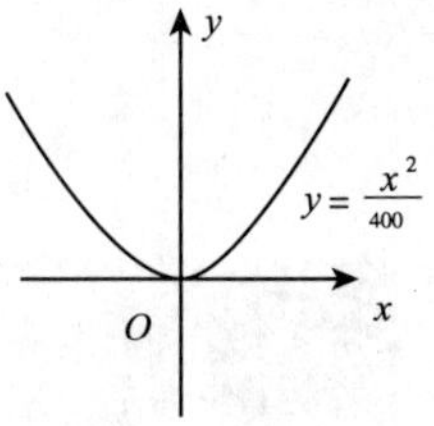

图 3-2

10. 试决定曲线 $y=ax^3+bx^2+cx+d$ 中的 $a$、$b$、$c$、$d$，使得 $x=-2$ 为驻点，$(1,-10)$ 为拐点，且通过点 $(-2,44)$。

## 数学素质拓展——蜜蜂之智

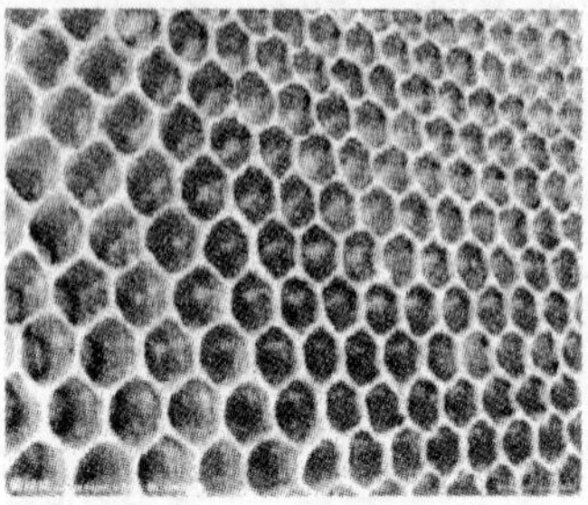
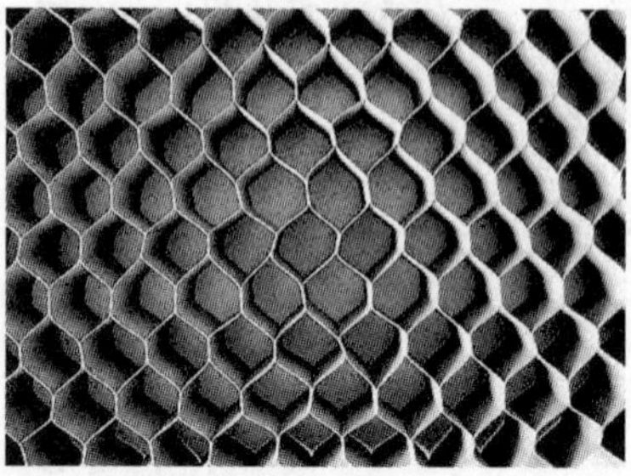

加拿大科学记者德富林在《环球邮报》上撰文称，经过 1 600 年努力，数学家终于证明蜜蜂是世界上工作效率最高的建筑师。

公元四世纪，古希腊数学家佩波斯提出，蜂窝的优美形状，是自然界最有效劳动的代表。他猜想，人们所见到的、截面呈六边形的蜂窝，是蜜蜂采用最少量的蜂蜡建造成的。他的这一猜想称为“蜂窝猜想”，但这一猜想一直没有人能证明。

美国密歇根大学数学家黑尔宣称，他已破解这一猜想。

蜂窝是一座十分精密的建筑工程。蜜蜂建巢时，青壮年工蜂负责分泌片状新鲜蜂蜡，每片只有针头大小而另一些工蜂则负责将这些蜂蜡仔细摆放到一定的位置，以形成竖直六面柱体。每一面蜂蜡隔墙厚度及误差都非常小。六面隔墙宽度完全相同，墙之间的角度正好120°，形成一个完美的几何图形。人们一直疑问，蜜蜂为什么不让其巢室呈三角形、正方形或者其他形状呢？隔墙为什么呈平面，而不是呈曲面呢？虽然蜂窝是一个三维体建筑，但每一个蜂巢都是六面柱体，而蜂蜡墙的总面积仅与蜂巢的截面有关。由此引出一个数学问题，即寻找面积最大、周长最小的平面图形。

1973 年，匈牙利数学家陶斯巧妙地证明，在所有首尾相连的正多边形中，正六边形的周长是最小的。但如果多边形的边是曲线时，会发生什么情况呢？陶斯认为，正六边形与其他任何形状的图形相比，它的周长最小，但他不能证明这一点。而黑尔在考虑了周边是曲线时，无论是曲线向外凸，还是向内凹，都证明了众多正六边形组成的图形周长最小。他已将 19 页的证明过程放在互联网上，许多专家都已看到这一证明，认为黑尔的证明是正确的。

蜂窝结构的工程设计应用广泛，例如水果箱中水果的隔墙、小区中的步行道等，特别是在航天工业中对减轻飞机重量，节约材料，减少应力集中，增加疲劳寿命，降低成本等都有重要意义。

自然的调和与规律，从宇宙星辰到微观的 DNA 的构造，都可用数与形来表达，并且结晶在数学的美之中。大自然无穷的宝藏，不但给我们提供研究的题材，而且还启示研究方法。

# 第4章 积分及应用

## 学习目标

1. 理解不定积分和定积分的概念、性质和几何意义；
2. 掌握不定积分和定积分的换元积分法、分部积分法；
3. 熟练掌握定积分的计算；
4. 了解广义积分的概念，会求无穷区间上的广义积分；
5. 会用定积分的微元法解决平面图形的面积等几何问题；
6. 会用微元法建立定积分的数学模型来解决工程中的一些实际问题；
7. 掌握用 MATLAB 求一元函数的积分的方法。

**重点：定积分概念的理解，不定积分和定积分计算及定积分的应用。**

**难点：定积分概念，广义积分的计算，定积分的应用。**

在微分学中，我们讨论了求已知函数的导数（或微分）的问题。但是，在科学、技术和经济的许多问题中，常常需要解决相反的问题，就是要由一个函数的已知导数（或微分），求出这个函数，即原函数。本章还将讨论积分学的另一类问题——定积分，它在科学技术和工程问题中有着广泛的应用。

## 4.1 积分应用的直观认识

积分应用十分广泛，被广泛运用于天文学、力学、化学、生物学、工程学、经济学等自然科学、社会科学及应用科学的各个分支中。在本节中仅给出积分应用的部分案例。

**【案例 1】** 平面图形的面积问题。

由曲线 $y = x^3 - 2x$ 以及 $y = x^2$ 所围成的平面图形（如图 4-1-1 阴影部分所示）的面积 $A$ 如何计算？

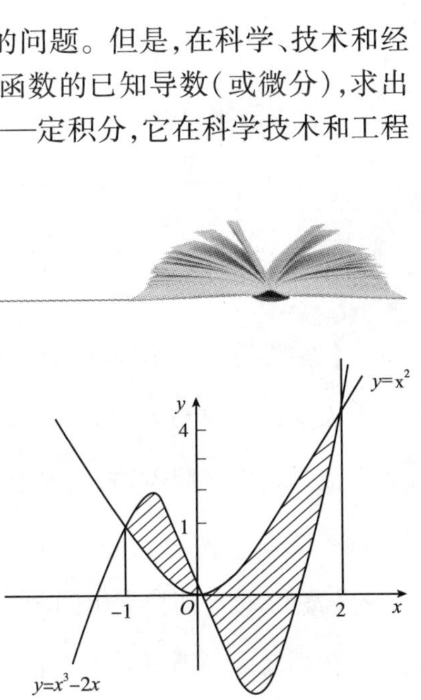

图 4-1-1

**分析** 由于阴影部分的面积不规则，显然不能用初等数学求面积方法进行求解。阴影部分的面积可用定积

分来表示，且

$$A = \int_{-1}^{0}(x^3 - 2x - x^2)\mathrm{d}x + \int_{0}^{2}(x^2 - - x^3 + 2x)\mathrm{d}x。$$

此处为什么面积 $A$ 可用定积分表示，我们在 4.7 中会给出详细解答。

**【案例 2】** 平面图形的形心问题。

在工程力学中，经常会遇到计算各种平面图形的形心问题。例如，如何求出由抛物线 $y=h\left(1-\frac{x^2}{b^2}\right)$、$x$ 轴和 $y$ 轴所围成的平面图形（如图 4-1-2）的形心坐标？

在工程力学中形心坐标 $(x_c, y_c)$ 也可用定积分表示为

$$x_c = \frac{\int_0^b xh\left(1-\frac{x^2}{b^2}\right)\mathrm{d}x}{\int_0^b h\left(1-\frac{x^2}{b^2}\right)\mathrm{d}x},\ y_c = \frac{\frac{1}{2}\int_0^b h^2\left(1-\frac{x^2}{b^2}\right)^2\mathrm{d}x}{\int_0^b h\left(1-\frac{x^2}{b^2}\right)\mathrm{d}x}。$$

**【案例 3】** 水的压力问题。

图 4-1-3 所示为一直立在水中的等腰梯形闸门，它的两条底边各长为 3m 和 2m，高为 2m，较长的底边与水面相齐。问该如何求出闸门一侧所受的水压力？

分析　由于闸门一侧每一点距离液面的高度不相同，所以不能仅使用高中物理知识来求出。本题闸门一侧所受的水压力可以用定积分表示为

$$P = \int_0^2 2\rho x\left(\frac{3}{2} - \frac{x}{4}\right)\mathrm{d}x \quad (\rho\text{ 为水的密度})。$$

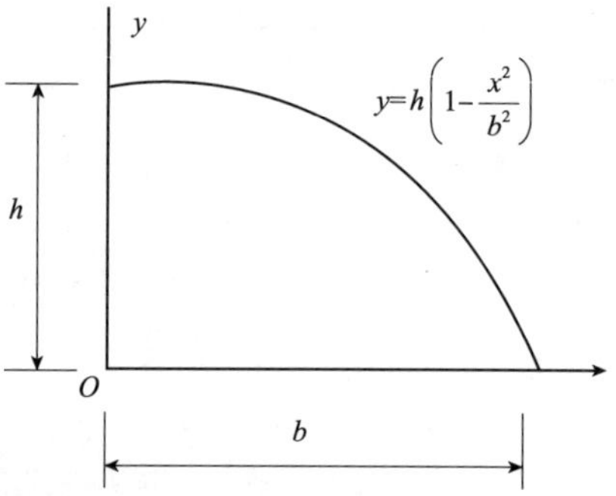


图　4-1-2

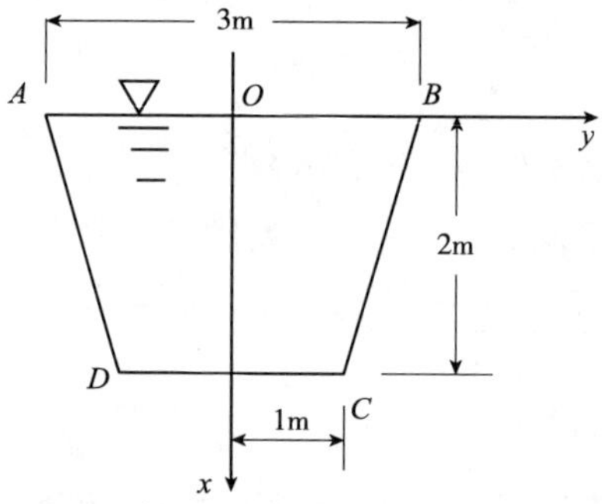


图　4-1-3

**【案例 4】** 一个周期内交流电的平均功率。

设交流电 $i(t)=I_m\sin\omega t$，其中 $I_m$ 是电流最大值（峰值），$\omega$ 为角频率，而周期为 $T=\frac{2\pi}{\omega}$，若电流通过纯电阻电路，则电阻 $R$ 也为常数，则在一个周期内的平均功率可用定积分表示为

$$\overline{P} = \frac{1}{T}\int_0^T Ri^2(t)\mathrm{d}t。$$

**【案例 5】** 消费支出问题。

在某地区当消费者个人收入为 $x$ 时，消费支出 $W(x)$ 的变化率 $W'(x)=\frac{15}{\sqrt{x}}$。当个人收入由 900 元增加到 1 600 元时，消费支出增加值可用定积分表示为

$$W = \int_{900}^{1\,600} \frac{15}{\sqrt{x}} dx \text{。}$$

由上述案例知,定积分的应用是十分广泛的。在后面的章节中将陆续介绍定积分的计算及其应用。

## 习题 4.1

通过查阅资料,写出三个积分在实际中的应用例子。

## 4.2 不定积分的概念和性质

在4.1中我们已经初步了解了定积分及应用,那么定积分是如何计算及应用的?要解决这个问题,还必须先来讨论原函数和不定积分的概念。

### 4.2.1 原函数的概念

在微分学中,我们讨论了求已知函数的导数或微分的问题,但在实际问题中,常常会遇到与此相反的问题,例如:

(1)已知物体在时刻 $t$ 的运动速度是 $v(t) = s'(t)$,求物体的运动方程 $s = s(t)$;

(2)已知曲线上任意一点处的切线的斜率为 $k = f'(x)$,求曲线的方程 $y = F(x)$。

这两个问题,如果抽掉其几何意义和物理意义,都可归结为已知某函数的导数(或微分),求该函数,即 $f'(x) = f(x)$ 已知,求 $F(x)$。为此我们引进原函数的概念。

**定义1** 设 $f(x)$ 是定义在某区间上的函数,如果存在一个函数 $F(x)$,使得对于该区间上的任一点 $x$ 都有 $f'(x) = f(x)$,或 $dF(x) = f(x)dx$,那么函数 $F(x)$ 就称为函数 $f(x)$ 在该区间上的一个原函数。

例如在区间 $(-\infty, +\infty)$ 内,因为 $(\sin x)' = \cos x$,所以 $\sin x$ 是 $\cos x$ 的一个原函数,又因为 $(\sin x + C)' = \cos x$($C$ 为任意常数),所以 $\sin x + C$($C$ 为任意常数)也是 $\cos x$ 的原函数。由此可以看出,一个函数如果有原函数的话可能不止一个,那么一个函数 $f(x)$ 应具备什么条件,才能保证它的原函数一定存在?一个函数如果原函数存在的话,那么它有多少个原函数?这些原函数之间有什么关系?下面几个定理回答了这些问题。

**定理1** 如果函数 $f(x)$ 在某个区间上连续,那么函数就在这个区间上的原函数一定存在。

由于初等函数在其定义区间上都是连续的,所以初等函数在其定义区间上都有原函数。

**定理2** 如果函数 $f(x)$ 有原函数,那么它就有无数多个原函数。

**定理3** 函数 $f(x)$ 的任意两个原函数的差是一个常数。

上述定理表明,函数 $f(x)$ 只要有一个原函数 $F(x)$ 存在,则 $F(x) + C$($C$ 为任意常数)

都是$f(x)$的原函数，而且$F(x)+C$包含了$f(x)$的全部原函数。

## 4.2.2 不定积分的概念

**定义 2** 在某个区间$I$上，函数$f(x)$的全部原函数叫做函数$f(x)$在该区间上的不定积分，记作

$$\int f(x)\,\mathrm{d}x$$

其中“$\int$”称为积分号，$f(x)$称为被积函数，$f(x)\mathrm{d}x$称为被积表达式，$x$称为积分变量。

由上面的讨论可知，如果$F(x)$是函数$f(x)$的一个原函数，则有

$$\int f(x)\,\mathrm{d}x = F(x) + C。\tag{4-2-1}$$

其中$C$是任意常数，称为积分常数。

由此可见，求不定积分$\int f(x)\mathrm{d}x$，就是求$f(x)$的全部原函数。具体地说，只要先求出$f(x)$的某一个原函数$F(x)$，再加上任意一个常数就可以了。

**例 1** 求下列不定积分：

(1) $\int x^3\mathrm{d}x$； (2) $\int \mathrm{e}^x\mathrm{d}x$； (3) $\int \sin x\mathrm{d}x$。

**解** (1)因为$\left(\frac{1}{4}x^4\right)' = x^3$，即$\frac{1}{4}x^4$是$x^3$的一个原函数，所以

$$\int x^3\mathrm{d}x = \frac{1}{4}x^4 + C。$$

(2)因为$(\mathrm{e}^x)' = \mathrm{e}^x$，即$\mathrm{e}^x$是$\mathrm{e}^x$的一个原函数，所以

$$\int \mathrm{e}^x\mathrm{d}x = \mathrm{e}^x + C。$$

(3)因为$(-\cos x)' = \sin x$，即$-\cos x$是$\sin x$的一个原函数，所以

$$\int \sin x\mathrm{d}x = -\cos x + C。$$

## 4.2.3 不定积分的几何意义

**例 2** 已知某曲线经过点$A(0,1)$，且其上任意一点处的切线斜率为$2x$，求此曲线的方程。

**解** 设所求曲线的方程为$y = f(x)$。依题意可得

$$f'(x) = 2x。$$

因为$(x^2)' = 2x$，所以$y = \int 2x\mathrm{d}x = x^2 + C$。

又因曲线经过点(0,1)，代入上式得$1 = 0^2 + C$，即$C = 1$。因此，所求曲线的方程为$y = x^2 + 1$。

从几何上看，$y = x^2 + C$表示一族抛物线（如图 4-2-1 所示），而所求的曲线$y = x^2 + 1$是

过点(0,1)的那一条。

一般地,若 $F(x)$ 是函数 $f(x)$ 的原函数,则 $y = F(x)$ 所表示的曲线称为 $f(x)$ 的一条积分曲线。不定积分 $\int f(x)\mathrm{d}x$ 在几何上表示由积分曲线 $y = F(x)$ 沿 $y$ 轴方向上下平移而得到的一族曲线,称为积分曲线族。这族积分曲线具有这样的特点:在横坐标 $x$ 相同点处,曲线的切线是平行的,切线的斜率都等于 $f(x)$,而且它们的纵坐标只差一个常数(如图 4-2-2 所示)。

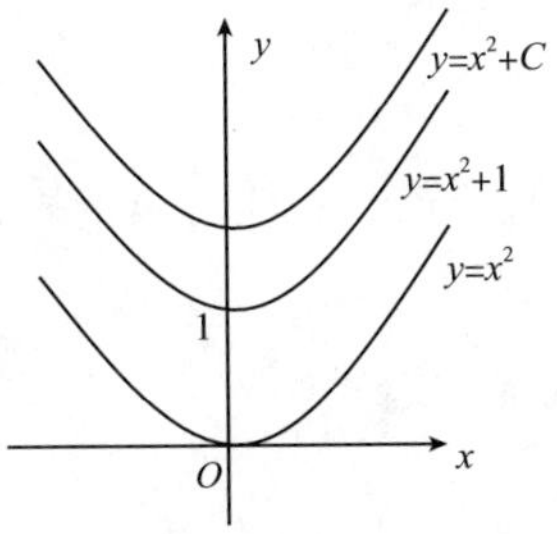


图 4-2-1

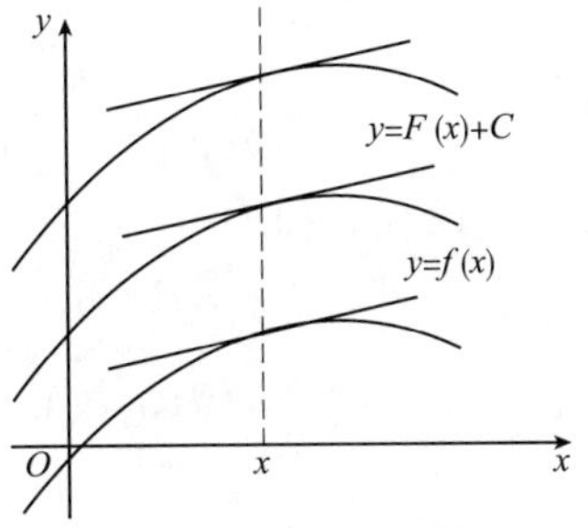


图 4-2-2

**例 3** 已知曲线上任一点的切线斜率等于该点处横坐标平方的 3 倍,且曲线过点 $(0,1)$,求此曲线方程。

**解** 设所求的曲线方程为 $y = f(x)$,由导数的几何意义知 $y' = 3x^2$,

由不定积分的定义知 $y = \int 3x^2\mathrm{d}x = x^3 + C$,又曲线过点 $(0,1)$,

从而 $1 = 0 + C$,得 $C = 1$,于是所求的曲线方程为 $y = x^3 + 1$。

## 4.2.4 基本积分表

由不定积分的定义知,求原函数或不定积分与求导数或求微分互为逆运算,它们具有以下关系:

(1)先积分后求导(或微分),还原,即:

$$\left[\int f(x)\mathrm{d}x\right]' = f(x),\text{或 } \mathrm{d}\left[\int f(x)\mathrm{d}x\right] = f(x)\mathrm{d}x。$$

(2)先求导(或微分)后积分,差一常数,即:

$$\int F'(x)\mathrm{d}x = F(x) + C,\text{或}\int \mathrm{d}F(x) = F(x) + C。$$

由此可见,当积分符号"$\int$"与微分符号"d"连在一起时,或相互抵消,或抵消后相差一个常数。

**例 4** 填空:

(1) $\int\left(\dfrac{\cos^2 x}{1 + \sin x}\right)'\mathrm{d}x =$ ________;  (2) $\left[\int \dfrac{1}{\sqrt{x}(1 + x^2)}\mathrm{d}x\right]' =$ ________。

**解** (1)由不定积分与微分的互逆得,$\int\left(\dfrac{\cos^2 x}{1 + \sin x}\right)'\mathrm{d}x = \dfrac{\cos^2 x}{1 + \sin x} + C$;

(2) $\left[\int \frac{1}{\sqrt{x}(1+x^2)}\mathrm{d}x\right]' = \frac{1}{\sqrt{x}(1+x^2)}$。

既然求不定积分是求导(或求微)的逆运算,那么很自然地从导数公式可以得到相应的积分公式。

例如:因为 $(x^{\alpha+1})' = (\alpha+1)x^{\alpha}$,即 $\left(\frac{1}{\alpha+1}x^{\alpha+1}\right)' = x^{\alpha} \quad (\alpha \neq -1)$,

所以 $\int x^{\alpha}\mathrm{d}x = \frac{1}{\alpha+1}x^{\alpha+1} + C \qquad (\alpha \neq -1)$,

由此可计算 $\int x^2\mathrm{d}x = \frac{1}{2+1}x^{2+1} + C = \frac{1}{3}x^3 + C$。

类似地可以得到其他积分公式,下面就把一些基本的积分公式列成一个表,这个表通常叫做基本积分表。

(1) $\int k\mathrm{d}x = kx + C$ ( $k$ 为常数),特别地,有 $\int \mathrm{d}x = x + C$

(2) $\int x^{\alpha}\mathrm{d}x = \frac{1}{\alpha+1}x^{\alpha+1} + C \quad (\alpha \neq -1)$

(3) $\int \frac{1}{x}\mathrm{d}x = \ln|x| + C$

(4) $\int a^x\mathrm{d}x = \frac{1}{\ln a}a^x + C \quad (a > 0 \text{ 且 } a \neq 1)$,特别地,有 $\int \mathrm{e}^x\mathrm{d}x = \mathrm{e}^x + C$

(5) $\int \sin x\mathrm{d}x = -\cos x + C$

(6) $\int \cos x\mathrm{d}x = \sin x + C$

(7) $\int \frac{1}{\sin^2 x}\mathrm{d}x = \int \csc^2 x\mathrm{d}x = -\cot x + C$

(8) $\int \frac{1}{\cos^2 x}\mathrm{d}x = \int \sec^2 x\mathrm{d}x = \tan x + C$

(9) $\int \sec x\tan x\mathrm{d}x = \sec x + C$

(10) $\int \csc x\cot x\mathrm{d}x = -\csc x + C$

(11) $\int \frac{1}{\sqrt{1-x^2}}\mathrm{d}x = \arcsin x + C = -\arccos x + C_1$

(12) $\int \frac{1}{1+x^2}\mathrm{d}x = \arctan x + C = -\mathrm{arccot}\, x + C_1$

以上 12 个基本积分公式是求不定积分的基础,必须熟记。

**例 5** 求下列不定积分:

(1) $\int \sqrt{x}\mathrm{d}x$; (2) $\int \frac{1}{x^2}\mathrm{d}x$; (3) $\int x^2\sqrt{x}\mathrm{d}x$。

**解** (1) $\int \sqrt{x}\mathrm{d}x = \int x^{\frac{1}{2}}\mathrm{d}x = \frac{1}{\frac{1}{2}+1}x^{\frac{1}{2}+1} + C = \frac{2}{3}x^{\frac{3}{2}} + C$。

(2) $\int \frac{1}{x^2}dx = \int x^{-2}dx = \frac{1}{-2+1}x^{-2+1} + C = -\frac{1}{x} + C$。

(3) $\int x^2\sqrt{x}dx = \int x^{\frac{5}{2}}dx = \frac{1}{\frac{5}{2}+1}x^{\frac{5}{2}+1} + C = \frac{2}{7}x^{\frac{7}{2}} + C$。

遇到被积函数用分式或根式表示但实际上是幂函数时,可先将被积函数变形成"$x^\alpha$"的形式,然后用幂函数积分公式来求。

积分结果是否正确,可自行检验。检验的方法是对积分结果求导,若导数等于被积函数,则积分结果是正确的,否则是错误的。另外,须注意不要遗漏了积分常数 $C$。

### 4.2.5 不定积分的基本运算性质

**性质1** 被积函数中不为零的常数因子可以提到积分符号外面,即

$$\int kf(x)dx = k\int f(x)dx \quad (k \neq 0)$$

**性质2** 两个函数代数和的不定积分等于各个函数的不定积分的代数和,即

$$\int [f(x) \pm g(x)]dx = \int f(x)dx \pm \int g(x)dx$$

法则2可以推广到有限个函数的代数和的情形。

利用基本积分表及不定积分的这两个性质,可以求出一些简单函数的不定积分。

**例6** 求 $\int (2^x - 3\cos x + 4)dx$。

**解** 原式 $= \int 2^x dx - 3\int \cos x dx + 4\int dx = \frac{1}{\ln 2}2^x - 3\sin x + 4x + C$

注意:在分项积分后,每个不定积分的结果都应有一个积分常数,但任意常数的和仍是常数,因此最后结果只要写一个任意常数即可。

### 4.2.6 直接积分法

直接用基本公式与运算性质求不定积分,或者对被积函数进行适当的恒等变形(包括代数变形和三角变形),再利用积分基本公式与运算法则求不定积分的方法叫做直接积分法。

上面举的例子就是直接积分法,下面再举几个用直接积分法的例子。

**例7** 求 $\int \frac{(x-1)^2}{x}dx$。

**解** $\int \frac{(x-1)^2}{x}dx = \int \frac{x^2-2x+1}{x}dx = \int \left(x - 2 + \frac{1}{x}\right)dx = \frac{1}{2}x^2 - 2x + \ln|x| + C$。

**例8** 求 $\int \frac{x^4 dx}{1+x^2}$。

**解** $\int \frac{x^4 dx}{1+x^2} = \int \frac{(x^4-1)+1}{1+x^2}dx = \int \left(x^2 - 1 + \frac{1}{1+x^2}\right)dx = \frac{x^3}{3} - x + \arctan x + C$。

**例 9** 求 $\int 3^x e^x dx$。

**解** $\int 3^x e^x dx = \int (3e)^x dx = \frac{(3e)^x}{\ln(3e)} + C = \frac{3^x e^x}{1+\ln 3} + C$。

**例 10** 求 $\int \tan^2 x dx$。

**解** 原式 $= \int (\sec^2 x - 1) dx = \tan x - x + C$。

**例 11** 求 $\int \cos^2 \frac{x}{2} dx$。

**解** $\int \cos^2 \frac{x}{2} dx = \int \frac{1+\cos x}{2} dx = \frac{1}{2}\int (1+\cos x) dx = \frac{1}{2}(x + \sin x) + C$。

**例 12** 一物体作直线运动，速度为 $v(t) = 2t^2 + 1$m/s，当 $t = 1$s 时，物体所经过的路程为 3m，求物体的运动方程。

**解** 设物体的运动方程为 $s = s(t)$。依题意有

$$s'(t) = v(t) = 2t^2 + 1,$$

所以

$$s(t) = \int (2t^2 + 1) dx = \frac{2}{3}t^3 + t + C,$$

将 $t = 1, s = 3$ 代入上式，得 $C = \frac{4}{3}$。因此所求物体的运动方程为

$$s(t) = \frac{2}{3}t^3 + t + \frac{4}{3}。$$

## 习题 4.2

1. 填空题：

(1) 已知函数 $f(x)$ 的一个原函数是 $\cos x$，则 $f'(x) =$ ________。

(2) 已知 $\int f(x) e^{\frac{1}{x}} dx = e^{\frac{1}{x}} + C$，则 $f(x) =$ ________。

(3) $\left(\int e^{2x} dx\right)' =$ ________。

(4) $\int d(\arcsin x) =$ ________。

(5) $d\left(\int \frac{1}{\sin x} dx\right) =$ ________。

2. 解答下列各题：

(1) 一曲线经过点 $(e^2, 3)$，且在任一点处的切线斜率等于该点横坐标的倒数，求该曲线方程。

(2) 一物体以加速度 $a = 12t^2 - 3\sin t$ 做直线运动，当 $t = 0$ 时，$v_0 = 5, s_0 = -3$，求：

①该物体的速度函数；

②该物体的位移函数。

3. 求下列不定积分：

(1) $\int(1-2x^2)\mathrm{d}x$；

(2) $\int\left(2e^x-\frac{3}{x}\right)\mathrm{d}x$；

(3) $\int\frac{3}{1+x^2}\mathrm{d}x$；

(4) $\int\frac{5}{\sqrt{1-x^2}}\mathrm{d}x$；

(5) $\int(x^2-1)^2\mathrm{d}x$；

(6) $\int\sqrt{x}(x-3)\mathrm{d}x$；

(7) $\int\frac{\mathrm{d}x}{x^2\sqrt{x}}$；

(8) $\int 5^x e^x\mathrm{d}x$；

(9) $\int\frac{2\cdot 3^x-6^x}{3^x}\mathrm{d}x$；

(10) $\int\frac{x^2}{1+x^2}\mathrm{d}x$；

(11) $\int\frac{x-4}{\sqrt{x}+2}\mathrm{d}x$；

(12) $\int\left(\frac{1-x}{x}\right)^2\mathrm{d}x$；

(13) $\int\frac{\mathrm{d}x}{x^2(1+x^2)}$；

(14) $\int\frac{\cos 2x}{\sin x+\cos x}\mathrm{d}x$；

(15) $\int\frac{1}{\sin^2 x\cos^2 x}\mathrm{d}x$；

(16) $\int\frac{\sin 2x}{\sin x}\mathrm{d}x$；

(17) $\int\frac{\mathrm{d}x}{1+\cos 2x}$；

(18) $\int\sec x(\sec x+\tan x)\mathrm{d}x$。

## 4.3 不定积分的计算

在上一节中，我们直接利用基本积分表中的公式和不定积分的运算性质，计算了一些简单的不定积分。但是仅靠这些能够计算的不定积分是非常有限的。例如，不定积分 $\int e^{2x}\mathrm{d}x$、$\int\sqrt{a^2-x^2}\mathrm{d}x$、$\int\frac{\mathrm{d}x}{\sqrt[3]{2x+1}}$、$\int x\cos x\mathrm{d}x$ 等，按照上节中的方法就不能解决。因此，必须进一步研究不定积分的计算方法。本节介绍不定积分的换元积分法和分部积分法。

### 4.3.1 第一类换元积分法(凑微分法)

第一类换元积分法是与复合函数求导法则相对应的一种求不定积分的方法。为了说明这种方法，先来看一个引例：

**【引例1】** 求 $\int\cos 2x\mathrm{d}x$。

分析 根据基本积分表中公式(6)：

$$\int\cos x\mathrm{d}x=\sin x+C,$$

很自然地会想到 $\int\cos2x\mathrm{d}x = \sin2x + C$ 是否成立。由复合函数的求导法则，得

$$(\sin2x + C)' = 2\cos2x \neq \cos2x,$$

为什么会产生这种错误呢？我们仔细来对照一下基本积分公式中(6)与本题中的积分有何不同之处。

公式(6) $\int\cos\underline{x}\mathrm{d}\underline{x} = \sin\underline{x} + C$，

相同　相同

而 $\int\cos2\underline{x}\mathrm{d}\underline{x} \neq \sin2\underline{x} + C$，

不相同　不相同

所以我们必须把原积分作变形后计算，即

$$\int\cos2x\mathrm{d}x = \frac{1}{2}\int\cos2x\mathrm{d}2x \xlongequal{令 2x = u} \frac{1}{2}\int\cos u\mathrm{d}u = \frac{1}{2}\sin u + C \xlongequal{回代 u = 2x} \frac{1}{2}\sin2x + C。$$

验证：$\left(\frac{1}{2}\sin2x + C\right)' = \cos2x$，故所得结论是正确的。此例解法的特点是引入了新变量 $u = \varphi(x)$，从而把原积分化为关于 $u$ 的一个简单的积分，再利用基本积分公式求解。这就是第一类换元积分法的思路。

**定理** 若 $\int f(x)\mathrm{d}x = F(x) + C$，则 $\int f(u)\mathrm{d}u = F(u) + C$，其中 $u = \varphi(x)$ 是 $x$ 的任一可微函数。

定理表明：在基本积分公式中，当自变量 $x$ 换成任一可微函数 $u = \varphi(x)$ 后，公式仍然成立，这就大大扩大了基本积分公式的使用范围。

结合定理，上面例题的解法可归纳为：

$$\int g(x)\mathrm{d}x \xlongequal{凑微分} \int f[\varphi(x)]\varphi'(x)\mathrm{d}x = \int f[\varphi(x)]\mathrm{d}\varphi(x)$$

$$\xlongequal{令 \varphi(x) = u} \int f(u)\mathrm{d}u = F(u) + C \xlongequal{回代 u = \varphi(x)} F[\varphi(x)] + C。$$

这种先凑微分，再作变量代换的方法，叫做第一类换元法，也称为凑微分法。

**例 1** 求 $\int e^{2x}\mathrm{d}x$。

**解** $\int e^{2x}\mathrm{d}x \xlongequal{凑微分} \frac{1}{2}\int e^{2x}(2x)'\mathrm{d}x = \frac{1}{2}\int e^{2x}\mathrm{d}(2x) \xlongequal{令 2x = u} \frac{1}{2}\int e^{u}\mathrm{d}u = \frac{1}{2}e^{u} + C$

$\xlongequal{回代 u = 2x} \frac{1}{2}e^{2x} + C$。

**例 2** 求 $\int \sin^2 x\cos x\mathrm{d}x$。

**解** $\int \sin^2 x\cos x\mathrm{d}x \xlongequal{凑微分} \int \sin^2 x(\sin x)'\mathrm{d}x = \int \sin^2 x\mathrm{d}\sin x \xlongequal{令 \sin x = u} \int u^2\mathrm{d}u$

$= \frac{u^3}{3} + C \xlongequal{回代 u = \sin x} \frac{\sin^3 x}{3} + C$。

用第一类换元积分法求不定积分的步骤是：凑、换元、积分、回代四步，其难点在于凑微分这一步，这就需要在解题过程中，不断积累解题的技巧和经验。熟悉下列微分式子，有助于求不定积分。

(1) $dx = \frac{1}{a}d(ax+b)$；

(2) $xdx = \frac{1}{2}dx^2$；

(3) $e^x dx = d(e^x)$；

(4) $\frac{1}{\sqrt{x}}dx = 2d(\sqrt{x})$；

(5) $\frac{1}{x}dx = d(\ln|x|)$；

(6) $\sin x dx = -d(\cos x)$；

(7) $\cos x dx = d(\sin x)$；

(8) $\sec^2 x dx = d(\tan x)$；

(9) $\csc^2 x dx = -d(\cot x)$；

(10) $\frac{1}{\sqrt{1-x^2}}dx = d(\arcsin x)$；

(11) $\frac{1}{1+x^2}dx = d(\arctan x)$。

当运算熟练后，所设的变量代换 $u=\varphi(x)$ 可以不必写出，只要一边演算，一边在心中默记就可以了。

**例3** 求 $\int xe^{x^2}dx$。

**解** $\int xe^{x^2}dx = \frac{1}{2}\int e^{x^2}\cdot(x^2)'dx = \frac{1}{2}\int e^{x^2}d(x^2) = \frac{1}{2}e^{x^2}+C$。

**例4** 求 $\int \frac{\ln^2 x}{x}dx$。

**解** $\int \frac{\ln^2 x}{x}dx = \int \ln^2 x d(\ln x) = \frac{1}{3}\ln^3 x + C$。

**例5** 求 $\int \frac{1}{x^2}\sin\frac{1}{x}dx$。

**解** $\int \frac{1}{x^2}\sin\frac{1}{x}dx = -\int \sin\frac{1}{x}d\left(\frac{1}{x}\right) = \cos\frac{1}{x}+C$。

**例6** 求 $\int x\sqrt{ax^2+b}dx \quad (a\neq 0)$。

**解** 
$$\int x\sqrt{ax^2+b}dx = \frac{1}{2}\int\sqrt{ax^2+b}d(x^2) = \frac{1}{2a}\int(ax^2+b)^{\frac{1}{2}}d(ax^2+b)$$
$$= \frac{1}{2a}\cdot\frac{2}{3}(ax^2+b)^{\frac{3}{2}}+C = \frac{1}{3a}(ax^2+b)^{\frac{3}{2}}+C。$$

**例7** 求 $\int \frac{\cos(\sqrt{x}+1)}{\sqrt{x}}dx$。

**解** $\int \frac{\cos(\sqrt{x}+1)}{\sqrt{x}}dx = 2\int\cos(\sqrt{x}+1)d(\sqrt{x}+1) = 2\sin(\sqrt{x}+1)+C$。

以上几例都可以直接利用常用微分式来凑微分，相对较简单，但有时需要对被积函数先进行变形后才能凑微分。如：

**例 8** 求 $\int \frac{1}{\sqrt{a^2 - x^2}}\mathrm{d}x \quad (a > 0)$。

**解** $\int \frac{1}{\sqrt{a^2 - x^2}}\mathrm{d}x = \int \frac{\mathrm{d}x}{a\sqrt{1 - \left(\frac{x}{a}\right)^2}} = \int \frac{\mathrm{d}\left(\frac{x}{a}\right)}{\sqrt{1 - \left(\frac{x}{a}\right)^2}} = \arcsin\frac{x}{a} + C$。

**例 9** 求 $\int \frac{1}{a^2 + x^2}\mathrm{d}x \quad (a \neq 0)$。

**解** $\int \frac{1}{a^2 + x^2}\mathrm{d}x = \frac{1}{a^2}\int \frac{\mathrm{d}x}{1 + \left(\frac{x}{a}\right)^2} = \frac{1}{a}\int \frac{\mathrm{d}\left(\frac{x}{a}\right)}{1 + \left(\frac{x}{a}\right)^2} = \frac{1}{a}\arctan\frac{x}{a} + C$。

**例 10** 求 $\int \frac{\mathrm{d}x}{x^2 - a^2}$。

**解** $\int \frac{\mathrm{d}x}{x^2 - a^2} = \frac{1}{2a}\int\left(\frac{1}{x - a} - \frac{1}{x + a}\right)\mathrm{d}x = \frac{1}{2a}\left(\int \frac{1}{x - a}\mathrm{d}x - \int \frac{1}{x + a}\mathrm{d}x\right)$

$= \frac{1}{2a}(\ln|x - a| - \ln|x + a|) + C = \frac{1}{2a}\ln\left|\frac{x - a}{x + a}\right| + C$。

**例 11** 求 $\int \frac{1}{1 + \mathrm{e}^x}\mathrm{d}x$。

**解** $\int \frac{1}{1 + \mathrm{e}^x}\mathrm{d}x = \int \frac{(1 + \mathrm{e}^x) - \mathrm{e}^x}{1 + \mathrm{e}^x}\mathrm{d}x = \int \mathrm{d}x - \int \frac{\mathrm{e}^x}{1 + \mathrm{e}^x}\mathrm{d}x = x - \int \frac{\mathrm{d}(\mathrm{e}^x + 1)}{1 + \mathrm{e}^x} = x - \ln(1 + \mathrm{e}^x) + C$。

**例 12** 求 $\int \frac{1 + x}{\sqrt{4 - x^2}}\mathrm{d}x$。

**解** $\int \frac{1 + x}{\sqrt{4 - x^2}}\mathrm{d}x = \int \frac{1}{\sqrt{4 - x^2}}\mathrm{d}x + \int \frac{x}{\sqrt{4 - x^2}}\mathrm{d}x$

$= \int \frac{1}{\sqrt{1 - \left(\frac{x}{2}\right)^2}}\mathrm{d}\left(\frac{x}{2}\right) - \frac{1}{2}\int \frac{1}{\sqrt{4 - x^2}}\mathrm{d}(4 - x^2) = \arcsin\frac{x}{2} - \sqrt{4 - x^2} + C$。

**例 13** 求 $\int \frac{1}{x^2 + 4x + 5}\mathrm{d}x$。

**解** $\int \frac{1}{x^2 + 4x + 5}\mathrm{d}x = \int \frac{1}{1 + (x + 2)^2}\mathrm{d}(x + 2) = \arctan(x + 2) + C$。

当被积函数含有三角函数时，往往要利用三角恒等式进行变换后，再利用凑微分法。

**例 14** 求 $\int \tan x\mathrm{d}x$。

**解** $\int \tan x\mathrm{d}x = \int \frac{\sin x}{\cos x}\mathrm{d}x = -\int \frac{1}{\cos x}\mathrm{d}\cos x = -\ln|\cos x| + C$。

类似地可得

$$\int \cot x\mathrm{d}x = \ln|\sin x| + C。$$

**例 15** 求 $\int \sec x\mathrm{d}x$。

解 $\int \sec x\mathrm{d}x = \int \frac{\sec x(\sec x + \tan x)}{\sec x + \tan x}\mathrm{d}x = \int \frac{\sec^2 x + \sec x\tan x}{\sec x + \tan x}\mathrm{d}x$

$$= \int \frac{1}{\sec x + \tan x}\mathrm{d}(\sec x + \tan x) = \ln|\sec x + \tan x| + C。$$

类似地可得

$$\int \csc x\mathrm{d}x = \ln|\csc x - \cot x| + C。$$

说明:例8、例9、例10、例14、例15的积分结果也可当作积分公式来应用。

**例16** 求 $\int \sin^2 2x\mathrm{d}x$。

解 $\int \sin^2 2x\mathrm{d}x = \int \frac{1-\cos 2x}{2}\mathrm{d}x = \frac{1}{2}\int \mathrm{d}x - \frac{1}{2}\int \cos 2x\mathrm{d}x = \frac{x}{2} - \frac{1}{4}\int \cos 2x\mathrm{d}(2x)$

$$= \frac{x}{2} - \frac{1}{4}\tan 2x + C。$$

**例17** 求 $\int \tan^2 x\mathrm{d}x$。

解 $\int \tan^2 2x\mathrm{d}x = \int (\sec^2 2x - 1)\mathrm{d}x = \frac{1}{2}\int \sec^2 2x\mathrm{d}(2x) - \int \mathrm{d}x = \frac{1}{2}\tan 2x - x + C$。

**例18** 求 $\int \cos^3 x\sin^2 x\mathrm{d}x$。

解 $\int \cos^3 x\sin^2 x\mathrm{d}x = \int \cos^2 x\sin^2 x\mathrm{d}\sin x = \int (1-\sin^2 x)\sin^2 x\mathrm{d}\sin x$

$$= \int (\sin^2 x - \sin^4 x)\mathrm{d}\sin x = \frac{\sin^3 x}{3} - \frac{\sin^5 x}{5} + C。$$

**例19** 求 $\int \sin 2x\mathrm{d}x$。

**解法1** 原式 $= \frac{1}{2}\int \sin(2x)\mathrm{d}(2x) = -\frac{1}{2}\cos 2x + C$。

**解法2** 原式 $= 2\int \sin x\cos x\mathrm{d}x = 2\int \sin x\mathrm{d}(\sin x) = \sin^2 x + C$。

**解法3** 原式 $= 2\int \sin x\cos x\mathrm{d}x = -2\int \cos x\mathrm{d}(\cos x) = -\cos^2 x + C$。

由 $\sin^2 x = -\cos^2 x + 1 = -\frac{1}{2}\cos 2x + \frac{1}{2}$,可知 $\sin^2 x$ 、$-\cos^2 x$ 、$-\frac{1}{2}\cos 2x$ 之间只相差一个常数项,因此,三种解法都是正确的。

## 4.3.2 第二类换元积分法

**【引例2】** 求 $\int \frac{1}{1+\sqrt{x}}\mathrm{d}x$。

解 此积分的困难在于被积函数含有$\sqrt{x}$,为了消去根式,令$\sqrt{x}=t$,则 $x = t^2$ ,$\mathrm{d}x = 2t\mathrm{d}t$。于是

$$\int \frac{1}{1+\sqrt{x}}\mathrm{d}x = \int \frac{1}{1+t}\cdot 2t\mathrm{d}t = 2\int \frac{1+t-t}{1+t}\mathrm{d}t = 2\int\left(1 - \frac{1}{1+t}\right)\mathrm{d}t$$

$$= 2(t - \ln|1 + t|) + C \xlongequal{\text{回代 } t = \sqrt{x}} 2[\sqrt{x} - \ln(1 + \sqrt{x})] + C。$$

第一类换元积分法是选择新的积分变量 $u = \varphi(x)$，将积分转化为 $\int f(u)\mathrm{d}u$，但像上述这样的积分则需作相反的换元 $x = \psi(t)$，把 $t$ 作为新的积分变量，才能顺利地求出积分。

其程序是：设 $x = \psi(t)$ 是单调可微函数，且 $\psi^{-1}(t) \neq 0$，则

$$\int f(x)\mathrm{d}x \xlongequal{\text{令 } x = \psi(t)} \int f[\psi(t)]\psi'(t)\mathrm{d}t = F(t) + C \xlongequal{\text{回代 } t = \psi^{-1}(x)} F[\psi^{-1}(x)] + C$$

这种求不定积分的方法称为第二类换元积分法。

1）简单根式代换

**例 20** 求 $\int \frac{x}{\sqrt{x-3}}\mathrm{d}x$。

**解** 令 $\sqrt{x-3} = t(t > 0)$，则 $x = t^2 + 3$，得 $\mathrm{d}x = 2t\mathrm{d}t$，于是

$$\int \frac{x}{\sqrt{x-3}}\mathrm{d}x = \int \frac{t^2+3}{t} \cdot 2t\mathrm{d}t = 2\int (t^2+3)\mathrm{d}t = 2\left(\frac{1}{3}t^3 + 3t\right) + C = \frac{2}{3}t^3 + 6t + C$$

$$\xlongequal{\text{回代 } t = \sqrt{x-3}} \frac{2}{3}(x-3)\sqrt{x-3} + 6\sqrt{x-3} + C。$$

注：一般来说，当被积函数中含有 $\sqrt[n]{ax+b}$ 时，可令 $\sqrt[n]{ax+b} = t$。

**例 21** 求 $\int \frac{\mathrm{d}x}{\sqrt{x} + \sqrt[4]{x}}$。

**解** 令 $\sqrt[4]{x} = t(t > 0)$，则 $x = t^4$，得 $\mathrm{d}x = 4t^3\mathrm{d}t$，于是

$$\int \frac{\mathrm{d}x}{\sqrt{x} + \sqrt[4]{x}} = \int \frac{4t^3\mathrm{d}t}{t^2 + t} = 4\int \frac{t^2\mathrm{d}t}{t+1} = 4\int \left[\frac{(t^2-1)+1}{t+1}\right]\mathrm{d}t = 4\left[\int (t-1)\mathrm{d}t + \int \frac{\mathrm{d}t}{t+1}\right]$$

$$= 2t^2 - 4t + 4\ln|t+1| + C = 2\sqrt{x} - 4\sqrt[4]{x} + 4\ln(1 + \sqrt[4]{x}) + C。$$

2）三角代换

**例 22** 求 $\int \sqrt{a^2 - x^2}\mathrm{d}x\ (a > 0)$。

**解** 求这个积分的困难在于被积函数中有根式 $\sqrt{a^2 - x^2}$，为了去掉根式，可以利用三角恒等式 $\sin^2 t + \cos^2 t = 1$ 来进行变换。

令 $x = a\sin t\left(-\frac{\pi}{2} < t < \frac{\pi}{2}\right)$，则 $\mathrm{d}x = a\cos t\mathrm{d}t$，$\sqrt{a^2 - x^2} = a\cos t$，于是

$$\int \sqrt{a^2 - x^2}\mathrm{d}x = a^2\int \cos^2 t\mathrm{d}t = \frac{a^2}{2}\int (1 + \cos 2t)\mathrm{d}t = \frac{a^2}{2}\left(t + \frac{1}{2}\sin 2t\right) + C$$

$$= \frac{a^2}{2}(t + \sin t\cos t) + C,$$

把变量 $t$ 换成 $x$，由 $\sin t = \frac{x}{a}$，得 $t = \arcsin\frac{x}{a}$，$\cos t = \sqrt{1 - \sin^2 t} = \frac{\sqrt{a^2 - x^2}}{a}$，

于是，原式 $= \frac{a^2}{2}\arcsin\frac{x}{a} + \frac{x}{2}\sqrt{a^2 - x^2} + C$。

**例 23** 求 $\int \frac{1}{\sqrt{x^2+a^2}}dx \quad (a>0)$。

**解** 令 $x = a\tan t\left(-\frac{\pi}{2}<t<\frac{\pi}{2}\right)$，则 $\sqrt{x^2+a^2}=\sqrt{a^2(\tan^2 t+1)}=a\sec t$，$dx = a\sec^2 t dt$

于是 $\int \frac{1}{\sqrt{x^2+a^2}}dx = \int \frac{a\sec^2 t}{a\sec t}dt = \int \sec t dt = \ln|\sec t+\tan t|+C_1$，

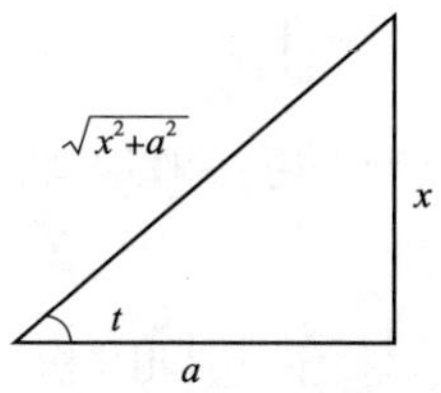

图 4-3-1

由 $\tan t = \frac{x}{a}$，作辅助三角形（见图 4-3-1）知，

$$\sec t = \frac{\sqrt{x^2+a^2}}{a}。$$

于是

$$\int \frac{1}{\sqrt{x^2+a^2}}dx = \ln\left|\frac{\sqrt{x^2+a^2}}{a}+\frac{x}{a}\right|+C_1 = \ln(\sqrt{x^2+a^2}+x)+C \text{（其中 } C=C_1-\ln a\text{）}。$$

**例 24** 求 $\int \frac{1}{\sqrt{x^2-a^2}}dx \quad (a>0)$。

**解** 令 $x = a\sec t\left(0<t<\frac{\pi}{2}\right)$，则 $dx = a\sec t\tan t dt$，

于是 $\int \frac{1}{\sqrt{x^2-a^2}}dx = \int \frac{a\sec t\tan t}{a\tan t}dt = \int \sec t dt$，由例 15 积分结果得

$$\int \frac{1}{\sqrt{x^2-a^2}}dx = \ln|\sec t+\tan t| + C_1$$

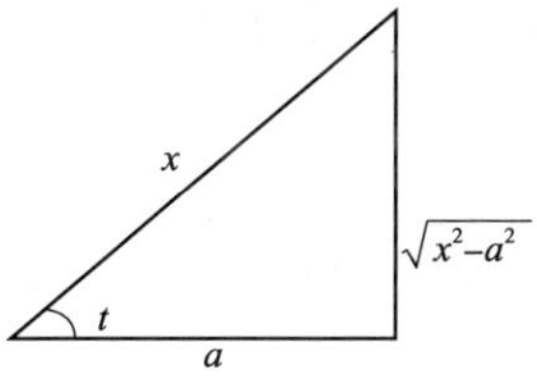

图 4-3-2

由 $\sec t = \frac{x}{a}$，作辅助三角形（见图 4-3-2）知

$$\tan t = \frac{\sqrt{x^2-a^2}}{a}。$$

于是

$$\int \frac{1}{\sqrt{x^2-a^2}}dx = \ln\left|\frac{x}{a}+\frac{\sqrt{x^2-a^2}}{a}\right|+C_1 = \ln\left|x+\sqrt{x^2-a^2}\right| + C \text{（其中 } C=C_1-\ln a\text{）}。$$

由以上例子可以看到，当被积函数中含有 $\sqrt{a^2-x^2}$ 或 $\sqrt{x^2\pm a^2}$ 时，可作如下三角代换：

(1) 含有 $\sqrt{a^2-x^2}$ 时，令 $x = a\sin t$；

(2) 含有 $\sqrt{x^2+a^2}$ 时，令 $x = a\tan t$；

(3) 含有 $\sqrt{x^2-a^2}$ 时，令 $x = a\sec t$。

## 4.3.3 分部积分法

**【引例 3】** 求 $\int x\cos x dx$。

**分析** 被积函数是由两个不同类型的函数的积构成的，换元积分就不奏效了，应考虑采

用其他的方法求解。由于 $(x\sin x)' = \sin x + x\cos x$，移项，得 $x\cos x = (x\sin x)' - \sin x$。

两端同时求积分，得

$$\int x\cos x\mathrm{d}x = \int (x\sin x)'\mathrm{d}x - \int \sin x\mathrm{d}x = x\sin x - \int \sin x\mathrm{d}x = x\sin x + \cos x + C。$$

上式表明，难求的积分 $\int x\cos x\mathrm{d}x$（左边），转化成了易求的积分 $\int \sin x\mathrm{d}x$（右边）。

更一般地，设 $u = u(x)$，$v = v(x)$ 具有连续导数，因为 $(uv)' = u'v + uv'$，所以

$$uv' = (uv)' - u'v,$$

两边同时积分，得 $\int uv'\mathrm{d}x = uv - \int u'v\mathrm{d}x$，从而有不定积分分部积分公式

$$\int u\mathrm{d}v = uv - \int v\mathrm{d}u \tag{4-3-1}$$

在上述积分 $\int x\cos x\mathrm{d}x$ 中，取 $u = x$，$\mathrm{d}v = \cos x\mathrm{d}x = \mathrm{d}\sin x$，把积分变为 $\int x\mathrm{d}\sin x$，再根据分部积分公式即可求解。

但如果取 $u = \cos x$，$\mathrm{d}v = x\mathrm{d}x = \frac{1}{2}\mathrm{d}x^2$，则

$$\int x\cos x\mathrm{d}x = \frac{1}{2}\int \cos x\mathrm{d}(x^2) = \frac{1}{2}\left(x^2\cos x - \int x^2\mathrm{d}\cos x\right) = \frac{1}{2}x^2\cos x + \frac{1}{2}\int x^2\sin x\mathrm{d}x,$$

显然右端的积分 $\int x^2\sin x\mathrm{d}x$ 比左端 $\int x\cos x\mathrm{d}x$ 更复杂些。所以在分部积分法中，$u$ 和 $\mathrm{d}v$ 的选择不是任意的，如果选取不当，就得不出结果。在通常情况下，应按以下两个原则选择 $u$ 和 $\mathrm{d}v$：

（1）$v$ 要容易求，这是使用分部积分公式的前提；

（2）$\int v du$ 要比 $\int u\mathrm{d}v$ 容易求出，这是使用分部积分公式的目的。

**例 25** 求 $\int xe^x\mathrm{d}x$。

**解** 设 $u = x$，$\mathrm{d}v = e^x\mathrm{d}x = \mathrm{d}e^x$，则

$$\int xe^x\mathrm{d}x = \int x\mathrm{d}e^x = xe^x - \int e^x\mathrm{d}x = xe^x - e^x + C。$$

注：在分部积分法中，$u$ 及 $\mathrm{d}v$ 的选择有一定规律的。当被积函数是幂函数与三角函数或指数函数的乘积时，往往选取幂函数为 $u$。

当熟悉分部积分后，$u$ 和 $\mathrm{d}v$ 可不必写出。

**例 26** 求 $\int x^2\sin x\mathrm{d}x$。

**解** $\int x^2\sin x\mathrm{d}x = -\int x^2\mathrm{d}\cos x = -x^2\cos x + \int \cos x\mathrm{d}x^2 = -x^2\cos x + 2\int x\cos x\mathrm{d}x$，

对 $\int x\cos x\mathrm{d}x$ 再使用分部积分公式，得

$$\int x\cos x\mathrm{d}x = \int x\mathrm{d}\sin x = x\sin x - \int \sin x\mathrm{d}x = x\sin x + \cos x + C_1,$$

所以 $\int x^2\sin x\mathrm{d}x = -x^2\cos x + 2x\sin x + 2\cos x + C$。

**例 27** 求 $\int x^2\ln x\mathrm{d}x$ 。

**解** 为使 $v$ 容易求得,选取 $u=\ln x,\mathrm{d}v=x^2\mathrm{d}x=\mathrm{d}\left(\frac{1}{3}x^3\right)$ ,则

$$\int x^2\ln x\mathrm{d}x=\frac{1}{3}\int\ln x\mathrm{d}x^3=\frac{1}{3}x^3\ln x-\frac{1}{3}\int x^3\mathrm{d}(\ln x)=\frac{1}{3}x^3\ln x-\frac{1}{3}\int x^2\mathrm{d}x$$

$$=\frac{1}{3}x^3\ln x-\frac{1}{9}x^3+C\text{。}$$

**例 28** 求 $\int\arcsin x\mathrm{d}x$ 。

**解** 设 $u=\arcsin x,\mathrm{d}v=\mathrm{d}x$ ,则

$$\int\arcsin x\mathrm{d}x=x\arcsin x-\int x\mathrm{d}(\arcsin x)=x\arcsin x-\int x\cdot\frac{1}{\sqrt{1-x^2}}\mathrm{d}x$$

$$=x\arcsin x+\frac{1}{2}\int\frac{1}{\sqrt{1-x^2}}\mathrm{d}(1-x^2)=x\arcsin x+\sqrt{1-x^2}+C\text{。}$$

注:当被积函数含有对数函数或反三角函数,可以用考虑用分部积分法,并设对数函数或反三角函数为 $u$ 。

**例 29** 求 $\int x\arctan x\mathrm{d}x$ 。

**解**

$$\int x\arctan x\mathrm{d}x=\frac{1}{2}\int\arctan x\mathrm{d}(x^2)=\frac{1}{2}x^2\arctan x-\frac{1}{2}\int x^2\mathrm{d}(\arctan x)$$

$$=\frac{1}{2}x^2\arctan x-\frac{1}{2}\int\frac{x^2}{1+x^2}\mathrm{d}x=\frac{1}{2}x^2\arctan x-\frac{1}{2}\left[\int(1-\frac{1}{1+x^2})\mathrm{d}x\right]$$

$$=\frac{1}{2}x^2\arctan x-\frac{1}{2}(x-\arctan x)+C=\frac{1}{2}(x^2+1)\arctan x-\frac{1}{2}x+C\text{。}$$

有些积分在多次运用分部积分后又回到原来的积分,这时可通过解代数方程的方法来求解。

**例 30** 求 $\int\mathrm{e}^x\sin x\mathrm{d}x$ 。

**解**

$$\int\mathrm{e}^x\sin x\mathrm{d}x=\int\sin x\mathrm{d}(\mathrm{e}^x)=\mathrm{e}^x\sin x-\int\mathrm{e}^x\mathrm{d}(\sin x)$$

$$=\mathrm{e}^x\sin x-\int\mathrm{e}^x\cos x\mathrm{d}x=\mathrm{e}^x\sin x-\int\cos x\mathrm{d}(\mathrm{e}^x)$$

$$=\mathrm{e}^x\sin x-\left[\mathrm{e}^x\cos x-\int\mathrm{e}^x\mathrm{d}(\cos x)\right]=\mathrm{e}^x\sin x-\mathrm{e}^x\cos x+\int\mathrm{e}^x\mathrm{d}\cos x$$

$$=\mathrm{e}^x\sin x-\mathrm{e}^x\cos x-\int\mathrm{e}^x\sin x\mathrm{d}x\text{。}$$

移项得 $2\int\mathrm{e}^x\sin x\mathrm{d}x=\mathrm{e}^x(\sin x-\cos x)+C_1$ (注意: $C_1$ 不能漏掉)

即 $\int\mathrm{e}^x\sin x\mathrm{d}x=\frac{\mathrm{e}^x}{2}(\sin x-\cos x)+C$ 。

注:当被积函数为指数函数与正(余)弦函数的乘积,可任选其一为 $u$ ,但一经选定,在后

面的解题过程中要始终选这类函数为 $u$ 。

有时求一个不定积分,需要将换元积分法和分部积分法结合起来使用。

**例 31** 求 $\int e^{\sqrt{x}}dx$ 。

**解** 令 $t=\sqrt{x}$ ,则 $x=t^2(t>0)$ ,得 $dx=2tdt$ ,于是

$$\int e^{\sqrt{x}}dx=\int e^t 2tdt=2\int td(e^t)=2(te^t-\int e^t dt)=2te^t-2e^t+C$$

$$=2e^t(t-1)+C=2e^{\sqrt{x}}(\sqrt{x}-1)+C。$$

**例 32** 求 $\int \ln(1+\sqrt{x})dx$ 。

**解** 令 $\sqrt{x}=t$ ,则 $x=t^2$ ,于是

$$\int \ln(1+\sqrt{x})dx=\int \ln(1+t)dt^2=t^2\ln(1+t)-\int t^2 d\ln(1+t)=t^2\ln(1+t)-\int \frac{t^2}{1+t}dt$$

$$=t^2\ln(1+t)-\int (t-1)dt-\int \frac{dt}{t+1}=t^2\ln(1+t)-\frac{t^2}{2}+t-\ln(1+t)+C$$

$$=(x-1)\ln(1+\sqrt{x})+\sqrt{x}-\frac{x}{2}+C。$$

**例 33** 求 $\int \frac{x\sin x}{\cos^3 x}dx$ 。

**解** $$\int \frac{x\sin x}{\cos^3 x}dx=-\int \frac{x}{\cos^3 x}d(\cos x)=\frac{1}{2}\int xd(\frac{1}{\cos^2 x})=\frac{1}{2}\left[\frac{x}{\cos^2 x}-\int \frac{dx}{\cos^2 x}\right]$$

$$=\frac{x}{2\cos^2 x}-\frac{1}{2}\int \sec^2 xdx=\frac{x}{2\cos^2 x}-\frac{\tan x}{2}+C。$$

**例 34** 求 $\int x^2\cos 2xdx$ 。

**解** $$\int x^2\cos 2xdx=\frac{1}{2}\int x^2 d(\sin 2x)=\frac{1}{2}\left[x^2\sin 2x-\int \sin 2xd(x^2)\right]$$

$$=\frac{1}{2}x^2\sin 2x-\int x\sin 2xdx=\frac{1}{2}x^2\sin 2x+\frac{1}{2}\int xd(\cos 2x)$$

$$=\frac{1}{2}x^2\sin 2x+\frac{1}{2}\left[x\cos 2x-\int \cos 2xdx\right]$$

$$=\frac{1}{2}x^2\sin 2x+\frac{1}{2}x\cos 2x-\frac{1}{4}\sin 2x+C。$$

一般在计算不定积分时,可按如下思路来考虑:

(1)首先考虑能否直接积分;

(2)其次考虑能否“凑”微分;

(3)最后再考虑第二类换元法或分部积分法。

## 习题 4.3

1. 求下列不定积分：

(1) $\int e^{4x}dx$；

(2) $\int \sin 3x dx$；

(3) $\int \frac{dx}{3+2x}$；

(4) $\int x\sin(x^2)dx$；

(5) $\int \frac{1}{x^2}e^{\frac{1}{x}}dx$；

(6) $\int \frac{\sin\sqrt{t}dt}{\sqrt{t}}$；

(7) $\int \sin^4 x\cos x dx$；

(8) $\int \frac{x}{\sqrt{2-3x^2}}dx$；

(9) $\int \frac{1+2\ln x}{x}dx$；

(10) $\int \frac{e^x}{1+e^x}dx$；

(11) $\int \frac{dx}{16+x^2}$；

(12) $\int \cos^3 x dx$；

(13) $\int \frac{x^3-x}{1+x^4}dx$；

(14) $\int \frac{\sin x\cos x}{\sqrt{1-\sin^4 x}}dx$。

2. 求下列不定积分：

(1) $\int \frac{dx}{1+\sqrt{x}}$；

(2) $\int \frac{dx}{1+\sqrt[3]{2x+1}}$

(3) $\int \sqrt{1-x^2}dx$；

(4) $\int \frac{dx}{(x^2+4)^{\frac{3}{2}}}$；

(5) $\int \frac{\sqrt{x^2-1}}{x}dx$。

3. 求下列不定积分：

(1) $\int x\sin x dx$；

(2) $\int xe^{-2x}dx$；

(3) $\int x^3\ln x dx$；

(4) $\int x^2\arctan x dx$；

(5) $\int \arccos x dx$；

(6) $\int e^x\cos 2x dx$；

(7) $\int \cos\sqrt{1-x}dx$；

(8) $\int xf''(x)dx$。

## 4.4 定积分的概念和性质

定积分是积分学中的另一个基本内容，它在科学技术与工程问题中有着广泛的应用。在这一节中我们将从几何学、力学问题出发引进定积分的定义，然后讨论它的性质。

### 4.4.1 定积分的概念

**【引例1】** 曲边梯形的面积。

在生产实际中，我们经常会遇到计算各种平面图形面积的问题。例如，工程力学中在计算平面图形的形心时会遇到计算平面图形的面积问题。对于由直线段及圆弧所围成的平面图形（如三角形、矩形、圆、扇形等）的面积，利用初等数学的知识就可以求得。对于由曲线所围成的一般图形，如何计算它的面积呢？

平面图形中较为简单的一种，就是曲边梯形。曲边梯形是指这样的图形，它有三条边是直线段，其中两条互相平行，第三条与前两条垂直叫做底边，第四条边是一条曲线弧叫做曲边，这条曲边与任意一条垂直于底边的直线至多只交于一点，如图 4-4-1a）所示。特别地，当两条平行的直线段中有一条收缩为一点时，这时曲边梯形就形成曲边三角形，如图 4-4-1b）所示。

由于任一曲线所围成的平面图形，总可以用一些互相垂直的直线把它分割成若干个曲边梯形或曲边三角形，如图 4-4-2 所示，而曲边三角形又是曲边梯形的特殊情形，所以关键是计算曲边梯形的面积。

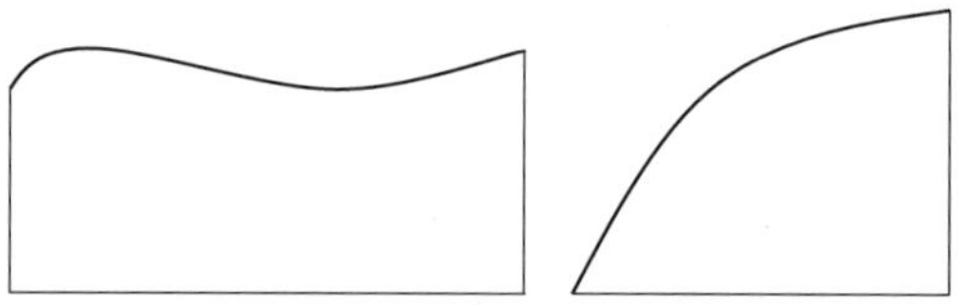

a)　　b)

图 4-4-1

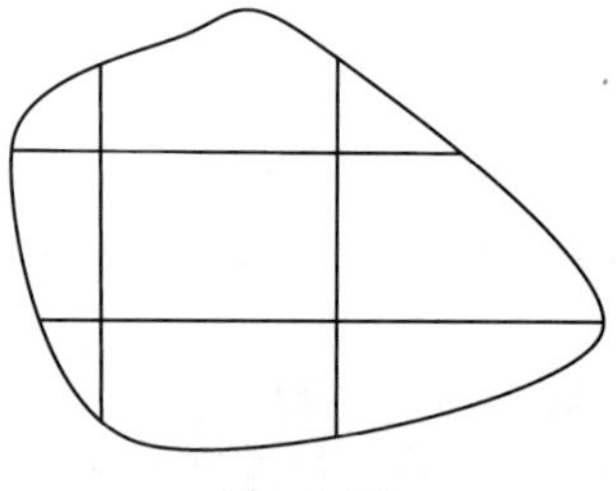

图 4-4-2

如图 4-4-3 所示，假设曲边梯形是由连续曲线 $y=f(x)$（不妨设 $f(x)\geqslant 0$）与直线 $x=a$，$x=b$ 及 $x$ 轴所围成的平面图形 $aA'B'b$，求面积 $A$（阴影部分）。

**分析** 曲边梯形是不规则图形，将区间细分，在小区间上的小曲边梯形面积可用小矩形面积近似代替，累加，逼近，无限细分再无限累加逼近就可以得到曲边梯形的精确面积。具体步骤如下：

(1) 分割——分曲边梯形为 $n$ 个小曲边梯形（化整为零）

如图 4-4-4 所示，在区间 $[a,b]$ 内任意插入 $n-1$ 个分点：

$a=x_0<x_1<x_2<\cdots<x_{i-1}<x_i<\cdots<x_{n-1}<x_n=b$，把区间 $[a,b]$ 分成 $n$ 个子区间：

$[x_0,x_1],[x_1,x_2],\cdots,[x_{i-1},x_i],\cdots,[x_{n-1},x_n]$，这些子区间的长度分别记为

$$\Delta x_i = x_i - x_{i-1}(i=1,2,\cdots,n),$$

过每个分点作平行于 $y$ 轴的直线，它们把原曲边梯形分成 $n$ 个小曲边梯形；

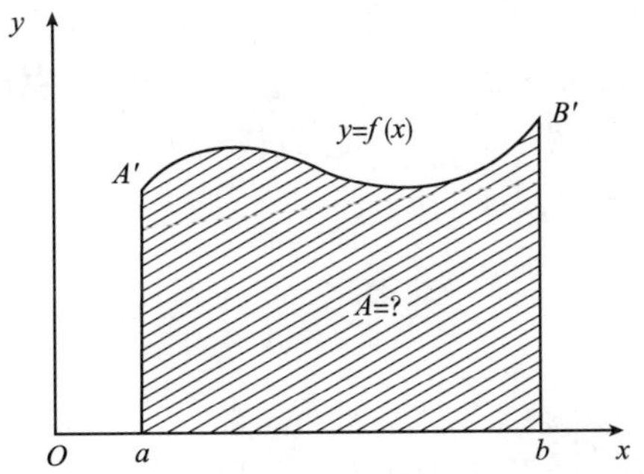


图 4-4-3

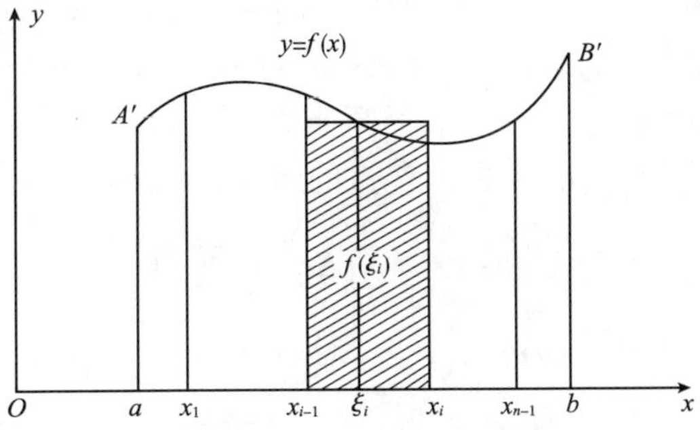


图 4-4-4

(2)取近似——用小矩形面积代替小曲边梯形面积(以直代曲、以不变高代变高)

由于 $y=f(x)$ 连续，当自变量改变量 $\Delta x$ 很小时，函数的改变量 $\Delta y$ 也很小，所以当每个子区间长度 $\Delta x_i$ 很小时，每个小曲边梯形的面积可近似地用矩形面积来代替。故在每个子区间 $[x_{i-1},x_i]$ 上取任一点 $\xi_i(x_{i-1}\leqslant\xi_i\leqslant x_i)$，以 $f(\xi_i)$ 为高，$\Delta x_i$ 为底作小矩形，用小矩形的面积 $f(\xi_i)\Delta x_i$ 近似代替小曲边梯形的面积 $\Delta A_i$，即 $\Delta A_i\approx f(\xi_i)\Delta x_i(i=1,2,\cdots,n)$；

(3)求和——求 $n$ 个小矩形面积之和(积零为整，累加逼近)

把 $n$ 个小矩形面积累加起来，得和式 $\sum\limits_{i=1}^{n}f(\xi_i)\Delta x_i$，它是曲边梯形面积 $A$ 的近似值，即

$$A=\sum_{i=1}^{N}\Delta A_i\approx\sum_{i=1}^{n}f(\xi_i)\Delta x_i;$$

(4)取极限——由近似值过渡到精确值(无限逼近)

当分点个数 $n$ 越多且每个子区间的长度越小，即分割越细时，和式 $\sum\limits_{i=1}^{n}f(\xi_i)\Delta x_i$ 与曲边梯形面积 $A$ 越接近。但不管 $n$ 多大，子区间长度多小，只要是取有限数，上述和式都只能是面积 $A$ 的近似值。现将区间 $[a,b]$ 无限地细分下去，并使每个子区间的长度 $\Delta x_i$ 都趋于零，即当 $n$ 无限增加且子区间长度的最大值 $\lambda$ (即 $\lambda=\max\{\Delta x_i\}$ )无限趋近于0时，若上述和式的极限存在，则此极限就是原曲边梯形面积的精确值，即曲边梯形的面积

$$A=\lim_{\lambda\to 0}\sum_{i=1}^{n}f(\xi_i)\Delta x_i。$$

**【引例2】** 变速直线运动的路程问题。

设某质点作直线运动，已知速度 $v=v(t)$ 是时间区间 $[T_1,T_2]$ 上 $t$ 的一个连续函数，且 $v(t)\geqslant 0$，求质点在这段时间内所经过的路程 $s$。

**分析** 整个时间段里，质点的运动速度是变化的，把整个时间段细分成若干小段，每小段上，由于质点运动的速度是连续变化的，当时间的改变量很小时，速度可近似看作不变，从而求出各小段的路程再相加，便得到路程的近似值，最后通过对时间段的无限细分过程求得路程的精确值。处理方式与求曲边梯形的面积相同。

(1)分割:在时间段$[T_1,T_2]$内任意插入 $n-1$ 个分点:

$$T_1 = t_0 < t_1 < t_2 < \cdots < t_{i-1} < t_i < \cdots < t_{n-1} < t_n = T_2 ,$$

把 $[T_1,T_2]$ 分成 $n$ 个子区间,这些子区间的长度分别记为 $\Delta t_i = t_i - t_{i-1}(i=1,2,\cdots,n)$,相应的路程 $s$ 被分为 $n$ 段小路程: $\Delta s_i(i=1,2,\cdots,n)$ ;

(2)取近似:在每个子区间$[t_{i-1},t_i](i=1,2,\cdots,n)$上取一点 $\tau_i(t_{i-1}\leqslant\tau_i\leqslant t_i)$,用 $\tau_i$ 点的速度 $v(\tau_i)$ 近似代替质点在子区间$[t_{i-1},t_i]$上的速度,用乘积 $v(\tau_i)\Delta t_i$ 近似代替质点在子区间$[t_{i-1},t_i]$上的所经过的路程 $\Delta s_i$ ,即 $\Delta s_i \approx v(\tau_i)\Delta t_i(i=1,2,\cdots,n)$ ;

(3)求和: $s = \sum\limits_{i=1}^{N}\Delta s_i \approx \sum\limits_{i=1}^{n} v(\tau_i)\Delta t_i$ ;

(4)取极限:$s=\lim\limits_{\lambda\to 0}\sum\limits_{i=1}^{n} v(\tau_i)\Delta t_i$(其中,$\lambda=\max(\{\Delta t_i\})$)。

上述两个案例,虽然实际背景不同,但处理方式相同,即分割取近似、求和取极限,通过化整为零、化曲为直、化变为恒,将所研究的量先无限细分再无限求和,用无限逼近的思想,由有限过渡到无限,由近似过渡到精确。并且它们都有一个相同模式的结果,即都得到一个“和式的极限”。这类和式的极限被广泛应用于物理、天文、工程、地质、化学等各个领域中。我们舍弃其实际背景,抽取其共同的本质属性,给出以下定积分的定义。

1)定积分定义

设函数$f(x)$ 在$[a,b]$ 上有定义,在 $[a,b]$ 中任意插入若干个分点

$$a = x_0 < x_1 < x_2 < \cdots < x_{n-1} < x_n = b$$

把区间 $[a,b]$ 分成 $n$ 个小区间: $[x_0,x_1],[x_1,x_2],\cdots,[x_{n-1},x_n]$ ,各个小区间的长度依次为

$$\Delta x_1 = x_1 - x_0, \Delta x_2 = x_2 - x_1, \cdots, \Delta x_n = x_n - x_{n-1} ,$$

在每个小区间$[x_{i-1},x_i]$上任取一点 $\xi_i(x_{i-1}\leqslant\xi_i\leqslant x_i)$ ,作函数值$f(\xi_i)$ 与小区间长度 $\Delta x_i$ 的乘积$f(\xi_i)\Delta x_i(i=1,2,\cdots,n)$,并作出和 $S=\sum\limits_{i=1}^{n}f(\xi_i)\Delta x_i$。记 $\lambda=\max\{\Delta x_1,\Delta x_2,\cdots,\Delta x_n\}$,如果不论对$[a,b]$怎样划分,也不论在小区间$[x_{i-1},x_i]$上点 $\xi_i$ 怎样取法,只要当 $\lambda\to 0$ 时,和 $S$ 总趋于确定的常数 $I$,则称函数 $f(x)$ 在$[a,b]$上可积,且称这个极限 $I$ 为函数 $f(x)$ 在区间$[a,b]$上的定积分(简称积分),记作 $\int_a^b f(x)\,\mathrm{d}x$ 。即

$$\int_a^b f(x)\,\mathrm{d}x = I = \lim_{\lambda\to 0}\sum_{i=1}^{n} f(\varepsilon_i)\Delta x_i ,$$

其中$f(x)$ 叫做被积函数,$f(x)\mathrm{d}x$ 叫做被积表达式,$x$ 叫做积分变量,$a$ 叫做积分下限,$b$ 叫做积分上限,$[a,b]$ 叫做积分区间。

根据定积分的定义,上面两个引例都可以表示为定积分:

曲边梯形的面积 $A$ 是函数$f(x)$($f(x)\geqslant 0$) 在区间$[a,b]$上的定积分,即

$$A = \lim_{\lambda\to 0}\sum_{i=1}^{n} f(\xi_i)\Delta x_i = \int_a^b f(x)\,\mathrm{d}x ,$$

变速直线运动的路程 $s$ 是速度函数 $v(t)$($v(t)\geqslant 0$) 在时间$[T_1,T_2]$上的定积分,即

$$s = \lim_{\lambda\to 0}\sum_{i=1}^{n} v(\tau_i)\Delta t_i = \int_{T_1}^{T_2} v(t)\,\mathrm{d}t 。$$

关于定积分定义的几点说明:

(1)定积分是和式极限,是一个数值,它只与被积函数$f(x)$与积分区间$[a,b]$有关,而与积分变量用什么字母表示无关,即$\int_a^b f(x)\,dx = \int_a^b f(t)\,dt = \int_a^b f(u)\,du$。

(2)规定:$\int_a^b f(x)\,dx = -\int_b^a f(x)\,dx$ , $\int_a^a f(x)\,dx = 0$ 。

(3)闭区间上的连续函数、单调函数、有界且只有有限个第一类间断点的函数均可积。

由于初等函数在其定义区间内是连续的,故初等函数在其定义区间上可积。

2)定积分的几何意义

(1)在区间$[a,b]$上,当$f(x)\geqslant 0$时,定积分$\int_a^b f(x)\,dx$在几何上表示为由曲线$y=f(x)$与直线$x=a$、$x=b$和$x$轴所围成的曲边梯形的面积(图4-4-5);

(2)在区间$[a,b]$上,当$f(x)\leqslant 0$时,由曲线$y=f(x)$与直线$x=a$、$x=b$和$x$轴围成的曲边梯形位于$x$轴下方,定积分$\int_a^b f(x)\,dx$在几何上表示曲边梯形面积$A$的负值(图4-4-6),即

$$\int_a^b f(x)\,dx = -A;$$

(3)当$f(x)$在$[a,b]$上有正有负时,定积分$\int_a^b f(x)\,dx$在几何上表示为$x$轴上方的曲边梯形面积减去$x$轴下方的曲边梯形面积。

一般地,曲边梯形的面积是$\int_a^b |f(x)|\,dx$,而定积分$\int_a^b f(x)\,dx$在几何上表示为曲边梯形面积的代数和(图4-4-7),即

$$\int_a^b f(x)\,dx = A_1 - A_2 + A_3$$

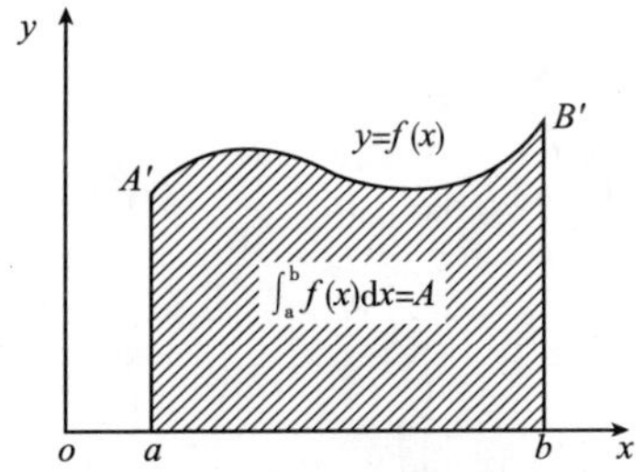


图 4-4-5

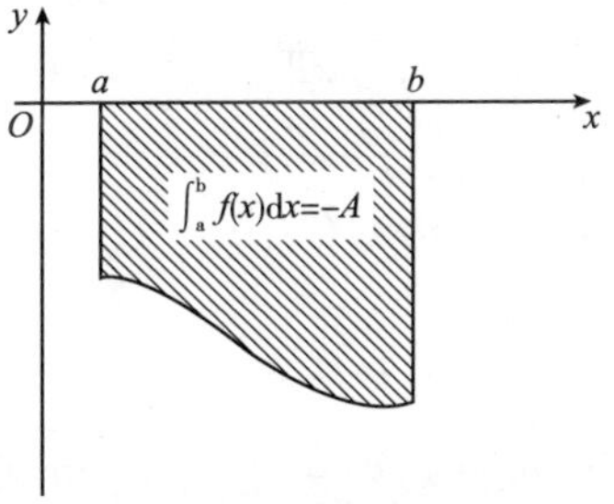


图 4-4-6

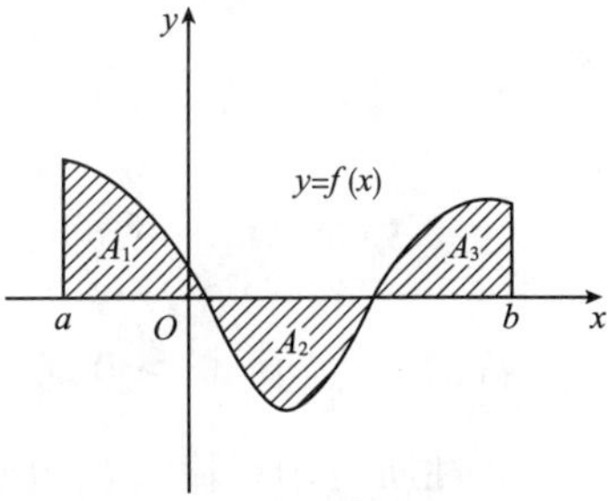


图 4-4-7

**例1** 利用定积分的几何意义计算定积分$\int_0^2 \sqrt{4-x^2}\,dx$ 。

**解** 由曲线$y=\sqrt{4-x^2}$,直线$x=0$,$x=2$和$x$轴所围成的曲边梯形在$x$轴上方(图4-4-8),图形为四分之一圆。

由定积分几何意义知,

$$\int_0^2 \sqrt{4-x^2}\,dx = \frac{1}{4}\pi\cdot 2^2 = \pi 。$$

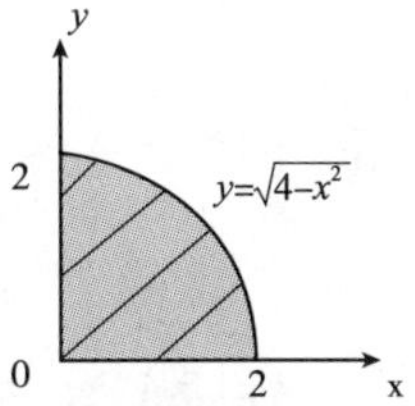


图 4-4-8

## 4.4.2 定积分的性质

设$f(x)$、$g(x)$在区间$[a,b]$上可积，则定积分具有下列性质：

**性质 1** 被积函数的常数因子可以提到积分号外，即

$$\int_a^b kf(x)\mathrm{d}x = k\int_a^b f(x)\mathrm{d}x \ (k \text{为常数}, k \neq 0)。$$

**性质 2** $\int_a^b [f(x) \pm g(x)]\mathrm{d}x = \int_a^b f(x)\mathrm{d}x \pm \int_a^b g(x)\mathrm{d}x$。

此性质可推广到有限多个函数的代数和情形。

**性质 3** $\int_a^b k\mathrm{d}x = k(b-a)$，特别地，有$\int_a^b 1\mathrm{d}x = (b-a)$。

**性质 4** （定积分关于积分区间的可加性）设$c$为区间$[a,b]$内（或外）的一点，则有$\int_a^b f(x)\mathrm{d}x = \int_a^c f(x)\mathrm{d}x + \int_c^b f(x)\mathrm{d}x$，这个性质常用于求分段函数的定积分。

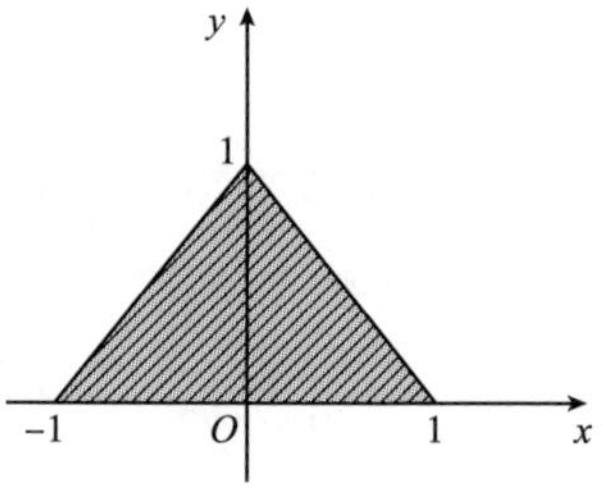

图 4-4-9

**例 2** 已知$f(x) = \begin{cases} 1+x, & x<0 \\ 1-x, & x \geqslant 0 \end{cases}$，求$\int_{-1}^1 f(x)\mathrm{d}x$。

**解** 因为$f(x)$在$[-1,1]$上解析式不唯一，由性质 4 得

$$\int_{-1}^1 f(x)\mathrm{d}x = \int_{-1}^0 (1+x)\mathrm{d}x + \int_0^1 (1-x)\mathrm{d}x,$$

由图 4-4-9，利用定积分的几何意义，有

$\int_{-1}^0 (1+x)\mathrm{d}x = \frac{1}{2}$，$\int_0^1 (1-x)\mathrm{d}x = \frac{1}{2}$，于是

$$\int_{-1}^1 f(x)\mathrm{d}x = \frac{1}{2} + \frac{1}{2} = 1。$$

**性质 5** 在区间$[a,b]$上，若$f(x) \geqslant g(x)$，则$\int_a^b f(x)\mathrm{d}x \geqslant \int_a^b g(x)\mathrm{d}x$，

特别地，当$f(x) \geqslant 0$时，有$\int_a^b f(x)\mathrm{d}x \geqslant 0$。

此性质可用于比较在积分区间相同时两个定积分的大小。

**例 3** 比较下列两个定积分的大小：

$$I_1 = \int_1^e \ln x\mathrm{d}x, \ I_2 = \int_1^e (\ln x)^2\mathrm{d}x。$$

**解** 因为当$1 \leqslant x \leqslant e$时，$0 \leqslant \ln x \leqslant 1$，所以$\ln x \geqslant (\ln x)^2$，根据性质 5 得

$$\int_1^e \ln x\mathrm{d}x \geqslant \int_1^e (\ln x)^2\mathrm{d}x。$$

**性质 6** （估值定理）设$M$和$m$分别是$f(x)$在$[a,b]$上的最大值和最小值，则

$$m(b-a) \leqslant \int_a^b f(x)\mathrm{d}x \leqslant M(b-a)。$$

**例 4** 估计定积分 $\int_1^4 (x^2+1)\mathrm{d}x$。

**解** 因为被积函数 $f(x)=x^2+1$ 在区间[1,4]上是单调递增的，所以最小值 $m=f(1)=2$，最大值 $M=f(4)=17$，由性质 6 知，$2\times(4-1)\leqslant\int_1^4 (x^2+1)\mathrm{d}x\leqslant 17\times(4-1)$，即

$$6\leqslant\int_1^4 (x^2+1)\mathrm{d}x\leqslant 51。$$

**性质 7** （中值定理）如果函数 $f(x)$ 在 $[a,b]$ 上连续，那么在 $[a,b]$ 上至少存在一点 $\xi$，使得

$$\int_a^b f(x)\mathrm{d}x = f(\xi)(b-a)。$$

定积分中值定理的几何意义是显然的（如图 4-4-10 所示）。一条连续曲线 $y=f(x)$ $(f(x)\geqslant 0)$ 在 $[a,b]$ 上的曲边梯形面积等于以区间 $[a,b]$ 长度为底，$[a,b]$ 中一点 $\xi$ 的函数值为高的矩形面积。

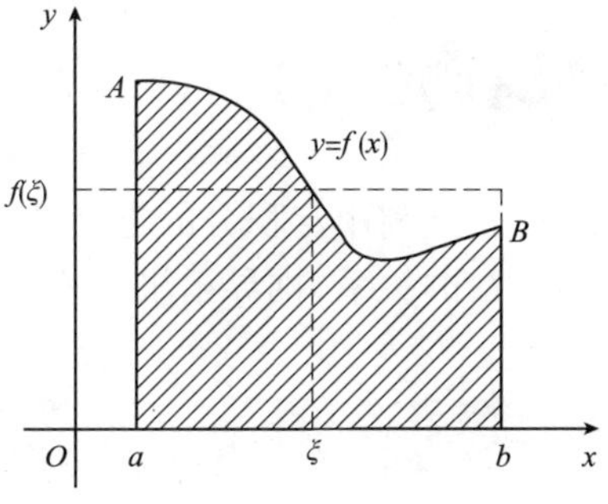


图 4-4-10

## 习题 4.4

1. 填空题：

(1) 定积分 $\int_a^b f(x)\mathrm{d}x$ 的值取决于________。

(2) $\frac{\mathrm{d}}{\mathrm{d}x}\int_a^b \sin x\mathrm{d}x=$________；$\int_3^3 (x+2)\mathrm{d}x=$________。

(3) 以速度 $v(t)=2t^2$(m/s) 行驶的汽车在 $t=0$s 到 $t=4$s 行驶的路程 $s$ 用定积分可表示为________。

2. 用定积分表示图 4-4-11 中阴影部分的面积：

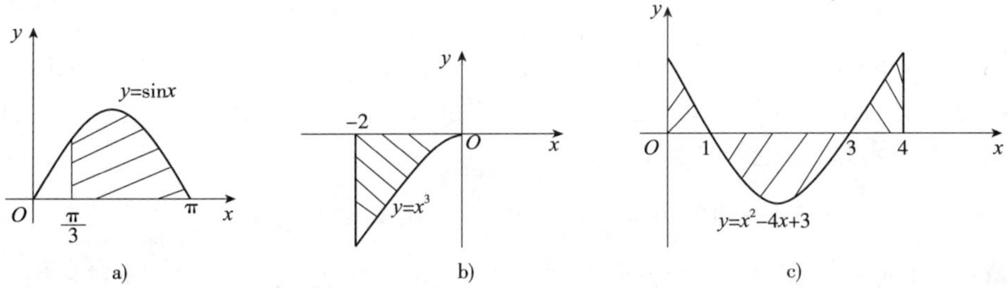


图 4-4-11

3. 利用定积分的几何意义，求出下列定积分：

(1) $\int_{-3}^3 \sqrt{9-x^2}\mathrm{d}x$；　　(2) $\int_1^2 (2x-1)\mathrm{d}x$。

*4. 不计算积分，比较下列各组积分值的大小：

(1) $\int_0^1 e^x dx$ 与 $\int_0^1 e^{x^2} dx$；　　(2) $\int_0^{\frac{\pi}{2}} x dx$ 与 $\int_0^{\frac{\pi}{2}} \sin x dx$。

*5. 估计定积分 $\int_{\frac{\pi}{4}}^{\frac{3\pi}{4}} \sin^2 x dx$。

## 4.5 定积分的计算

直接利用定积分的定义计算积分一般是比较麻烦的。因此，本节将通过讨论定积分与原函数的关系，推导出求定积分的基本计算方法，即牛顿—莱布尼兹公式。

### 4.5.1 牛顿—莱布尼兹公式

我们知道，如果作变速直线运动的质点的速度函数为 $v=v(t)$，那么质点在时间区间 $[a,b]$ 内的位移 $s$ 可用定积分表示为 $s=\int_a^b v(t)dt$；另一方面，如果作变速直线运动的物体的位移函数为 $s=s(t)$，那么在时间区间 $[a,b]$ 内的位移为 $s(b)-s(a)$，因而有 $\int_a^b v(t)dt = s(b)-s(a)$。由于 $s'(t)=v(t)$，即 $s(t)$ 是 $v(t)$ 的一个原函数，这说明定积分 $\int_a^b v(t)dt$ 等于被积函数 $v(t)$ 的一个原函数 $s(t)$ 在时间区间 $[a,b]$ 上的增量 $s(b)-s(a)$。从这个具体问题中得到的结论，在一定的条件下是具有普遍意义的。

1）变上限的定积分

设函数 $f(x)$ 在区间 $[a,b]$ 上连续，若 $x$ 是区间 $[a,b]$ 上任意一点，则 $f(x)$ 在 $[a,x]$ 上也连续，从而 $\int_a^x f(x)dx$ 存在，并称它为变上限的定积分。由于定积分的上限和积分变量都是 $x$，为避免混淆，考虑到定积分的值与积分变量的记号无关，所以 $\int_a^x f(x)dx = \int_a^x f(t)dt$。

显然，当积分上限 $x$ 在区间 $[a,b]$ 上变动时，对于每一个取定的 $x$ 值，变上限的定积分就有一个确定的值与之对应。因此，这个变上限的定积分在 $[a,b]$ 上定义了一个 $x$ 的函数，把它称作积分上限函数，并记作 $\Phi(x)$，即

$$\Phi(x) = \int_a^x f(t)dt \quad (a \leqslant x \leqslant b)。$$

注意：积分上限函数 $\Phi(x)$ 的自变量在上限，其定义域为 $[a,b]$，变量 $t$ 只是积分变量，$t$ 介于 $a$ 与 $x$ 之间。

积分上限函数 $\Phi(x)$ 具有重要的性质。

**定理 1**　如果函数 $f(x)$ 在区间 $[a,b]$ 上连续，则积分上限函数 $\Phi(x)=\int_a^x f(t)dt$ 在 $[a,b]$ 上具有导数，并且它的导数为 $\Phi'(x) = \frac{d}{dx}\int_a^x f(t)dt = f(x)$ $(a \leqslant x \leqslant b)$。

证明：当 $x \in (a,b)$，$x+\Delta x \in (a,b)$ 时，

$$\Delta\Phi(x) = \Phi(x+\Delta x) - \Phi(x) = \int_a^{x+\Delta x} f(t)\,dt - \int_a^x f(t)\,dt$$

$$= \int_a^x f(t)\,dt + \int_x^{x+\Delta x} f(t)\,dt - \int_a^x f(t)\,dt$$

$$= \int_x^{x+\Delta x} f(t)\,dt = f(\xi)\Delta x \text{（根据积分中值定理，}\xi\text{ 在 } x \text{ 与 } x+\Delta x \text{ 之间）}$$

把上式两端各除以 $\Delta x$ 得

$$\frac{\Delta\Phi(x)}{\Delta x} = f(\xi),$$

由于$f(x)$ 在 $[a,b]$ 上连续，又当 $\Delta x \to 0$ 时，有 $\xi \to x$，由此得

$$\lim_{\Delta x\to 0}\frac{\Delta\Phi}{\Delta x} = \lim_{\Delta x\to 0} f(\xi) = f(x)\text{，即 } \Phi'(x) = f(x)\text{。}$$

这就表明，函数 $\Phi(x)$ 在 $[a,b]$ 上具有导数，并且 $\Phi'(x) = \frac{d}{dx}\int_a^x f(t)\,dt = f(x)$ $(a \leqslant x \leqslant b)$。因此，积分上限函数 $\Phi(x)$ 是$f(x)$ 的一个原函数。

这个定理肯定了连续函数一定存在原函数，而且初步揭示了定积分与原函数之间的联系，使得通过原函数来计算定积分有了可能。作为定理 1 的应用，下面先举一个例子。

**例 1** 计算 $\lim\limits_{x\to 0}\frac{\int_0^x \sin t\,dt}{x^2}$。

**解** 这是一个 $\frac{0}{0}$ 型的未定式。我们用洛必达法则来求极限。

$$\lim_{x\to 0}\frac{\int_0^x \sin t\,dt}{x^2} = \lim_{x\to 0}\frac{\left(\int_0^x \sin t\,dt\right)'}{(x^2)'} = \lim_{x\to 0}\frac{\sin x}{2x} = \frac{1}{2}\text{。}$$

2）牛顿—莱布尼兹公式

**定理 2** 若函数 $F(x)$ 是连续函数$f(x)$ 在区间$[a,b]$上的任意一个原函数，则

$$\int_a^b f(x)\,dx = F(b) - F(a) \tag{4-5-1}$$

证明：因为变上限函数 $\Phi(x) = \int_a^x f(t)\,dt$ 是$f(x)$ 的一个原函数，又已知 $F(x)$ 也是$f(x)$ 的一个原函数，所以 $F(x) = \Phi(x) + C$。于是

$$F(b) - F(a) = \Phi(b) - \Phi(a) = \int_a^b f(t)\,dt - \int_a^a f(t)\,dt = \int_a^b f(t)\,dt = \int_a^b f(x)\,dx,$$

即 $\int_a^b f(x)\,dx = F(b) - F(a)$。

为了方便起见，常把 $F(b) - F(a)$ 记作 $F(x)\Big|_a^b$ 或 $[F(x)]_a^b$，于是

$$\int_a^b f(x)\,dx = [F(x)]_a^b$$

公式(4-5-1)称为牛顿—莱布尼茨公式（又称为微积分基本公式），它是微积分学中最重

要的公式之一，它把计算定积分的问题转化为求被积函数的原函数的问题，揭示了定积分与不定积分之间的内在联系。公式表明：定积分的值等于被积函数的任一个原函数在积分上限处与积分下限处的函数值之差。它为我们提供了计算定积分的简便方法，即求定积分的值，只需求出被积函数 $f(x)$ 的一个原函数 $F(x)$，然后求出这个原函数在区间 $[a,b]$ 上的增量 $F(b)-F(a)$ 即可。

**例 2** 计算 $\int_0^1 x^2\mathrm{d}x$。

**解** $\int_0^1 x^2\mathrm{d}x=\left[\frac{x^3}{3}\right]_0^1=\frac{1^3}{3}-\frac{0^3}{3}=\frac{1}{3}$。

**例 3** 计算 $\int_0^1 \frac{\mathrm{e}^x-\mathrm{e}^{-x}}{2}\mathrm{d}x$。

**解** $\int_0^1 \frac{\mathrm{e}^x-\mathrm{e}^{-x}}{2}\mathrm{d}x=\left[\frac{\mathrm{e}^x+\mathrm{e}^{-x}}{2}\right]_0^1=\frac{1}{2}\left(\mathrm{e}+\frac{1}{\mathrm{e}}-2\right)$。

**例 4** 设 $f(x)=\begin{cases}x+1, & x\leqslant 1\\ x^2, & x>1\end{cases}$，求 $\int_0^2 f(x)\mathrm{d}x$。

**解**

$$\int_0^2 f(x)\mathrm{d}x=\int_0^1 f(x)\mathrm{d}x+\int_1^2 f(x)\mathrm{d}x=\int_0^1(x+1)\mathrm{d}x+\int_1^2 x^2\mathrm{d}x$$

$$=\left[\frac{x^2}{2}+x\right]_0^1+\left[\frac{x^3}{3}\right]_1^2=\frac{23}{6}。$$

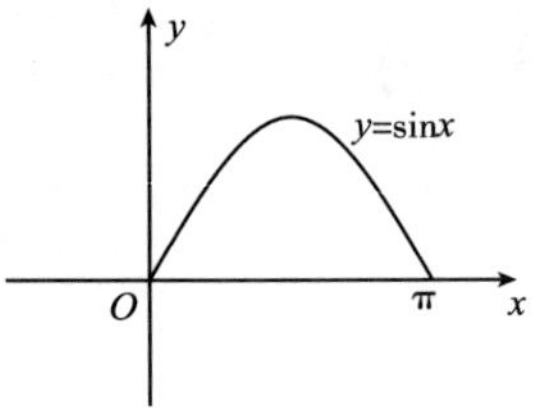

图 4-5-1

**例 5** 计算曲线 $y=\sin x$ 在 $[0,\pi]$ 上与 $x$ 轴所围成平面图形（图 4-5-1）的面积。

**解** 由定积分的几何意义知，面积

$$A=\int_0^\pi \sin x\mathrm{d}x=[-\cos x]_0^\pi=2。$$

**例 6** 火车以 72km/h 的速度行驶，在到达某站前需要减速停车，设火车以等加速度 $a=-\frac{1}{4}\mathrm{m/s^2}$ 制动，问火车在离站台前多远处开始制动，才能准确地停靠站台？

**解** 当 $t=0$ 时，$v_0=20\mathrm{m/s}$。

制动后，火车减速行驶，其速度为

$$v(t)=v_0+at=20-\frac{1}{4}t,$$

当火车停住时，$v(t)=0$，故

$$20-\frac{1}{4}t=0,$$

解得 $$t=80(\mathrm{s})。$$

要求火车在离站台前多远处开始制动，就是要求出在这段时间内，火车所走过的路程，即

$$S=\int_0^{80}v(t)\mathrm{d}t=\int_0^{80}\left(20-\frac{t}{4}\right)\mathrm{d}t=\left[20t-\frac{t^2}{8}\right]_0^{80}=800(\mathrm{m}),$$

即火车应在离站台前800m处开始制动,才能准确地到站停车。

## 4.5.2 定积分的换元法

**【引例】** 求$\int_0^4 \frac{1}{1+\sqrt{x}}dx$。

**解** 应用牛顿—莱布尼茨公式,首先求不定积分$\int \frac{1}{1+\sqrt{x}}dx$。

利用换元积分法,设$\sqrt{x}=t(t>0)$,则$x=t^2$,$dx=2tdt$,从而

$$\int \frac{1}{1+\sqrt{x}}dx=\int \frac{2tdt}{1+t}=2\int\left(1-\frac{1}{1+t}\right)dt$$

$$=2t-2\ln(1+t)+C=2\sqrt{x}-2\ln(1+\sqrt{x})+C,$$

所以

$$\int_0^4 \frac{1}{1+\sqrt{x}}dx=\left[2\sqrt{x}-2\ln(1+\sqrt{x})\right]_0^4=4-2\ln3。$$

如果在换元的同时,根据所设的代换$\sqrt{x}=t(t>0)$,相应地变换定积分的上、下限:当$x=0$时,$t=0$,当$x=4$时,$t=2$,则不必将$t$代回原来的自变量$x$,就能求得定积分:

$$\int_0^4 \frac{1}{1+\sqrt{x}}dx=\int_0^2 \frac{2t}{1+t}dt=2\int_0^2\left(1-\frac{1}{1+t}\right)dt=2\left[t-\ln(1+t)\right]\Big|_0^2=4-2\ln3。$$

很明显,后面的计算过程要简便些,这就是采用了定积分的换元积分法。

**定理2** 假设函数$f(x)$在$[a,b]$上连续,函数$x=\varphi(t)$满足下列条件:

(1) $\varphi(\alpha)=a,\varphi(\beta)=b$;

(2) $\varphi(t)$在$\alpha$与$\beta$之间的闭区间上是单值连续函数,且当$t$在$\alpha$与$\beta$之间变动时,$x=\varphi(t)$的值在区间$[a,b]$上变化。则有

$$\int_a^b f(x)dx=\int_\alpha^\beta f[\varphi(t)]\varphi'(t)dt \tag{4-5-2}$$

这就是定积分的换元积分公式。

注意:

(1)定积分的换元法在换元后,积分的上下限也要作相应的变换,即"换元必换限"。

(2)定积分在换元后,按新的积分变量进行定积分计算,不必像不定积分那样再还原为原积分变量。

**例7** 计算$\int_0^4 \frac{x+2}{\sqrt{2x+1}}dx$。

**解** 设$t=\sqrt{2x+1}$,则$x=\frac{t^2-1}{2}$,$dx=tdt$,且当$x=0$时$t=1$;$x=4$时$t=3$,

故
$$\int_0^4 \frac{x+2}{\sqrt{2x+1}}dx=\int_1^3 \frac{\frac{t^2-1}{2}+2}{t}tdt=\frac{1}{2}\int_1^3(t^2+3)dt=\frac{1}{2}\left[\frac{t^3}{3}+3t\right]_1^3=\frac{22}{3}。$$

**例 8** 计算 $\int_0^a \sqrt{a^2 - x^2}\mathrm{d}x\ (a > 0)$。

**解** 设 $x = a\sin t$ 则 $\mathrm{d}x = a\cos\mathrm{d}t$，且 $x = 0$ 时 $t = 0$；$x = a, t = \frac{\pi}{2}$，

$$故 \int_0^a \sqrt{a^2 - x^2}\mathrm{d}x = a^2\int_0^{\frac{\pi}{2}} \cos^2 t\mathrm{d}t = \frac{a^2}{2}\int_0^{\frac{\pi}{2}}(1 + \cos 2t)\mathrm{d}t$$

$$= \frac{a^2}{2}\left[t + \frac{1}{2}\sin 2t\right]_0^{\frac{\pi}{2}} = \frac{\pi a^2}{4}。$$

**例 9** 计算 $\int_0^{\frac{\pi}{2}} \cos^5 x\sin x\mathrm{d}x$。

**解** $\int_0^{\frac{\pi}{2}} \cos^5 x\sin x\mathrm{d}x = -\int_0^{\frac{\pi}{2}} \cos^5 x\mathrm{d}\cos x = -\left[\frac{\cos^6 x}{6}\right]_0^{\frac{\pi}{2}} = \frac{1}{6}$。

说明:本题求解时,换元没有写出新变量,那么定积分的上、下限就不要变更。

**例 10** 计算 $\int_0^{\pi} \sqrt{\sin^3 x - \sin^5 x}\mathrm{d}x$。

**解**
$$\int_0^{\pi} \sqrt{\sin^3 x - \sin^5 x}\mathrm{d}x = \int_0^{\pi}(\sin x)^{\frac{3}{2}}\sqrt{\cos^2 x}\mathrm{d}x = \int_0^{\pi}(\sin x)^{\frac{3}{2}}|\cos x|\mathrm{d}x$$

$$= \int_0^{\frac{\pi}{2}}(\sin x)^{\frac{3}{2}}\cos x\mathrm{d}x - \int_{\frac{\pi}{2}}^{\pi}(\sin x)^{\frac{3}{2}}\cos x\mathrm{d}x$$

$$= \int_0^{\frac{\pi}{2}}(\sin x)^{\frac{3}{2}}\mathrm{d}\sin x - \int_{\frac{\pi}{2}}^{\pi}(\sin x)^{\frac{3}{2}}\mathrm{d}\sin x$$

$$= \left[\frac{2\sin^2 x\sqrt{\sin x}}{5}\right]_0^{\frac{\pi}{2}} - \left[\frac{2\sin^2 x\sqrt{\sin x}}{5}\right]_{\frac{\pi}{2}}^{\pi} = \frac{4}{5}。$$

**例 11** 证明

(1)若 $f(x)$ 在 $[-a,a]$ 上连续且为偶函数,则

$$\int_{-a}^{a} f(x)\mathrm{d}x = 2\int_0^a f(x)\mathrm{d}x。$$

(2)若 $f(x)$ 在 $[-a,a]$ 上连续且为奇函数,则

$$\int_{-a}^{a} f(x)\mathrm{d}x = 0。$$

证明 $\int_{-a}^{a} f(x)\mathrm{d}x = \int_{-a}^{0} f(x)\mathrm{d}x + \int_0^a f(x)\mathrm{d}x$,

对 $\int_{-a}^{0} f(x)\mathrm{d}x$ 作变量代换,令 $x = -t$,则 $\mathrm{d}x = -\mathrm{d}t$,且 $x = 0$ 时 $t = 0$;$x = a$ 时,$t = -a$
于是

$$\int_{-a}^{0} f(x)\mathrm{d}x = -\int_a^0 f(-t)\mathrm{d}t = \int_0^a f(-t)\mathrm{d}t = \int_0^a f(-x)\mathrm{d}x,$$

所以

$$\int_{-a}^{a} f(x)\mathrm{d}x = \int_0^a f(-x)\mathrm{d}x + \int_0^a f(x)\mathrm{d}x = \int_0^a [f(-x) + f(x)]\mathrm{d}x。$$

(1) $f(x)$ 为偶函数时,$f(x) + f(-x) = 2f(x)$,从而

$$\int_{-a}^{a} f(x)\mathrm{d}x = 2\int_{0}^{a} f(x)\mathrm{d}x\ ;$$

(2) $f(x)$ 为奇函数时，$f(x) + f(-x) = 0$，从而

$$\int_{-a}^{a} f(x)\mathrm{d}x = 0。$$

利用例 11 的结论，可对偶函数或奇函数在对称于原点的区间上积分时起到简化计算的作用。

例如 $\int_{-1}^{1} \frac{x^2\sin x}{3x^4 + x^2 + 1}\mathrm{d}x = 0$ 。

**例 12** 若 $f(x)$ 在 $[0,1]$ 上连续，证明：

(1) $\int_{0}^{\frac{\pi}{2}} f(\sin x)\mathrm{d}x = \int_{0}^{\frac{\pi}{2}} f(\cos x)\mathrm{d}x$ ；

(2) $\int_{0}^{\pi} xf(\sin x)\mathrm{d}x = \frac{\pi}{2}\int_{0}^{\pi} f(\sin x)\mathrm{d}x$，由此计算

$$\int_{0}^{\pi} \frac{x\sin x}{1 + \cos^2 x}\mathrm{d}x 。$$

证明 (1) 设 $x = \frac{\pi}{2} - t$，则 $\mathrm{d}x = -\mathrm{d}t$，且当 $x = 0$ 时，$t = \frac{\pi}{2}$；当 $x = \frac{\pi}{2}$ 时 $t = 0$ 。

$$故 \int_{0}^{\frac{\pi}{2}} f(\sin x)\mathrm{d}x = -\int_{\frac{\pi}{2}}^{0} f\left[\sin\left(\frac{\pi}{2} - t\right)\right]\mathrm{d}t = -\int_{\frac{\pi}{2}}^{0} f(\cos t)\mathrm{d}t$$

$$= \int_{0}^{\frac{\pi}{2}} f(\cos t)\mathrm{d}t = \int_{0}^{\frac{\pi}{2}} f(\cos x)\mathrm{d}x 。$$

(2) 设 $x = \pi - t$，

$$\int_{0}^{\pi} xf(\sin x)\mathrm{d}x = \int_{\pi}^{0} (\pi - t)f[\sin(\pi - t)]\mathrm{d}(-t) = -\int_{\pi}^{0} (\pi - t)f(\sin t)\mathrm{d}t$$

$$= \int_{0}^{\pi} (\pi - x)f(\sin x)\mathrm{d}x = \int_{0}^{\pi} \pi f(\sin x)\mathrm{d}x - \int_{0}^{\pi} xf(\sin x)\mathrm{d}x ,$$

移项，解得

$$\int_{0}^{\pi} xf(\sin x)\mathrm{d}x = \frac{\pi}{2}\int_{0}^{\pi} f(\sin x)\mathrm{d}x 。$$

利用此公式，可得：

$$\int_{0}^{\pi} \frac{x\sin x}{1 + \cos^2 x}\mathrm{d}x = \frac{\pi}{2}\int_{0}^{\pi} \frac{\sin x}{1 + \cos^2 x}\mathrm{d}x = -\frac{\pi}{2}\int_{0}^{\pi} \frac{1}{1 + \cos^2 x}\mathrm{d}\cos x$$

$$= -\frac{\pi}{2}[\arctan(\cos x)]_{0}^{\pi} = \frac{\pi^2}{4} 。$$

### 4.5.3 定积分的分部积分法

设函数 $u(x)$、$v(x)$ 在 $[a,b]$ 上具有连续导数 $u'(x)$、$v'(x)$，则有

$$\int_{a}^{b} u\mathrm{d}v = [uv]_{a}^{b} - \int_{a}^{b} v\mathrm{d}u \tag{4-5-3}$$

这就是定积分的分部积分公式。其中 $u$、$dv$ 的选择规律与不定积分分部积分法相同。

**例 13** 求 $\int_0^{\frac{1}{2}}\arcsin x\mathrm{d}x$。

**解** 设 $u=\arcsin x$，$\mathrm{d}v=\mathrm{d}x$，则

$$\int_0^{\frac{1}{2}}\arcsin x\mathrm{d}x=[x\arcsin x]_0^{\frac{1}{2}}-\int_0^{\frac{1}{2}}x\mathrm{d}\arcsin x=[x\arcsin x]_0^{\frac{1}{2}}-\int_0^{\frac{1}{2}}x\frac{1}{\sqrt{1-x^2}}\mathrm{d}x$$

$$=\frac{\pi}{12}+\frac{1}{2}\int_0^{\frac{1}{2}}\frac{1}{\sqrt{1-x^2}}\mathrm{d}(1-x^2)=\frac{\pi}{12}+[\sqrt{1-x^2}]_0^{\frac{1}{2}}=\frac{\pi}{12}+\frac{\sqrt{3}}{2}-1。$$

**例 14** 计算 $\int_0^1 e^{\sqrt{x}}\mathrm{d}x$。

**解** 设 $\sqrt{x}=t$，则

$$\int_0^1 e^{\sqrt{x}}\mathrm{d}x=\int_0^1 e^t\mathrm{d}t^2=2\int_0^1 te^t\mathrm{d}t=2\int_0^1 t\mathrm{d}e^t$$

$$=2[te^t]_0^1-2\int_0^1 e^t\mathrm{d}t=2e-2[e^t]_0^1$$

$$=2e-2(e-1)=2。$$

**例 15** 求 $\int_{\frac{1}{e}}^{e}|\ln x|\mathrm{d}x$。

**解**

$$\int_{\frac{1}{e}}^{e}|\ln x|\mathrm{d}x=-\int_{\frac{1}{e}}^{1}\ln x\mathrm{d}x+\int_1^e\ln x\mathrm{d}x$$

$$=[-x\ln x]_{\frac{1}{e}}^{1}+\int_{\frac{1}{e}}^{1}x\cdot\frac{1}{x}\mathrm{d}x+[x\ln x]_1^e-\int_1^e x\cdot\frac{1}{x}\mathrm{d}x$$

$$=-\frac{1}{e}+\left(1-\frac{1}{e}\right)+e-(e-1)=2-\frac{2}{e}。$$

## 习题 4.5

1. 在定积分 $\int_{-1}^{1}\frac{\mathrm{d}x}{1+x^2}$ 中作如下换元：令 $x=\frac{1}{t}$，$\mathrm{d}x=-\frac{1}{t^2}\mathrm{d}t$，于是

$$\int_{-1}^{1}\frac{\mathrm{d}x}{1+x^2}=-\int_{-1}^{1}\frac{\mathrm{d}t}{1+t^2}=-\int_{-1}^{1}\frac{\mathrm{d}x}{1+x^2},$$

移项得 $\int_{-1}^{1}\frac{\mathrm{d}x}{1+x^2}=0$，想一想，错在哪里？

2. 计算下列定积分：

(1) $\int_1^3\left(x-\frac{1}{x}\right)^2\mathrm{d}x$；　　(2) $\int_0^{\pi}|\cos x|\mathrm{d}x$；

(3) $\int_0^2 f(x)\mathrm{d}x$，其中 $f(x)=\begin{cases}x^2+1, & 0\leqslant x\leqslant 1\\ 3-x, & 1<x\leqslant 3\end{cases}$；

(4) $\int_{-1}^{0}\frac{3x^4+3x^2+2}{x^2+1}\mathrm{d}x$；　　(5) $\int_0^1\frac{\mathrm{d}x}{\sqrt{4-x^2}}$；

(6) $\int_0^{\sqrt{2}} x\sqrt{2-x^2}\mathrm{d}x$；　(7) $\int_0^{\frac{\pi}{2}} \frac{\sin x\mathrm{d}x}{(3+\cos x)^3}$；

(8) $\int_0^3 \frac{x}{1+\sqrt{1+x}}\mathrm{d}x$；　(9) $\int_{-1}^1 \frac{x\mathrm{d}x}{\sqrt{5-4x}}$；

(10) $\int_{-1}^1 \frac{x^3\sin^2 x}{x^4+2x^2+1}\mathrm{d}x$；　(11) $\int_{-\frac{1}{2}}^{\frac{1}{2}} \frac{1+\sin x}{\sqrt{1-x^2}}\mathrm{d}x$。

3. 计算下列定积分：

(1) $\int_0^1 x\mathrm{e}^x\mathrm{d}x$；　(2) $\int_1^{\mathrm{e}} x\ln x\mathrm{d}x$；

(3) $\int_0^{\pi^2} \sin\sqrt{x}\mathrm{d}x$；　(4) $\int_0^1 x\arctan x\mathrm{d}x$。

4. 证明：$\int_x^1 \frac{\mathrm{d}x}{1+x^2} = \int_1^{\frac{1}{x}} \frac{\mathrm{d}x}{1+x^2}\quad (x>0)$。

## *4.6 广义积分

**【案例1】** 在电学与信号分析中，单位脉冲函数 $\delta$—函数（狄拉克函数）满足以下条件：

$$\delta(t) = \begin{cases} 0, & t \neq 0 \\ \infty, & t = 1 \end{cases},$$

求 $\int_{-\infty}^{+\infty}\delta(t)\mathrm{d}t$。

显然 $\int_{-\infty}^{+\infty}\delta(t)\mathrm{d}t$ 不能用牛顿—莱布尼兹公式来计算，因为牛顿—莱布尼兹公式要求积分区间是有限区间，且被积函数在 $[a,b]$ 上是连续函数。但是，在实际工作中也常会遇到积分区间为无穷区间（如案例1），或者被积函数在积分区间上是无界的情形。要解决这类积分的计算问题，就必须把定积分的概念加以推广，即把积分区间推广到无穷区间，或者把被积函数推广到在有限区间上的无界的情形。这就是本节中将要引进的两类广义积分的概念。

### 4.6.1 无穷区间上的广义积分

**定义1** 设 $f(x)$ 在 $[a,+\infty)$ 上连续，任取 $b>a$，如果极限 $\lim\limits_{b\to+\infty}\int_a^b f(x)\mathrm{d}x$ 存在，则称此极限为函数 $f(x)$ 在无穷区间 $[a,+\infty)$ 上的广义积分，记作 $\int_a^{+\infty} f(x)\mathrm{d}x$，即

$$\int_a^{+\infty} f(x)\mathrm{d}x = \lim_{b\to+\infty}\int_a^b f(x)\mathrm{d}x \tag{4-6-1}$$

这时也称广义积分 $\int_a^{+\infty} f(x)\mathrm{d}x$ 收敛；如果上述极限不存在，则称广义积分 $\int_a^{+\infty} f(x)\mathrm{d}x$ 发

散。这时记号 $\int_a^{+\infty} f(x)\,\mathrm{d}x$ 不再表示数值了。

类似地，设函数 $f(x)$ 在区间 $(-\infty,b]$ 上连续，任取 $a<b$。如果极限

$$\lim_{a\to-\infty}\int_a^b f(x)\,\mathrm{d}x$$

存在，则称此极限为函数 $f(x)$ 在无穷区间 $(-\infty,b]$ 上的广义积分，记作 $\int_{-\infty}^b f(x)\,\mathrm{d}x$，即

$$\int_{-\infty}^b f(x)\,\mathrm{d}x = \lim_{a\to-\infty}\int_a^b f(x)\,\mathrm{d}x \tag{4-6-2}$$

这时也称广义积分 $\int_{-\infty}^b f(x)\,\mathrm{d}x$ 收敛；如果上述极限不存在，就称广义积分 $\int_{-\infty}^b f(x)\,\mathrm{d}x$ 发散。

**定义 2** 设函数 $f(x)$ 在区间 $(-\infty,+\infty)$ 上连续，如果广义积分

$$\int_{-\infty}^c f(x)\,\mathrm{d}x \text{ 和 } \int_c^{+\infty} f(x)\,\mathrm{d}x$$

都收敛，则称上述两广义积分之和为函数 $f(x)$ 在无穷区间 $(-\infty,+\infty)$ 上的广义积分，记作 $\int_{-\infty}^{+\infty} f(x)\,\mathrm{d}x$，即

$$\begin{aligned}\int_{-\infty}^{+\infty} f(x)\,\mathrm{d}x &= \int_{-\infty}^c f(x)\,\mathrm{d}x + \int_c^{+\infty} f(x)\,\mathrm{d}x\\ &= \lim_{a\to-\infty}\int_a^c f(x)\,\mathrm{d}x + \lim_{b\to+\infty}\int_c^b f(x)\,\mathrm{d}x\end{aligned}$$

其中 $c$ 为任意常数，这时也称广义积分 $\int_{-\infty}^{+\infty} f(x)\,\mathrm{d}x$ 收敛；否则就称广义积分 $\int_{-\infty}^{+\infty} f(x)\,\mathrm{d}x$ 发散。

为书写简便，若 $f'(x)=f(x)$，则可记 $\int_a^{+\infty} f(x)\,\mathrm{d}x = [F(x)]\Big|_a^{+\infty} = F(+\infty)-F(a)$。其中，$F(+\infty)$ 应理解为 $\lim\limits_{x\to+\infty}F(x)$，而 $\int_{-\infty}^b f(x)\,\mathrm{d}x$ 和 $\int_{-\infty}^{+\infty} f(x)\,\mathrm{d}x$ 也有类似的简写法。

**例 1** 计算 $\int_1^{+\infty}\frac{1}{x^3}\mathrm{d}x$。

**解** $\int_1^{+\infty}\frac{1}{x^3}\mathrm{d}x = \left(-\frac{1}{2x^2}\right)\Big|_1^{+\infty} = \lim\limits_{x\to+\infty}\left(-\frac{1}{2x^2}\right)-\left(-\frac{1}{2\times1^2}\right)=0-\left(-\frac{1}{2}\right)=\frac{1}{2}$。

**例 2** 计算广义积分 $\int_{-\infty}^{+\infty}\frac{1}{1+x^2}\mathrm{d}x$。

**解**

$$\begin{aligned}\int_{-\infty}^{+\infty}\frac{1}{1+x^2}\mathrm{d}x &= \int_{-\infty}^{0}\frac{1}{1+x^2}\mathrm{d}x + \int_0^{+\infty}\frac{1}{1+x^2}\mathrm{d}x\\ &= \lim_{a\to-\infty}\int_a^0\frac{1}{1+x^2}\mathrm{d}x + \lim_{b\to+\infty}\int_0^b\frac{1}{1+x^2}\mathrm{d}x\\ &= \lim_{a\to-\infty}[\arctan x]_a^0 + \lim_{b\to+\infty}[\arctan x]_0^b\\ &= 0-\left(-\frac{\pi}{2}\right)+\frac{\pi}{2}=\pi\text{。}\end{aligned}$$

**例 3** 试证明：广义积分 $\int_a^{+\infty}\frac{1}{x^p}\mathrm{d}x\ (a>0)$，当 $p>1$ 时收敛；当 $p\leqslant1$ 时发散。

证明：当 $p=1$ 时，$\int_a^{+\infty}\frac{1}{x^p}dx=\int_a^{+\infty}\frac{1}{x}dx=[\ln x]_a^{+\infty}=+\infty$，所以广义积分发散。

当 $p\neq 1$，$\int_a^{+\infty}\frac{1}{x^p}dx=\left[\frac{x^{1-p}}{1-p}\right]_a^{+\infty}=\begin{cases}+\infty, & p<1,\\ \frac{a^{1-p}}{p-1}, & p>1,\end{cases}$

所以 $p\leqslant 1$ 时，广义积分发散；$p>1$ 时，广义积分收敛。

**例4** Γ 函数是一个重要的广义积分，它在专业知识中会遇到。其对所有 $x>0$，有如下定义

$$\Gamma(x)=\int_0^{+\infty}t^{x-1}e^{-t}dt$$

试计算 Γ(1)和 Γ(2)。

**解** $\Gamma(1)=\int_0^{+\infty}e^{-t}dt=(-e^{-t})\Big|_0^{+\infty}=-(0-1)=1$

$\Gamma(2)=\int_0^{+\infty}t^{2-1}e^{-t}dt=\int_0^{+\infty}-tde^{-t}=(-te^{-t})\Big|_0^{+\infty}-\int_0^{+\infty}e^{-t}d(-t)=-(e^{-t})\Big|_0^{+\infty}=1$。

**例5** 电力需求的电涌时期，消耗电能的速度 $r$ 可以近似地表示为 $r=te^{-t}$（单位：h），求当 $t\to\infty$ 时总电能 $E$ 是多少？

**解** $t\to\infty$ 时总电能 $E$ 为

$$E=\int_0^{+\infty}rdt=\int_0^{+\infty}te^{-t}dt=-\int_0^{+\infty}tde^{-t}=-\left(te^{-t}\big|_0^{+\infty}-\int_0^{+\infty}e^{-t}dt\right)$$
$$=-\left(e^{-t}\big|_0^{+\infty}\right)=1。$$

## 4.6.2 无界函数的广义积分

**定义3** 设函数 $f(x)$ 在 $(a,b]$ 上连续，且 $\lim\limits_{x\to a^+}f(x)=\infty$，又对任意 $\varepsilon>0$，若极限 $\lim\limits_{\varepsilon\to 0^+}\int_{a+\varepsilon}^b f(x)dx$ 存在，则称此极限为函数 $f(x)$ 在 $(a,b]$ 上的广义积分，仍记作 $\int_a^b f(x)dx$。即

$$\int_a^b f(x)dx=\lim_{\varepsilon\to 0^+}\int_{a+\varepsilon}^b f(x)dx \tag{4-6-3}$$

这时也称广义积分 $\int_a^b f(x)dx$ 收敛，否则称无界函数广义积分 $\int_a^b f(x)dx$ 发散。

类似地，若函数 $f(x)$ 在 $(a,b]$ 上连续，且 $\lim\limits_{x\to b^-}f(x)=\infty$，则可定义无界函数积分 $\int_a^b f(x)dx$ 为

$$\int_a^b f(x)dx=\lim_{\varepsilon\to 0^+}\int_a^{b-\varepsilon}f(x)dx \tag{4-6-4}$$

若函数 $f(x)$ 在 $[a,b]$ 上除点 $c\ (a<c<b)$ 外连续，且 $\lim\limits_{x\to c}f(x)=\infty$，而无界函数 $\int_a^c f(x)dx$ 和 $\int_c^b f(x)dx$ 都收敛，则定义无界函数积分 $\int_a^b f(x)dx$ 为

$$\int_a^b f(x)dx=\int_a^c f(x)dx+\int_c^b f(x)dx$$

$$= \lim_{\varepsilon_1 \to 0^+} \int_a^{c-\varepsilon_1} f(x)\,dx + \lim_{\varepsilon_2 \to 0^+} \int_{c+\varepsilon_2}^b f(x)\,dx$$

并称其为收敛的,否则称其为发散的。

**例 6** 求 $\int_0^1 \frac{1}{\sqrt{x}} dx$ 。

**解** 因为 $\lim\limits_{x \to 0^+} f(x) = +\infty$ ,

所以 $\int_0^1 \frac{1}{\sqrt{x}} dx = \lim\limits_{\varepsilon \to 0^+} \int_\varepsilon^1 \frac{1}{\sqrt{x}} dx = \lim\limits_{\varepsilon \to 0^+} (2\sqrt{x}) \Big|_\varepsilon^1 = 2 \lim\limits_{\varepsilon \to 0^+} (1 - \sqrt{\varepsilon}) = 2$ 。

**例 7** 求 $\int_0^1 \frac{1}{\sqrt{1-x^2}} dx$ 。

**解** 因为 $\lim\limits_{x \to 1^-} f(x) = +\infty$ ,

所以 $\int_0^1 \frac{1}{\sqrt{1-x^2}} dx = \lim\limits_{\varepsilon \to 0^+} \int_0^{1-\varepsilon} f(x)\,dx = \lim\limits_{\varepsilon \to 0^+} (\arcsin x) \Big|_0^{1-\varepsilon}$

$= \lim\limits_{\varepsilon \to 0^+} [\arcsin(1-\varepsilon) - \arcsin 0] = \arcsin 1 - 0 = \frac{\pi}{2}$ 。

从以上几例可以看出,广义积分实际上是定积分与极限的结合。

**例 8** 讨论广义积分 $\int_{-1}^1 \frac{dx}{x^2}$ 的收敛性。

**解** $\int_{-1}^1 \frac{dx}{x^2} = \int_{-1}^0 \frac{dx}{x^2} + \int_0^1 \frac{dx}{x^2}$ ,

其中 $\int_0^1 \frac{dx}{x^2} = \lim\limits_{\varepsilon \to 0^+} \int_\varepsilon^1 \frac{dx}{x^2} = \lim\limits_{\varepsilon \to 0^+} \left[-\frac{1}{x}\right]_\varepsilon^1 = \lim\limits_{\varepsilon \to 0^+} \left(-1 + \frac{1}{\varepsilon}\right) = +\infty$ ,

所以广义积分 $\int_{-1}^1 \frac{dx}{x^2}$ 发散。

注意:此题若疏忽了 $\lim\limits_{x \to 0} \frac{1}{x} = \infty$ 而直接计算 $\int_{-1}^1 \frac{dx}{x^2} = \left[-\frac{1}{x}\right]_{-1}^1 = -2$ 就错了。

## 习题 4.6

判别下列广义积分的收敛性,如果收敛计算广义积分的值:

(1) $\int_0^{+\infty} \sin x\,dx$ ;

(2) $\int_0^{+\infty} e^{-4x}\,dx$ ;

(3) $\int_{-\infty}^{-1} \frac{1}{x^3} dx$ ;

(4) $\int_{-\infty}^{+\infty} \frac{dx}{x^2+9}$ ;

(5) $\int_0^1 \frac{x}{\sqrt{1-x^2}} dx$ ;

(6) $\int_0^2 \frac{dx}{(1-x)^3}$ 。

# 4.7 定积分的几何应用

在4.1节中我们已初步认识了定积分的应用。定积分实质上是一种特殊形式的极限，是对实际量的无限细分后再无限累加，无限就是极限，无限细分就是微分，无限累加就是积分。定积分对于解决一类非均匀分布的量的累加问题很有效，因此它被广泛运用于天文学、力学、化学、生物学、工程学、经济学等自然科学、社会科学及应用科学的各个分支中，如求不规则图形的面积或几何体体积、产品产量或利润、变速直线运动的路程、物体所做的功、液体的静压力、平均数、概率等问题。

利用定积分解决实际问题的关键是，如何把实际问题抽象为定积分问题，建立定积分表达式。下面我们先来简单地介绍常用的一种方法——微元法（元素法）。

## 4.7.1 定积分的微元法

为了说明定积分的微元法，先回顾求曲边梯形面积 $A$ 的方法和步骤：

(1)将区间 $[a,b]$ 分成 $n$ 个小区间，相应地得到 $n$ 个小曲边梯形，将小曲边梯形的面积记为 $\Delta A_i(i=1,2,\cdots,n)$；

(2)计算 $\Delta A_i$ 的近似值，即 $\Delta A_i \approx f(\xi_i)\Delta x_i$，其中 $\xi_i \in [x_{i-1},x_i]$；

(3)求和得 $A$ 的近似值，即 $A \approx \sum_{i=1}^{n} f(\xi_i)\Delta x_i$；

(4)取极限得 $A = \lim_{\lambda\to 0}\sum_{i=1}^{n} f(\xi_i)\Delta x_i = \int_a^b f(x)\mathrm{d}x$。

下面对上述四个步骤进行具体分析：

步骤(1)指明了所求量（面积 $A$）具有的特性，即 $A$ 在区间 $[a,b]$ 上具有分割性和可加性；

步骤(2)是关键，这一步高度以不变代变，以矩形代替曲边梯形，确定每一小曲边梯形面积 $\Delta A_i \approx f(\xi_i)\Delta x_i\ (i=1,2,\cdots,n)$。省略下标，以 $[x,x+\mathrm{d}x]$ 代替任一小区间 $[x_{i-1},x_i]$，并取 $\xi_i$ 为小区间的左端点 $x$，则 $\Delta A$ 的近似值就是以 $\mathrm{d}x$ 为底，$f(x)$ 为高的小矩形的面积（如图4-7-1所示的阴影部分）。由图知，若 $f(x)$ 连续，则 $\Delta A - f(x)\mathrm{d}x$ 是 $\mathrm{d}x$ 的高阶无穷小，因此 $f(x)\mathrm{d}x$ 就是曲边梯形面积 $A$ 的微分，称为面积 $A$ 的微元，记作 $\mathrm{d}A$。即

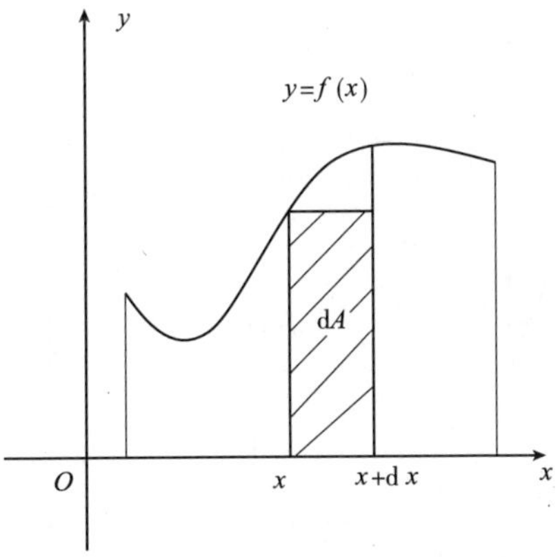

图 4-7-1

$$\mathrm{d}A = f(x)\mathrm{d}x$$

将步骤(3)、步骤(4)两部合并，即将这些面积微元在 $[a,b]$ 上“无限累加”，就得到曲边梯形的面积，即

$$A = \sum \Delta A = \int_a^b \mathrm{d}A = \int_a^b f(x)\,\mathrm{d}x 。$$

一般来说，用定积分解决实际问题时，通常是按以下步骤进行的：

(1)确定积分变量 $x$（或 $y$），并求出相应的积分区间 $[a,b]$；

(2)在 $[a,b]$ 上任取一小区间 $[x,x+\mathrm{d}x]$，并在小区间上找出所求量 $Q$ 的微元

$$\mathrm{d}Q = f(x)\,\mathrm{d}x ;$$

(3)写出所求量 $Q$ 的积分表达式 $Q = \int_a^b f(x)\,\mathrm{d}x$，进而计算它的值。

按上述步骤解决实际问题的方法叫做定积分的微元法。在本节中我们将用定积分的微元法来解决平面图形的面积和旋转体的体积等问题。

## 4.7.2 平面图形的面积

设在 $[a,b]$ 上，$f(x)$ 和 $g(x)$ 均为单值连续函数，且 $f(x) \geqslant g(x)$，求由曲线 $y = f(x)$，$y = g(x)$ 与直线 $x = a$ 及 $x = b$（$a < b$）所围成的图形(图 4-7-2)的面积。

下面用微元法求面积 $A$。

(1)取 $x$ 为积分变量，$x \in [a,b]$。

(2)在 $[a,b]$ 上任取一小区间 $[x,x+\mathrm{d}x]$，该小区间上小曲边梯形的面积 $\mathrm{d}A$ 可以用高为 $f(x) - g(x)$，底边为 $\mathrm{d}x$ 的小矩形的面积近似代替，从而得面积微元

$$\mathrm{d}A = [f(x) - g(x)]\,\mathrm{d}x 。$$

(3)写出积分表达式，即

$$A = \int_a^b [f(x) - g(x)]\,\mathrm{d}x 。$$

类似地，由曲线 $x = \psi(y)$，$x = \varphi(y)$ 及直线 $y = c$，$y = d$ 所围成的平面图形的面积(如图 4-7-3)为：

$$A = \int_c^d [\varphi(y) - \psi(y)]\,\mathrm{d}y 。$$

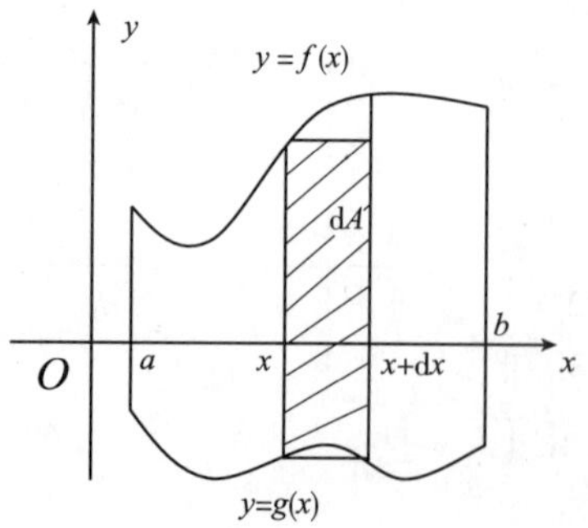


图 4-7-2

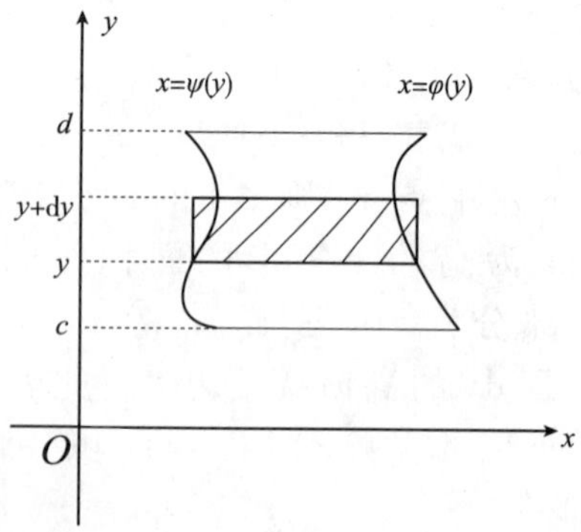


图 4-7-3

**例 1** 求由抛物线 $y = x^2$ 与曲线 $y = \sqrt{x}$ 所围成的图形面积。

**解** (1)作草图(图 4-7-4),

由 $\begin{cases} y = x^2 \\ y = \sqrt{x} \end{cases}$ 得交点是 (0,0) 和 (1,1) 。

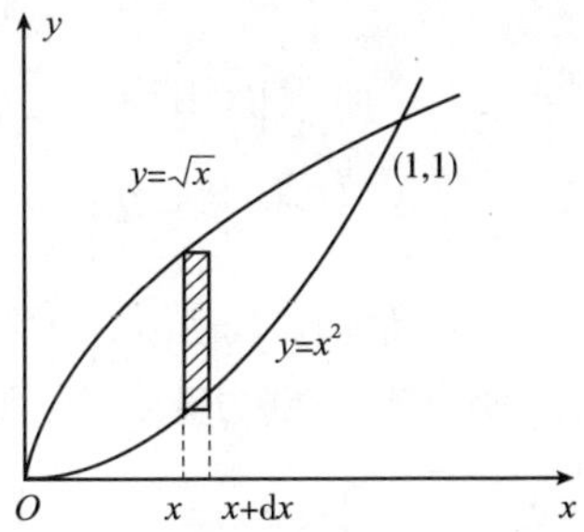


图 4-7-4

(2)取 $x$ 为积分变量,$x \in [0,1]$。

(3)在[0,1]上任取一子区间$[x, x + \mathrm{d}x]$,得面积微元

$$\mathrm{d}A = (\sqrt{x} - x^2)\,\mathrm{d}x 。$$

(4)所求图形的面积为

$$A = \int_0^1 (\sqrt{x} - x^2)\,\mathrm{d}x = \left(\frac{2}{3}x^{\frac{3}{2}} - \frac{1}{3}x^3\right)\Bigg|_0^1 = \frac{1}{3} 。$$

总结:微元法求面积的步骤如下:

(1)绘出欲求面积的图形,求出图形边界曲线的交点;

(2)选择积分变量( $x$ 或 $y$ ),从而确定各积分区间;

(3)写出面积的微元;

(4)计算积分。

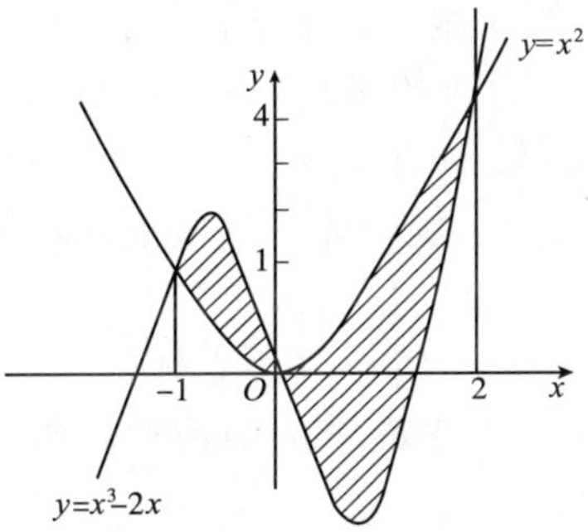


图 4-7-5

**例 2** (见 4.1 案例 1)求由曲线 $y = x^3 - 2x$ 以及 $y = x^2$ 所围成的平面图形的面积。

**解** (1)作草图(如图 4-7-5)

由 $\begin{cases} y = x^2 \\ y = x^3 - 2x \end{cases}$ 得交点:( −1,1)、(0,0)和(2,4)。

(2)取 $x$ 为积分变量,$x \in [-1,2]$。

(3)当 $x \in [-1,2]$,面积微元 $\mathrm{d}A$ 表达式不唯一,所以要划分区间。当 $x \in [-1,0]$时,面积微元 $\mathrm{d}A_1 = (x^3 - 2x - x^2)\mathrm{d}x$ ;

当 $x \in [0,2]$ 时,面积微元 $\mathrm{d}A_2 = (x^2 - x^3 + 2x)\mathrm{d}x$ ;

(4)所求图形的面积为

$$A = A_1 + A_2 = \int_{-1}^{0} (x^3 - 2x - x^2)\,\mathrm{d}x + \int_0^2 (x^2 - x^3 + 2x)\,\mathrm{d}x$$

$$= \left[\frac{x^4}{4} - x^2 - \frac{1}{3}x^3\right]_{-1}^{0} + \left[\frac{1}{3}x^3 - \frac{1}{4}x^4 + x^2\right]_0^2$$

$$= \frac{5}{12} + \frac{8}{3} = \frac{37}{12} 。$$

**例 3** 求曲线 $y^2 = x$ 与 $y = x - 2$ 所围图形的面积。

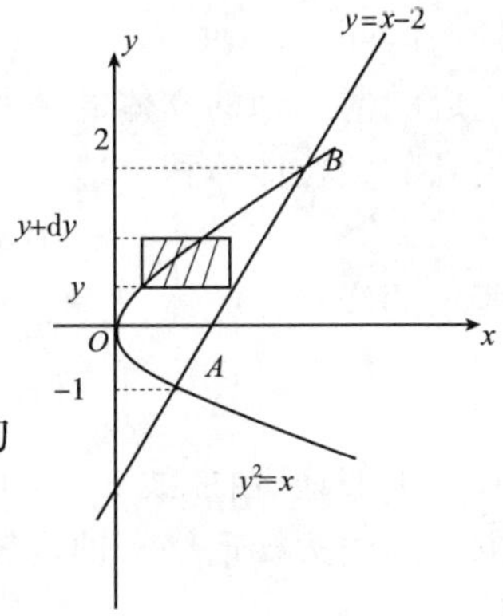


图 4-7-6

**解** (1)作草图 (图4-7-6),由方程组 $\begin{cases} y^2 = x \\ y = x - 2 \end{cases}$ ,得两条曲线的交点坐标为 $A(1, -1)$ , $B(4,2)$。

(2)取 $y$ 为积分变量, $y \in [-1,2]$ 。

(3)在 [ −1,2] 上任取一子区间 $[y, y + \mathrm{d}y]$ ,

得面积微元

$$dA=[(y+2)-y^2]dy。$$

(4)所求面积为

$$A=\int_{-1}^{2}[(y+2)-y^2]dy=\left[\frac{1}{2}y^2+2y-\frac{1}{3}y^3\right]_{-1}^{2}=\frac{9}{2}。$$

注意:若本题以 $x$ 为积分变量,由于在[0,1]和[1,4]两个区间上的构成情况不同,因此需要分成两部分来计算,其结果为

$$A=\int_0^1[\sqrt{x}-(-\sqrt{x})]dx+\int_1^4[\sqrt{x}-(x-2)]dx$$

$$=\frac{4}{3}\sqrt{x^3}\Big|_0^1+\left(\frac{2}{3}\sqrt{x^3}-\frac{1}{2}x^2+2x\right)\Big|_1^4=\frac{4}{3}+\frac{19}{6}=\frac{9}{2}。$$

显然,对于该例选取 $x$ 为积分变量,不如选取 $y$ 为积分变量计算简便。可见,选取适当的积分变量,可使计算简化。

### 4.7.3 旋转体的体积

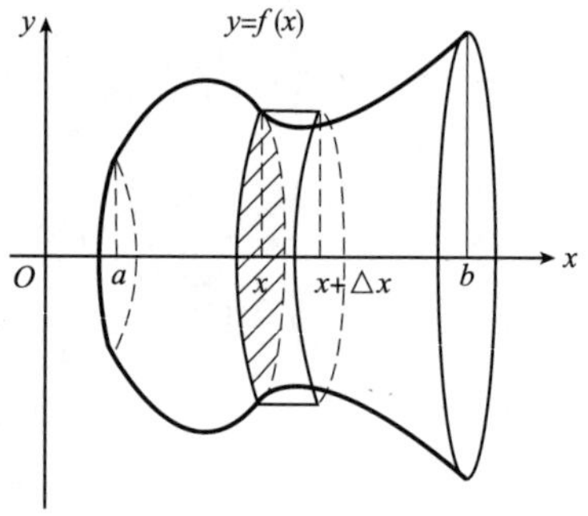


图 4-7-7

旋转体是由一个平面图形绕该平面内一条定直线旋转一周而生成的立体,这条定直线叫做旋转轴。比如,圆柱是由矩形绕它的一条边旋转一周而成的旋转体;圆锥是由直角三角形绕它的一条直角边旋转一周而成的旋转体;球是由半圆绕它的直径旋转一周而成的旋转体。这些旋转体的体积公式在初等数学已给出。问题是如何来求任一个平面图形绕该平面内一条定直线旋转一周而成的立体的体积?一般来说,旋转体总可以看作是由平面上的曲边梯形绕某个坐标轴旋转一周而得到的立体。

现在就运用微元法来计算由连续曲线 $y=f(x)$、直线 $x=a,x=b(a<b)$ 及 $x$ 轴所围成的曲边梯形绕 $x$ 轴旋转一周而成的立体(图 4-7-7)的体积。

取 $x$ 为积分变量,则 $x\in[a,b]$,对于区间 $[a,b]$ 上的任一区间 $[x,x+dx]$,它所对应的窄曲边梯形绕 $x$ 轴旋转而生成的薄片似的立体的体积近似等于以 $f(x)$ 为底半径, $dx$ 为高的圆柱体体积。即:体积元素为

$$dV=\pi[f(x)]^2dx=\pi y^2dx。$$

所求的旋转体的体积为

$$V_x=\int_a^b\pi[f(x)]^2dx=\int_a^b\pi y^2dx \qquad (4\text{-}7\text{-}1)$$

类似地,由曲线 $x=\varphi(y)$ 和直线 $y=c,y=d$ 及 $y$ 轴所围成的曲边梯形绕 $y$ 轴旋转一周(图 4-7-8),所得的旋转体体积为

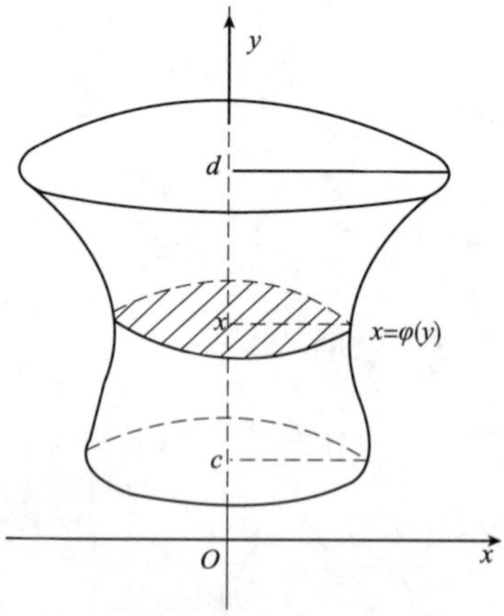


图 4-7-8

$$V_y=\pi\int_c^d[\varphi(y)]^2dy=\pi\int_c^d x^2dy \qquad (4\text{-}7\text{-}2)$$

**例 4** 求由椭圆 $\frac{x^2}{a^2}+\frac{y^2}{b^2}=1$ 所围成的图形绕 $x$ 轴和 $y$ 轴旋转而成的椭球体体积。

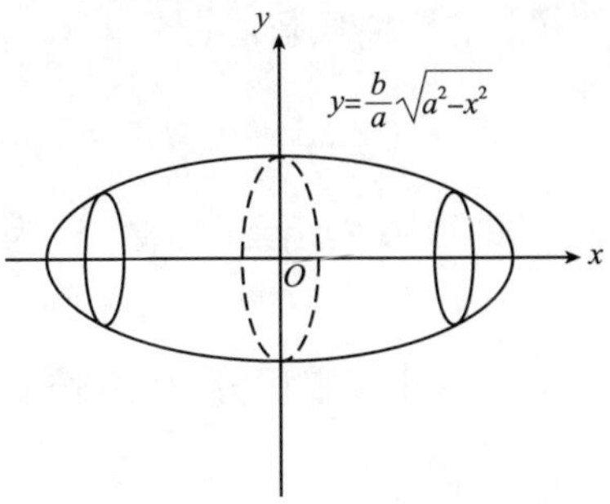

图 4-7-9

**解** (1)绕 $x$ 轴旋转(形成的椭球体如图 4-7-9 所示)。

这个旋转体可看作是由上半个椭圆 $y=\frac{b}{a}\sqrt{a^2-x^2}$ 及 $x$ 轴所围成的图形绕 $x$ 轴旋转所生成的立体。

由式(4-7-1)得

$$V_x=\int_{-a}^{a}\pi y^2\mathrm{d}x=\pi\int_{-a}^{a}\left[\frac{b}{a}\sqrt{a^2-x^2}\right]^2\mathrm{d}x$$

$$=\frac{2\pi b^2}{a^2}\int_0^a(a^2-x^2)\mathrm{d}x=\frac{2\pi b^2}{a^2}\left[a^2x-\frac{x^3}{3}\right]_0^a=\frac{4\pi}{3}ab^2。$$

(2)绕 $y$ 轴旋转。

旋转椭球体可看作由右半部分 $x=\frac{a}{b}\sqrt{b^2-y^2}$ 及 $y$ 轴所围成的图形绕 $y$ 轴旋转而成的。由式(4-7-2)得

$$V_y=\int_{-b}^{b}\pi x^2\mathrm{d}y=\pi\int_{-b}^{b}\left[\frac{a}{b}\sqrt{b^2-y^2}\right]^2\mathrm{d}y=2\pi\frac{a^2}{b^2}\int_0^b(b^2-y^2)\mathrm{d}y=\frac{4}{3}\pi a^2b。$$

**例 5** 求由曲线 $x^2+y^2=2$ 与 $y=x^2$ 所围成(包含点(0,1))的图形绕 $x$ 轴旋转的旋转体的体积。

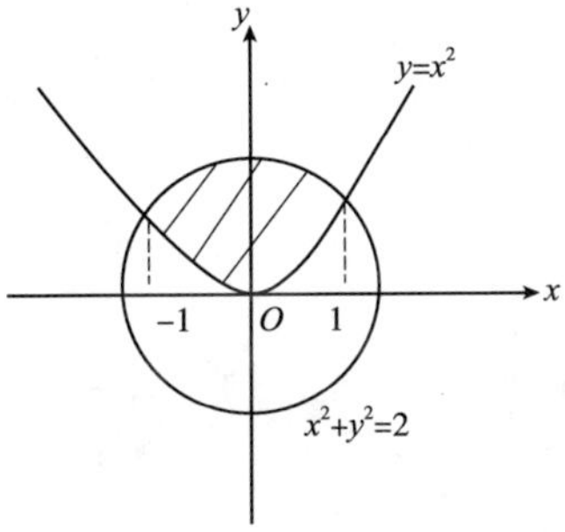

图 4-7-10

**解** 如图 4-7-10 所示，解方程组 $\begin{cases}x^2+y^2=2\\y=x^2\end{cases}$，得两曲线交点(1,1)及(-1,1)。

该旋转体的体积可以看作是以 $x$ 轴上的区间[-1,1]为底边，分别以底边上的圆弧 $y=\sqrt{2-x^2}$，抛物线 $y=x^2$ 为曲边的两个曲边梯形绕 $x$ 轴旋转而成的两个旋转体体积的差，即

$$V=V_1-V_2=\pi\int_{-1}^{1}{y_1}^2\mathrm{d}x-\pi\int_{-1}^{1}{y_2}^2\mathrm{d}x=\pi\int_{-1}^{1}(2-x^2)\mathrm{d}x-\pi\int_{-1}^{1}x^4\mathrm{d}x=\frac{44\pi}{15}。$$

## 4.7.4 平面曲线的弧长

设函数 $f(x)$ 在区间[$a,b$]上具有一阶连续的导数，求曲线从 $x=a$ 到 $x=b$ 的一段弧 $\overset{\frown}{AB}$(图 4-7-11)的长度。

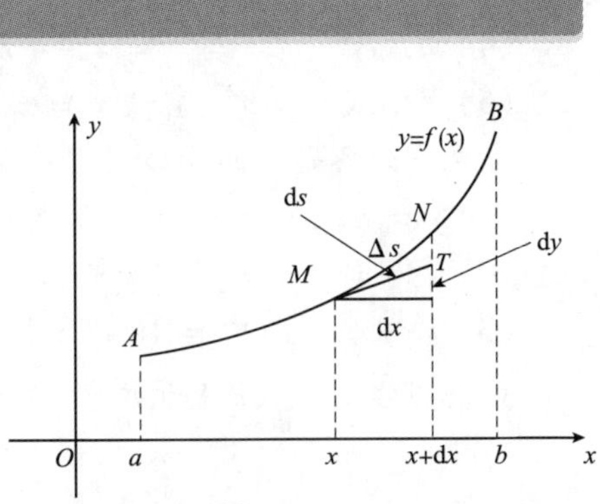

图 4-7-11

仍使用微元法：

(1)取 $x$ 为积分变量，积分区间为[$a,b$]；

(2)在[$a,b$]上任取一小区间[$x,x+\mathrm{d}x$]，相应于曲线上的弧段 $\overset{\frown}{MN}$ 的长度 $\Delta S$，可以用切线段的长度

$|MT|$来近似代替。即

$$\Delta S \approx |MT| = \sqrt{(\mathrm{d}x)^2 + (\mathrm{d}y)^2} = \sqrt{1 + \left(\frac{\mathrm{d}y}{\mathrm{d}x}\right)^2}\mathrm{d}x = \sqrt{1 + y'^2}\mathrm{d}x$$

即得弧长元素(弧微分)为

$$\mathrm{d}S = \sqrt{1 + y'^2}\mathrm{d}x\ ;$$

(3)计算定积分,得弧长

$$S = \int_a^b \sqrt{1 + y'^2}\mathrm{d}x \tag{4-7-3}$$

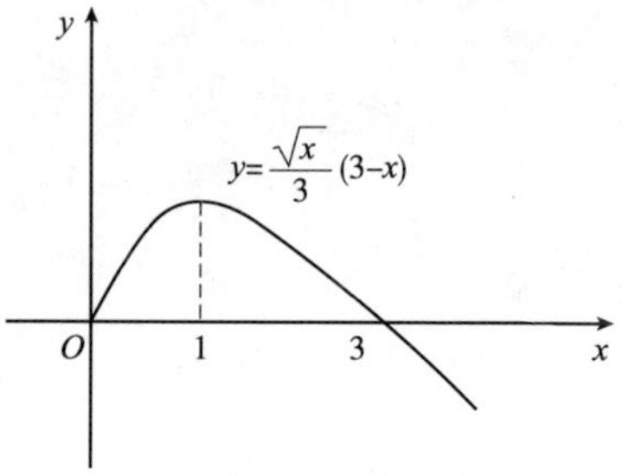


图 4-7-12

**例 6** 计算曲线 $y = \frac{\sqrt{x}}{3}(3 - x)$ 上相应于 $1 \leqslant x \leqslant 3$ 的一段弧(图 4-7-12)的长度。

**解** 由于 $y' = \frac{1}{2\sqrt{x}} - \frac{\sqrt{x}}{2}$,

由式(4-7-3)得,弧长为

$$S = \int_1^3 \sqrt{1 + \left(\frac{1}{2\sqrt{x}} - \frac{\sqrt{x}}{2}\right)^2}\mathrm{d}x$$

$$= \int_1^3 \sqrt{\frac{1}{2} + \frac{1}{4x} + \frac{x}{4}}\mathrm{d}x = \int_1^3 \left(\frac{1}{2\sqrt{x}} + \frac{\sqrt{x}}{2}\right)\mathrm{d}x$$

$$= \left(\sqrt{x} + \frac{1}{3}x\sqrt{x}\right)\Big|_1^3 = 2\sqrt{3} - \frac{4}{3}\text{。}$$

## 习题 4.7

1. 求由下列各曲线所围平面图形的面积:

(1)曲线 $y = \sqrt{x}$ 与直线 $x = 1$、$x = 4$、$y = 0$ 所围成的图形;

(2)抛物线 $y = x^2$ 与 $y = 2 - x^2$ 所围成的图形;

(3)曲线 $y = \frac{1}{x}$ 与直线 $y = x$、$x = 2$ 所围成的图形;

(4)曲线 $y^2 = 2x$ 与 $y = x - 4$ 所围的平面图形;

(5)抛物线 $y = x^2$,直线 $y = x$、$y = 2x$ 所围成的图形。

2. 求下列各题中的曲线所围平面图形绕定轴旋转的旋转体的体积:

(1) $y = x^2$, $x = 1$, $y = 0$ 绕 $x$ 轴、$y$ 轴;

(2) $y = x^2$, $x = y^2$ 绕 $y$ 轴;

(3) $x^2 + (y - 5)^2 = 16$ 绕 $x$ 轴。

3. 求曲线 $y = \ln x$ 上相应于 $\sqrt{3} \leqslant x \leqslant \sqrt{8}$ 的一段弧长。

# 4.8 定积分在工程中的应用

前面介绍了应用定积分来求平面图形的面积、旋转体体积等问题。下面将通过运用微元法建立定积分的数学模型来解决工程中的一些实际应用问题。

## 4.8.1 平面图形的静矩和形心

在工程力学中，在做杆件的应力和变形公式计算时常要用到截面的一些几何物理量，例如静矩、形心位置、极惯性矩和轴惯性矩等，这些量只与构件的横截面形状和尺寸有关，而与构件的受力无关，因此称为截面图形的几何性质。截面的几何性质的计算在分析杆的强度和刚度时非常重要。

1）静矩

**定义1** 静矩是平面图形面积与它到轴的距离之积。静矩也称为面积矩，常用符号 $S$ 表示。

**【引例1】** 如图4-8-1所示，平面图形面积为 $A$，求此平面图形面积分别对 $x$ 轴和 $y$ 轴的静矩。

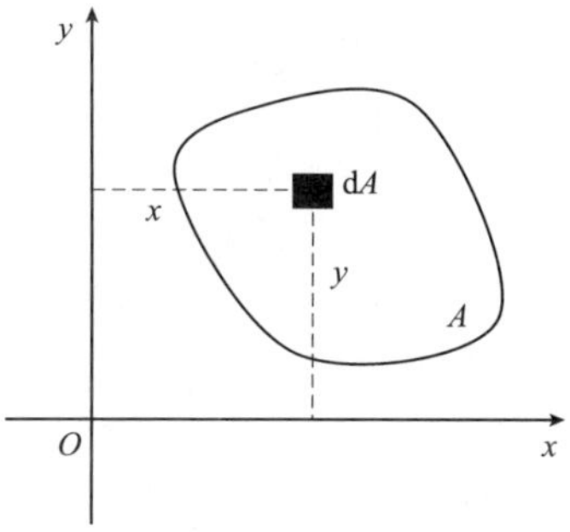

图 4-8-1

分析：由于平面图形中每一小块到 $x$ 轴的距离都不完全相同，所以不能直接利用定义求出平面图形对 $x$ 轴和 $y$ 轴的静矩。

解决思路：利用定积分的微元法，先求出任意一小块面积微元 $dA$ 对 $x$ 轴的静矩微元 $dS_x$，则平面图形面积 $A$ 对 $x$ 轴的静矩 $S_x$ 等于静矩微元 $dS_x$ 在整个平面图形上的积分。即

$$S_x = \int_A dS_x = \int_A y dA \tag{4-8-1}$$

同理可得，平面图形面积 $A$ 对 $y$ 轴的静矩 $S_y$ 等于静矩微元 $dS_y$ 在整个平面图形上的积分，即

$$S_y = \int_A dS_y = \int_A x dA \tag{4-8-2}$$

注意：静矩与坐标轴有关，同一平面图形对于不同的坐标轴有不同的静矩，可以为正，也可以为负。

2）形心

由工程力学可知，均质物体的重心位置完全取决于物体的几何形状，而与物体的重量无关。这时物体的重心就是物体几何形状的中心，即形心。

在图4-8-1中，设平面图形的形心坐标为 $(x_c, y_c)$，根据力学知识，$x_c$ 和 $y_c$ 的计算公式为

$$x_c = \frac{S_y}{A} = \frac{\int_A x dA}{A}, \quad y_c = \frac{S_x}{A} = \frac{\int_A y dA}{A} \tag{4-8-3}$$

利用式(4-8-3)计算平面图形形心的关键是：如何根据平面图形选定合适的积分变量，

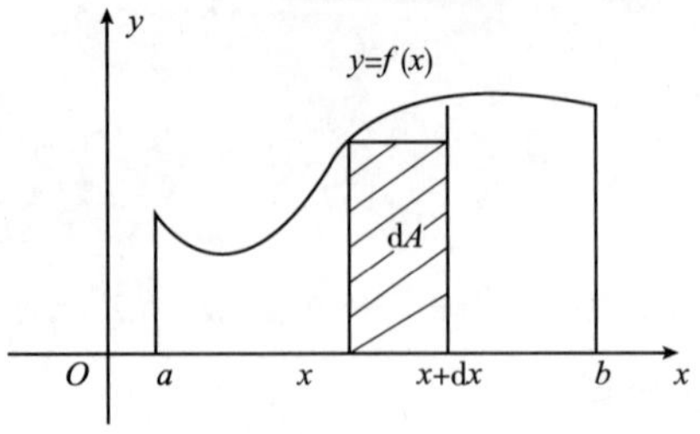


图 4-8-2

使 d$A$ 容易得出，从而比较方便地计算出上面的积分表达式的值。下面就结合图 4-8-2 来推导，由曲线 $y=f(x)$，直线 $x=a$，$x=b$ $(a<b)$ 及 $x$ 轴所围成的曲边梯形的形心。

取 $x$ 为积分变量，积分区间为 $[a,b]$，在 $[a,b]$ 上任取一个小区间 $[x,x+\mathrm{d}x]$，则区间 $[x,x+\mathrm{d}x]$ 相对应的窄曲边梯形的面积可以近似地用高为 $f(x)$，宽为 $\mathrm{d}x$ 的矩形面积来代替，所以面积微元为

$$\mathrm{d}A=f(x)\mathrm{d}x$$

因为 $\mathrm{d}x$ 很小，窄曲边梯形的形心的横坐标可近似为 $x$，纵坐标可近似为 $\frac{1}{2}f(x)$。则对于 $x$ 轴和 $y$ 轴的静矩微元为

$$\mathrm{d}S_x=y\mathrm{d}A=\frac{1}{2}f(x)\mathrm{d}A=\frac{1}{2}f^2(x)\mathrm{d}x\text{ , }\mathrm{d}S_y=x\mathrm{d}A=xf(x)\mathrm{d}x$$

将它们代入式(4-8-3)，得该曲边梯形的形心坐标 $(x_c,y_c)$ 的积分表达式为

$$x_c=\frac{S_y}{A}=\frac{\int_a^b xf(x)\mathrm{d}x}{\int_a^b f(x)\mathrm{d}x},\ y_c=\frac{S_x}{A}=\frac{\int_a^b\frac{1}{2}f^2(x)\mathrm{d}x}{\int_a^b f(x)\mathrm{d}x}\qquad(4\text{-}8\text{-}4)$$

注意：此处窄曲边梯形的形心的纵坐标的近似值是 $\frac{1}{2}f(x)$，而不是 $f(x)$。所以解决形心问题必须结合图形来完成，不能盲目套用公式。

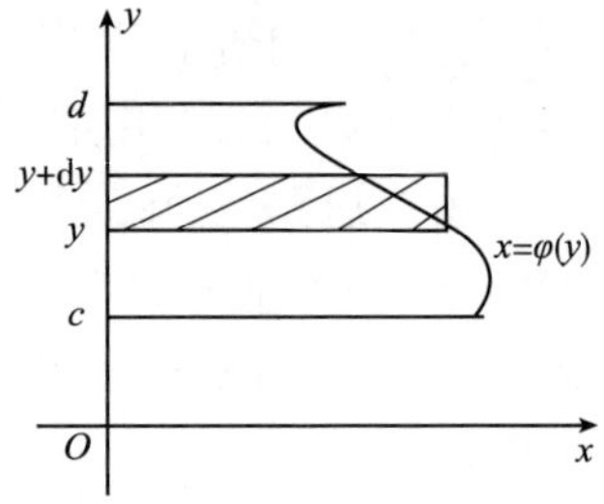


图 4-8-3

用类似的方法可以推导出如图 4-8-3 所示的，由 $x=\varphi(y)$ 和直线 $y=c$，$y=d$ $(c<d)$ 以及 $y$ 轴所围成的曲边梯形的形心 $(x_c,y_c)$ 的积分表达式为

$$x_c=\frac{S_y}{A}=\frac{\frac{1}{2}\int_a^b\varphi^2(y)\mathrm{d}y}{\int_c^d\varphi(y)\mathrm{d}y},\ y_c=\frac{S_x}{A}=\frac{\int_c^d y\varphi(y)\mathrm{d}y}{\int_c^d\varphi(y)\mathrm{d}y}\qquad(4\text{-}8\text{-}5)$$

注意：此处窄曲边梯形的形心的横坐标的近似值为 $\frac{1}{2}\varphi(y)$，而不是 $\varphi(y)$。

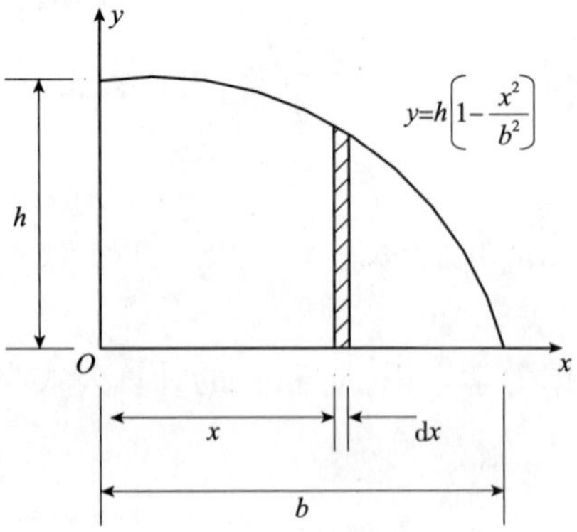


图 4-8-4

**例 1** （见 4.1 案例 2）计算由抛物线 $y=h\left(1-\frac{x^2}{b^2}\right)$、$x$ 轴和 $y$ 轴所围成的平面图形（如图 4-8-4）对 $x$ 轴和 $y$ 轴的静矩，并确定图形的形心坐标。

**解** 取 $x$ 为积分变量，积分区间为 $[0,b]$。

在 $[0,b]$ 上任取一个小区间 $[x,x+\mathrm{d}x]$，则与这一

小区间相对应的一小片的面积可以用宽为 $\mathrm{d}x$，高为 $h\left(1-\frac{x^2}{b^2}\right)$ 的矩形面积来近似代替，即

面积微元 $\mathrm{d}A = h\left(1-\frac{x^2}{b^2}\right)\mathrm{d}x$，

故

$$S_x = \int_A \frac{y}{2}\mathrm{d}A = \frac{1}{2}\int_0^b h^2\left(1-\frac{x^2}{b^2}\right)^2\mathrm{d}x = \frac{4bh^2}{15},$$

$$S_y = \int_A x\mathrm{d}A = \int_0^b xh\left(1-\frac{x^2}{b^2}\right)\mathrm{d}x = \frac{b^2h}{4}。$$

又因为平面图形的面积 $A = \int_A \mathrm{d}A = \int_0^b h\left(1-\frac{x^2}{b^2}\right)\mathrm{d}x = \frac{2bh}{3}$，所以形心坐标为

$$x_c = \frac{S_y}{A} = \frac{\frac{bh^2}{4}}{\frac{2bh}{3}} = \frac{3b}{8}，\ y_c = \frac{S_x}{A} = \frac{\frac{4bh^2}{15}}{\frac{2bh}{3}} = \frac{2h}{5}。$$

**例2** 土木工程中"鱼腹梁"的纵断面如图4-8-5所示，设平面图形质量均匀分布，面密度 $\sigma = 1$，求其重心。

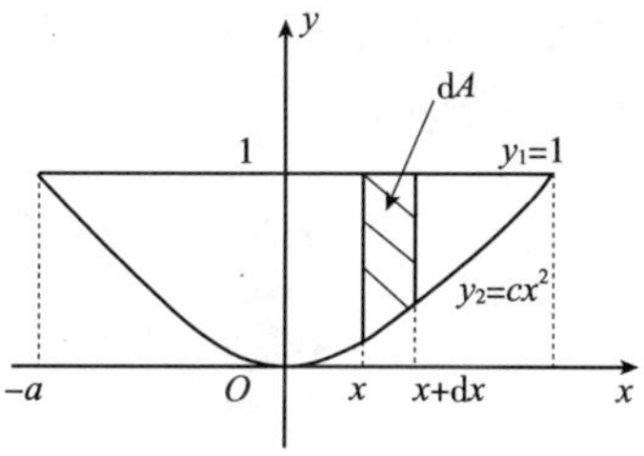


图 4-8-5

**解** 由题意知，求重心即为求 $y_1=1, y_2=cx^2$ 所围的平面图形的形心。由对称性知，形心的横坐标为0，只要求纵坐标 $y_c$ 即可。选 $x$ 为积分变量，积分区间为 $[-a,a]$，在 $[-a,a]$ 上任取一个小区间 $[x,x+\mathrm{d}x]$，则与这一小区间相对应的一小片的面积可以用宽为 $\mathrm{d}x$，高为 $1-cx^2$ 的矩形面积来近似代替，即面积微元 $\mathrm{d}A=(1-cx^2)\mathrm{d}x$，所以

面积 $A = \int_{-a}^{a}(1-cx^2)\mathrm{d}x = 2\left(a-\frac{c}{3}a^3\right)$，

与这一小区间相对应的一小片形心的纵坐标可近似为 $\frac{y_1+y_2}{2} = \frac{1+cx^2}{2}$，从而

$$S_x = \int_{-a}^{a}\frac{1}{2}(1+cx^2)(1-cx^2)\mathrm{d}x = \int_0^a(1-c^2x^4)\mathrm{d}x = a-\frac{c^2a^5}{5},$$

故

$$y_c = \frac{S_x}{A} = \frac{a-\frac{c^2a^5}{5}}{2\left(a-\frac{c}{3}a^3\right)} = \frac{3}{10}\cdot\frac{5-c^2a^4}{3-ca^2}。$$

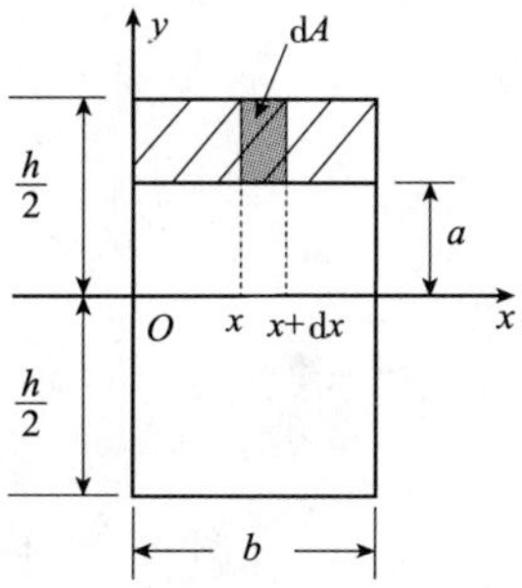


图 4-8-6

**例3** 求图4-8-6所示阴影部分对 $x$ 轴的静矩。

**解法一：** 如图建立直角坐标系，任取一小区间 $[x,x+\mathrm{d}x]$，则面积微元为

$$\mathrm{d}A = \left(\frac{h}{2}-a\right)\mathrm{d}x,$$

由式(4-8-1)得，阴影部分对 $x$ 轴的静矩为

$$S_x = \int_0^b \frac{y}{2}\mathrm{d}A = \int_0^b \left[a + \frac{1}{2}\left(\frac{h}{2} - a\right)\right]\left(\frac{h}{2} - a\right)\mathrm{d}x = \frac{b}{2}\left(\frac{h^2}{4} - a^2\right)。$$

**解法二：** 由于阴影部分为规则图形，形心坐标就是阴影部分几何体的中心。由图知，形心坐标为

$$x_c = \frac{b}{2},\ y_c = a + \frac{1}{2}\left(\frac{h}{2} - a\right) = \frac{h - 2a}{4}。$$

由形心式(4-8-5)得阴影部分对 $x$ 轴的静矩

$$S_x = y_c \cdot A = \frac{h - 2a}{4} \cdot b\left(\frac{h}{2} - a\right) = \frac{b}{2}\left(\frac{h^2}{4} - a^2\right)。$$

## 4.8.2 平面图形的惯性矩

在工程力学中，反映截面抗弯特性的物理量，简称惯性矩。

如图 4-8-1 所示，其面积为 $A$，$x$ 轴和 $y$ 轴为图形所在平面内的一对任意直角坐标轴。在坐标为 $(x,y)$ 处取一微面积 $\mathrm{d}A$，$y^2\mathrm{d}A$ 和 $x^2\mathrm{d}A$ 分别称为微面积 $\mathrm{d}A$ 对 $x$ 轴和 $y$ 轴的惯性矩，而遍及整个平面图形面积 $A$ 的积分

$$I_x = \int_A y^2\mathrm{d}A,\ I_y = \int_A x^2\mathrm{d}A \tag{4-8-6}$$

分别定义为平面图形对 $x$ 轴和 $y$ 轴的惯性矩。

在式(4-8-6)中，由于 $x^2$、$y^2$ 总是正值，所以 $I_x$、$I_y$ 也恒为正值。

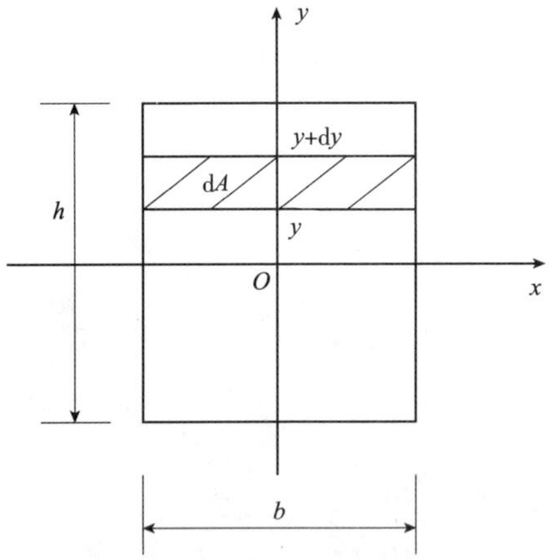


图 4-8-7

**例 4** 求图 4-8-7 所示的宽为 $b$，高为 $h$ 的矩形对 $x$ 轴和 $y$ 轴的惯性矩。

**解** 先求对 $x$ 轴的惯性矩。取 $y$ 为积分变量，积分区间为 $\left[-\frac{h}{2},\frac{h}{2}\right]$。在 $\left[-\frac{h}{2},\frac{h}{2}\right]$ 上任取一小区间 $[y,y+\mathrm{d}y]$，则面积微元

$$\mathrm{d}A = b\mathrm{d}y。$$

由式(4-8-6)，得

$$I_x = \int_A y^2\mathrm{d}A = \int_{-\frac{h}{2}}^{\frac{h}{2}} by^2\mathrm{d}y = \frac{bh^3}{12}。$$

用完全相同的方法可以求得

$$I_y = \frac{hb^3}{12}。$$

## 4.8.3 分布荷载的力矩

作用于结构的外力在工程上统称为荷载。当荷载的作用范围相对于研究对象很小时，可近似地看作一个点。作用于一点的力，称为集中力或集中荷载。当荷载的作用范围相对

于研究对象较大时,称为分布力或分布荷载。根据荷载的作用范围不同,分布荷载分为“体荷载”、“面荷载”、“线荷载”。“线荷载”是工程力学中常见的一种分布荷载,如图 4-8-8 所示。

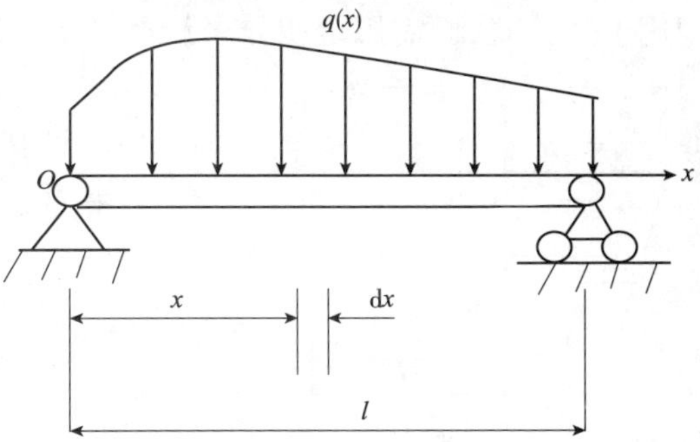

图 4-8-8

分布荷载在其作用范围内的“某一点”的密集程度,称为分布荷载集度,通常用 $q$ 表示。其大小代表单位体积、单位面积或单位长度上所承受的荷载大小。如果 $q$ 是常量,称为均布荷载,否则是非均布荷载。

如图 4-8-8 所示,一水平梁上受分布荷载的作用,其荷载集度(杆件单位长度上的荷载)为 $q(x)$ (N/m),梁长为 $l$ (m)。求该分布荷载对梁左端点 $O$ 的力矩。

由力学知识可知,作用于某点的力 $F$ (集中力)对矩心 $O$ 的力矩 $M_O$ 等于该力与点 $O$ 到该力作用线的距离 $d$ (称为力臂)的乘积,即 $M_O = Fd$ 。

分布荷载不是集中力, $M_O$ 应为分布荷载的合力与合力力臂的乘积,而合力与合力力臂均尚未确认,不能直接运用上面的公式,因此需要用定积分的微元法计算分布荷载的力矩。

取 $x$ 为积分变量,积分区间为 $[0,l]$,将该梁分成若干微段。在 $[0,l]$ 上任取一小段 $[x,x+\mathrm{d}x]$ ,则该微段梁上分布荷载对点 $O$ 的力矩,可以用力为 $\mathrm{d}F = q(x)\mathrm{d}x$ ,力臂为 $x$ 的力矩来近似表达,从而得到力矩微元 $\mathrm{d}M_O = xq(x)\mathrm{d}x$ 。这样,整个梁上的分布荷载对 $O$ 的力矩为

$$M_O = \int_0^l xq(x)\mathrm{d}x \qquad (4\text{-}8\text{-}7)$$

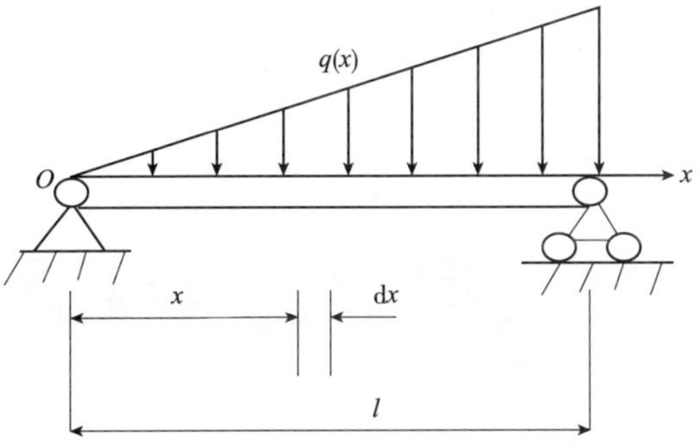

图 4-8-9

**例 5** 一水平梁上受分布荷载的作用,如图 4-8-9 所示,其荷载集度 $q(x) = 2x$ (N/m),梁长 $l$ 为 3(m)。试求该分布荷载对梁左端点 $O$ 的力矩 $M_O$ 。

**解** 建立坐标系如图 4-8-9 所示,根据式(4-8-7),该分布荷载对点 $O$ 的力矩

$$M_O = \int_0^3 x \cdot 2x\mathrm{d}x = \frac{2}{3}x^3\Big|_0^3 = 18\ (\mathrm{N}\cdot\mathrm{m})。$$

## 4.8.4 水的压力

由物理知识知道,在水深 $h$ 处的压强(单位面积所受的压力)为 $p = \rho h$ ,这里 $\rho$ 是水的比重(单位体积的质量)。如果有一面积为 $A$ 的平板水平地放置在水深 $h$ 处,则平板一侧所受的水压力为

$$P = p \cdot A = \rho hA 。$$

若此平板是铅直地放置在水中,即平板与水面垂直,则由于在深度不同的地方,水的压强也不同,也就是说,压强随水的深度而变化。因此求平板一侧所受的水压力就不能简单地

利用上述公式，而需用定积分来计算。下面通过具体例子来说明如何求解水的压力问题。

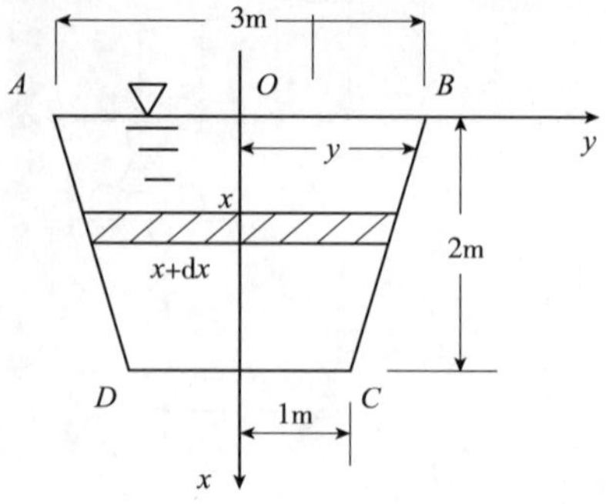


图 4-8-10

**例 6** （见 4.1 节案例 3）有一等腰梯形闸门直立在水中，它的两条底边各长 3m 和 2m，高为 2m，较长的底边与水面相齐。试计算闸门一侧所受的水压力。

**解** 选取坐标系如图 4-8-10 所示。

仍采用微元法：

(1) 取水深 $x$ 为积分变量，它的变化区间为 $[0,2]$；

(2) 在 $[0,2]$ 上任取一小区间 $[x, x+\mathrm{d}x]$。等腰梯形上相应于这个小区间的窄条上各点处的水深可以近似地看作相同，且为 $x$，这窄条的面积近似于 $2y\mathrm{d}x$，因此这窄条一侧所受水压力 $\Delta P$ 的近似值，即压力微元为

$$\mathrm{d}P = 2\rho xy\mathrm{d}x。$$

由于直线过点 $B\left(0,\frac{3}{2}\right)$ 和 $C(2,1)$，可求得直线 $BC$ 的方程为 $y = \frac{3}{2} - \frac{x}{4}$。

因此，压力微元为

$$\mathrm{d}P = 2\rho x\left(\frac{3}{2} - \frac{x}{4}\right)\mathrm{d}x。$$

(3) 计算定积分，得水压力为

$$P = \int_0^2 2\rho x\left(\frac{3}{2} - \frac{x}{4}\right)\mathrm{d}x = 2\rho\left[\frac{3}{4}x^2 - \frac{1}{12}x^3\right]_0^2 = \frac{14}{3}\rho。$$

如果取水的比重 $\rho = 9.8\times10^3(\mathrm{N/m^3})$，于是得到

$$P = \frac{14}{3}\times 9.8\times10^3\ (\mathrm{N}) \approx 4.57\times10^4\ (\mathrm{N})。$$

## 4.8.5 平均值

若给出一组数 $y_1, y_2, \cdots, y_n$，则它们的算术平均数是 $\bar{y} = \frac{1}{n}(y_1 + y_2 + \cdots + y_n)$。但在自然科学和工程技术中，不仅需要计算有限个数值的算术平均值，而且也常要计算一个连续函数 $y = f(x)$ 在 $[a,b]$ 上所有值的平均值，如一天的平均温度、电工学中的平均功率、平均电流强度等。

连续函数 $y = f(x)$ 在 $[a,b]$ 上一切值的平均值 $\bar{y}$ 的计算公式为

$$\bar{y} = \frac{1}{b-a}\int_a^b f(x)\,\mathrm{d}x \tag{4-8-8}$$

**例 7** （见 4.1[案例 4]）设交流电 $i(t) = I_m\sin\omega t$，其中 $I_m$ 是电流最大值（峰值），$\omega$ 为角频率，而周期为 $T = \frac{2\pi}{\omega}$，若电流通过纯电阻电路，则电阻 $R$ 也为常数，求在一周期内该电路的平均功率 $\overline{P}$。

**解** 由物理学可知，电路中的电压为

$$u(t) = i(t)R = I_m R\sin\omega t\ ,$$

功率为 $P = u(t)\cdot i(t) = I_m^2 R\sin^2\omega t\ ,$

由公式(4-8-8)得,一周期内该电路的平均功率

$$\overline{P} = \frac{1}{T}\int_0^T p\mathrm{d}t = \frac{1}{T}\int_0^T Ri^2(t)\mathrm{d}t = \frac{I_m^2 R\omega}{2\pi}\int_0^{\frac{2\pi}{\omega}}\sin^2\omega t\mathrm{d}t$$

$$= \frac{I_m^2 R}{4\pi}\int_0^{\frac{2\pi}{\omega}}(1-\cos 2\omega t)\mathrm{d}(\omega t)$$

$$= \frac{I_m^2 R}{4\pi}\left[\omega t - \frac{\sin 2\omega t}{2}\right]_0^{\frac{2\pi}{\omega}} = \frac{I_m^2 R}{2}。$$

通常交流电器上标明的功率就是该电器的平均功率。

**例 8** 某电容元件,其两端的电压为 $u=\sqrt{2}U\sin\omega t$,通过的电容电流为 $i=\sqrt{2}I\cos\omega t$。求该电容元件在一周期内的平均功率。

**解** 瞬时功率为

$$p = ui = 2UI\sin\omega t\cdot\cos\omega t = UI\sin 2\omega t$$

所以功率 $p$ 的周期 $T = \frac{2\pi}{2\omega} = \frac{\pi}{\omega}$。因此

$$\overline{P} = \frac{1}{T}\int_0^T p\mathrm{d}t = \frac{\omega}{\pi}UI\int_0^{\frac{\pi}{\omega}}\sin 2\omega t\mathrm{d}t = \frac{UI}{\pi}\left[-\frac{1}{2}\cos 2\omega t\right]_0^{\frac{\pi}{\omega}} = 0$$

在电工学中,电容元件的平均功率为零,也称这个电容元件是不消耗能量的,即没有电阻。

说明:

(1)在电工学中,非正弦周期电流的平均值定义为

$$\bar{i} = \frac{1}{T}\int_0^T |i|\mathrm{d}t$$

即一周期内函数绝对值的平均值称为该周期函数的平均值。

(2)非正弦周期电压的平均值为

$$\bar{u} = \frac{1}{T}\int_0^T |u|\mathrm{d}t$$

**例 9** 已知交流电动势 $u(t) = U_m\sin\omega t$ 经半波整流后的曲线如图 4-8-11 所示。求在一周期内该电路电压的平均值。

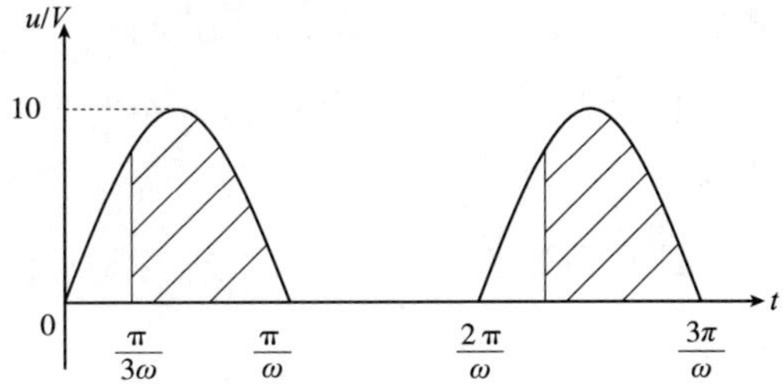

图 4-8-11

**解** 电压的平均值为

$$\bar{u} = \frac{1}{\frac{2\pi}{\omega}}\int_{\frac{\pi}{3\omega}}^{\frac{\pi}{\omega}} 10\sin\omega t\mathrm{d}t$$

$$= \frac{1}{2\pi}\int_{\frac{\pi}{3\omega}}^{\frac{\pi}{\omega}} 10\sin\omega t\mathrm{d}\omega t$$

$$= -\frac{10}{2\pi}\left[\cos\omega t\right]_{\frac{\pi}{3\omega}}^{\frac{\pi}{\omega}} = 2.39V$$

## 4.8.6 变力做功

由物理学可知，当一物体在一个恒力 $F$ 的作用下，沿力的方向作直线运动，则在物体移动距离为 $s$ 时，力 $F$ 所做的功为 $W = F \cdot s$。

但在实际问题中常需要计算变力所做的功，仍可以定积分的微元法来解决。

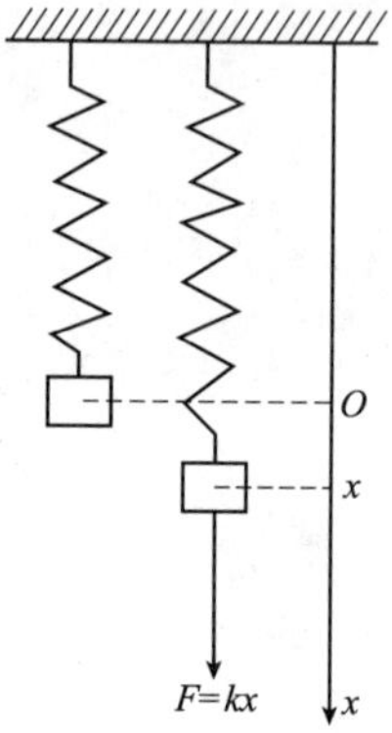


图 4-8-12

**例 10** 设有一弹簧，原长为 15cm。假定作用 5N 力能使弹簧伸长 1cm。求把这弹簧拉长 10cm 所做的功。

**解** 设弹簧一端固定，如图 4-8-12 所示。在弹簧未变形时，取其自由端的平衡位置为坐标原点 $O$。

根据虎克定律，在一定的弹性限度内，将弹簧拉长所需的力 $F$ 与弹簧的伸长量 $x$ 成正比，即

$$F = kx,$$

由题意知，当 $x = 0.01\text{m}$ 时，$F = 5\text{N}$，故得

$$5 = k \times 0.01,$$

即

$$k = 500(\text{N/m})$$

因此，弹簧的拉力函数为

$$F = 500x。$$

显然，力 $F$ 是随 $x$ 变化而变化的，它是一个变力。

取伸长量 $x$ 为积分变量，它的变化区间为 $[0,0.1]$，在 $[0,0.1]$ 上任取一小区间 $[x,x+\mathrm{d}x]$，与该微区间对应的变力 $F$ 可近似地看成为恒力，因此，在此微区间上力 $F$ 所作功 $W$ 的微元为

$$\mathrm{d}W = 500x\mathrm{d}x$$

于是弹簧拉长 0.1m 所做的功为

$$W = \int_0^{0.1} 500x\mathrm{d}x = 2.5\ (\text{N} \cdot \text{m}) = 2.5(\text{J})。$$

## 习题 4.8

1. 求由曲线 $y = x^2$，$x$ 轴和直线 $x = 1$ 所围成的平面图形的形心。

2. 求由椭圆 $\dfrac{x^2}{25} + \dfrac{y^2}{9} = 1$ 所围成的在第一象限内的图形的形心。

3. 确定如图 4-8-13 所示的梯形形心的纵坐标 $y_c$。

4. 求图 4-8-14 所示三角形图形对 $y$ 轴、$z$ 轴的惯性矩 $I_y$、$I_z$。

5. 一水平梁上受分布荷载的作用，如图 4-8-15 所

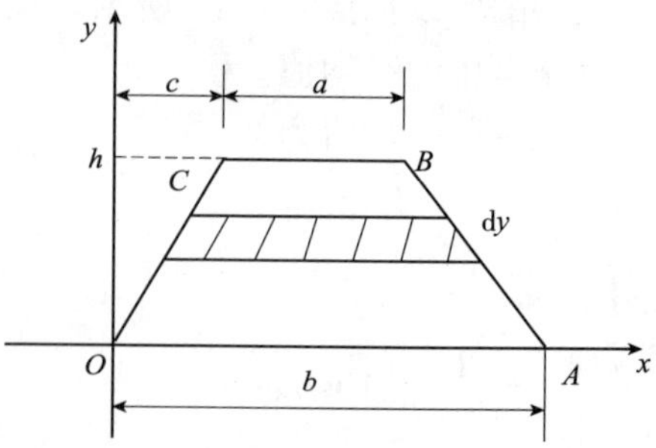


图 4-8-13

示，其荷载集度 $q(x)=3x$（N/m），梁长 $l$ 为 4(m)。试求该分布荷载对梁左端点 $O$ 的力矩 $M_O$。

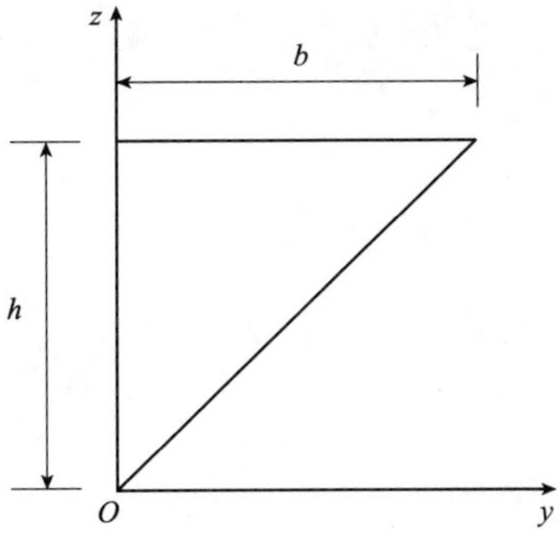


图 4-8-14

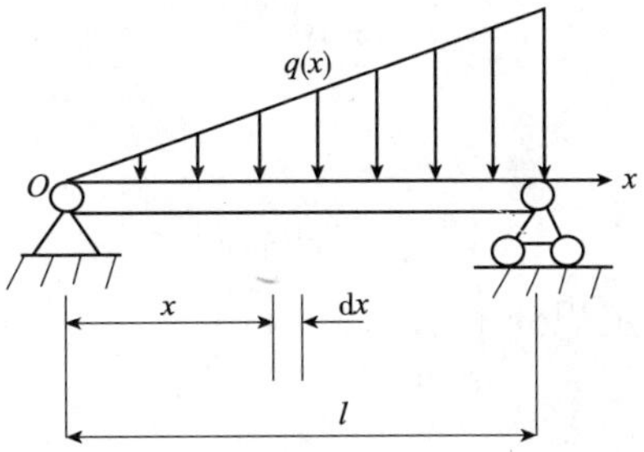


图 4-8-15

6. 一矩形闸门垂直立于水中，宽为 10m，高为 6m，问闸门上边界在水面下多少米时，它所受的压力等于上边界与水面相齐时所受压力的两倍？

7. 修建大桥的桥墩时应先筑起圆柱形的围囹，然后抽尽其中的水以便暴露出河床进行施工作业。已知围囹的直径为 20m，水深 27m，围囹顶端高出水面 3m，求抽尽围囹内的水所做的功。

8. 有一长为 30cm 的弹簧，若加以 2N 的力，则弹簧将伸长 1cm，求使弹簧由 25cm 压缩到 20cm 所做的功。

9. 交流电压 $u(t)=U_m\sin\omega t$，经半波整流后方程为 $u(t)=\begin{cases}U_m\sin\omega t, & 0\leqslant t\leqslant\dfrac{\pi}{\omega}\\ 0, & \dfrac{\pi}{\omega}\leqslant t\leqslant\dfrac{2\pi}{\omega}\end{cases}$，求在一周期内电压的平均值。

## 4.9 利用 MATLAB 求解函数积分

MATLAB7.1 中求积分的基本函数，如表 4-9-1 所示。

求积分的基本函数　　表 4-9-1

| 数学运算 | MATLAB 函数命令 |
|---|---|
| $\int f(x)\mathrm{d}x$ | int(f,x) |
| $\int_a^b f(x)\mathrm{d}x$ | int(f,x,a,b) |
| $\int_a^{+\infty} f(x)\mathrm{d}x$ | int(f,x,a,+inf) |
| $\int_{-\infty}^b f(x)\mathrm{d}x$ | int(f,x,-inf,b) |
| $\int_{-\infty}^{+\infty} f(x)\mathrm{d}x$ | int(f,x,-inf,+inf) |

注：在实际操作中，如果表达式只有一个自变量，则 x 可以省略不写。另外，MATLAB 命令求出来的不定积分只是一个原函数，需要补加任意常数 $C$。

**例 1** 求不定积分 $\int(2-\sqrt{x}+\frac{1}{x}-e^x)dx$。

**解** 输入：

```
>>syms x ;int(2-sqrt(x)+1/x-exp(x))
```

输出：

```
ans =
2*x-2/3*x^(3/2)+log(x)-exp(x)
```

**例 2** 求不定积分 $\int x\sqrt{ax^2+b}dx$。

**解** 输入：

```
>> syms x a  b; int(x*sqrt(a*x^2+b),x)
```

输出：

```
ans =
1/3/a*(a*x^2+b)^(3/2)
```

**例 3** 求定积分 $\int_0^1(x^2+1)e^x dx$。

**解** 输入：

```
>> syms x ;y=(x^2+1)*exp(x);int(y,0,1)
```

输出：

```
2*exp(1)-3
```

**例 4** 求不定积分 $\int_0^{+\infty}xe^{-x}dx$。

**解** 输入：

```
>>syms x;y=x*exp(-x);int(y,x,0,+inf)
```

输出：

```
ans =
1
```

**例 5** 求 $\int_{-\infty}^{+\infty}\frac{1}{1+x^2}dx$。

**解** 输入：

```
>>syms x;y=1/(1+x^2);int(y,-inf,+inf)
```

输出：

```
ans =
pi
```

## 习题 4.9

1. 求下列不定积分：

(1) $\int xe^{-2x^2}dx$；　　(2) $\int\frac{1}{\sqrt{x}+1}dx$；

(3) $\int e^{2\sqrt{x}}dx$；　　(4) $\int \cos\sqrt{t}dt$。

2. 求下列定积分：

(1) $\int_0^1 \frac{x}{(x^2+1)^2}dx$；　　(2) $\int_1^e \frac{dx}{x\sqrt{1+\ln x}}$；

(3) $\int_0^\pi \sin^4\frac{x}{2}dx$；　　(4) $\int_0^{\ln 2}\sqrt{e^x-1}dx$。

3. 判断下列广义积分的敛散性;若该积分收敛,则求其值:

(1) $\int_1^{+\infty}\frac{1}{1+x^2}dx$；　　(2) $\int_{-\infty}^{-1}\frac{1}{x^3}dx$；

(3) $\int_1^{+\infty}\cos x dx$；　　(4) $\int_0^{+\infty}\frac{\ln x}{x}dx$

# 复习题四

1. 填空题：

(1) $d\left(\int e^{-x^2}dx\right)=$______；

(2) $\int[\ln(x+\sqrt{x^2+a^2})]'dx=$______；

(3) $\int\frac{f'(x)}{1+[f(x)]^2}dx=$______；

(4) 已知 $f(x)=e^{-x}$，则 $\int\frac{f'(\ln x)}{x}dx=$______；

(5) 设 $f(x)$ 在 $[a,b]$ 上连续，则 $\int_a^b f(x)dx+\int_b^a f(t)dt=$______，$\int_1^{+\infty}\frac{1}{1+x^2}dx=$______；

(6) 设 $\int_a^b\frac{f(x)}{f(x)+g(x)}dx=1$，则 $\int_a^b\frac{g(x)}{f(x)+g(x)}dx=$______；

(7) $\int_{-a}^{a}\frac{x^2[f(x)-f(-x)]}{1+\sin^2x}dx=$______，$\int_{-1}^{1}\sqrt{1-x^2}dx=$______；

(8) 若 $\int_0^1 e^x f(e^x)dx=\int_a^b f(t)dt$，则 $a=$______，$b=$______。

2. 求下列不定积分：

(1) $\int\frac{dx}{(3+5x)^2}$；

(2) $\int\frac{\sqrt[3]{1+\ln x}}{x}dx$；

(3) $\int\frac{x-1}{(x+2)^2}dx$；

(4) $\int\frac{1}{e^x+e^{-x}}dx$；

(5) $\int\frac{dx}{2+\sqrt{x-1}}$；

(6) $\int\frac{dx}{x^2\sqrt{1-x^2}}$；

(7) $\int x^5e^{x^3}dx$；

(8) $\int\cos x\ln(\sin x)dx$。

3. 求下列定积分：

(1) $\int_{-\frac{\pi}{2}}^{\frac{\pi}{2}}\sqrt{1-\cos2x}dx$；

(2) $\int_{-\frac{1}{2}}^{\frac{1}{2}}\frac{x^2\sin x+2}{\sqrt{1-x^2}}dx$；

(3) $\int_2^4|x-3|dx$；

(4) $\int_0^1(e^x-1)^4e^xdx$；

(5) $\int_1^2\frac{\sqrt{x-1}}{x}dx$；

(6) $\int_1^{\sqrt3}\frac{dx}{x^2\sqrt{1+x^2}}$；

(7) $\int_{\frac{1}{e}}^{e}|\ln x|dx$；

(8) $\int_1^e\sin(\ln x)dx$。

4. 当 $k$ 为何值时，广义积分 $\int_2^{+\infty}\frac{\mathrm{d}x}{x(\ln x)^k}$ 收敛？且 $k$ 为何值时，这广义积分发散？

5. 求由抛物线 $y^2=4(1-x)$ 及抛物线在点(0,2)处的切线和 $x$ 轴所围成的平面图形的面积，并将此图形绕 $x$ 轴旋转所得的旋转体的体积。

6. 设有一长为25cm的弹簧，若加以2.98N的力，则弹簧伸长到30cm，求使弹簧由35cm伸长到45cm所做的功。

7. 一个蜜蜂种群开始有100只蜜蜂，并以每周增加 $n'(t)$ 只的速度增长，那么数学式 $100+\int_0^{15}n'(t)\mathrm{d}t$ 表示的实际意义是什么？

8. 设有一竖直放置的等腰梯形的闸门，它的上下两底分别为8m和4m，高为6m，求当梯形两底边与水面齐平时，闸门上所受的水的压力。

9. 求曲线 $y=\frac{1}{4}x^2-\frac{1}{2}\ln x$ 自点 $\left(1,\frac{1}{4}\right)$ 至点 $\left(\mathrm{e},\frac{\mathrm{e}^2}{4}-\frac{1}{2}\right)$ 间的一段曲线的弧长。

10. 计算函数 $y=2x\mathrm{e}^{-x}$ 在 $[0,2]$ 上的平均值。

11. 求质量均匀分布之半径为 $R$ 的半圆形薄板的重心。

12. 求由直线 $y=x$ 和抛物线 $y=x^2$ 围成区域的形心坐标。

# 数学素质拓展——谁先创立微积分

牛顿（1642—1727年）

莱布尼兹(1646—1715年)

关于由谁最早创建的微积分问题,数学界曾掀起了一场激烈的争论。

实际上,牛顿在微积分方面的研究虽早于莱布尼茨,但莱布尼茨成果的发表则早于牛顿。莱布尼茨在1684年10月发表的《教师学报》上的论文,“一种求极大极小的奇妙类型的计算”,在数学史上被认为是最早发表的微积分文献。牛顿在1687年出版的《自然哲学的数学原理》的第一版和第二版也写道:“十年前在我和最杰出的几何学家G·W·莱布尼茨的通信中,我表明我已经知道确定极大值和极小值的方法、作切线的方法以及类似的方法,但我在交换的信件中隐瞒了这方法,……这位最卓越的科学家在回信中写道,他也发现了一种同样的方法。他并诉述了他的方法,它与我的方法几乎没有什么不同,除了他的措词和符号而外。”(但在第三版及以后再版时,这段话被删掉了。)

因此,后来人们公认牛顿和莱布尼茨是各自独立地创建微积分的。牛顿从物理学出发,运用集合方法研究微积分,其应用上更多地结合了运动学,造诣高于莱布尼茨。莱布尼茨则从几何问题出发,运用分析学方法引进微积分概念得出运算法则,其数学的严密性与系统性是牛顿所不及的。莱布尼茨认识到好的数学符号能节省思维劳动,运用符号的技巧是数学成功的关键之一。因此,他发明了一套适用的符号系统,如,引入 $\mathrm{d}x$ 表示 $x$ 的微分,$\int$ 表示积分,$\mathrm{d}^n x$ 表示 $n$ 阶微分等。这些符号进一步促进了微积分学的发展。1713年,莱布尼茨发表了《微积分的历史和起源》一文,总结了自己创立微积分学的思路,说明了自己成就的独立性。

# 附录一　预备知识

## 模块1　三角函数和反三角函数

1. 度与弧度的换算

$$180° = \pi\ \text{rad}(\text{或弧度});$$

$$1° = \frac{\pi}{180}\text{rad} \approx 0.01745\text{rad};$$

$$1\text{rad} = \left(\frac{180}{\pi}\right)^{\circ} \approx 57.30° = 57°18'。$$

**注意**:用弧度制表示角时,“弧度”二字或符号“rad”可以省略不写,而只写这个角的弧度数,但用角度制表示角时,“度”即“°”不能省去。

**例 1**　填空:

(1)$22°45' =$ ________ rad;　(2)$\frac{3\pi}{5}$rad = ________°;　(3)3rad ≈ ________°

**解**　(1)因为 $22°45' = 22.75° = \left(\frac{91}{4}\right)^{\circ}$,

所以 $22°45' = \frac{\pi}{180}\text{rad} \times \frac{91}{4} = \frac{91\pi}{720}\text{rad}$;

(2)$\frac{3\pi}{5}\text{rad} = \left(\frac{180}{\pi}\right)^{\circ} \times \frac{3\pi}{5} = 108°$;

(3)$3\text{rad} = \left(\frac{180}{\pi}\right)^{\circ} \times 3 \approx 171.9° = 171°54'$。

2. 任意角的三角函数的定义

将任意角 $\alpha$ 放在直角坐标系中,使角的顶点和原点重合,角的始边与 $x$ 轴的正半轴重合,并设 $\alpha$ 终边上的任意一点 $P$ 的坐标为$(x,y)$,它与原点的距离为 $r(r>0)$,且 $r = \sqrt{x^2+y^2}$(如图 1-1 所示)。

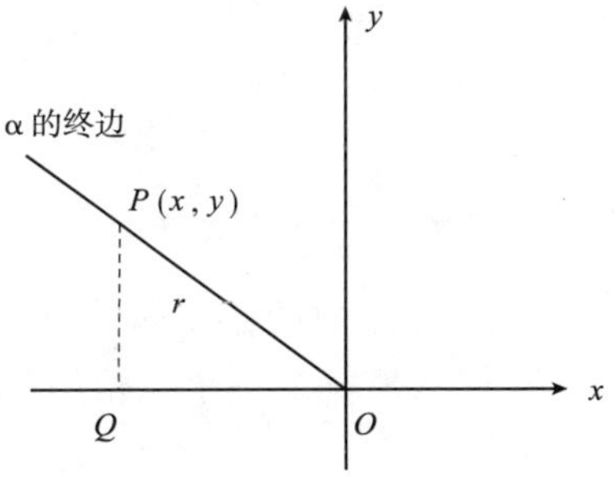

图　1-1

**定义 1**　$\alpha$ 的正弦:$\sin\alpha = \frac{y}{r}$,　　$\alpha$ 的余弦:$\cos\alpha = \frac{x}{r}$,

$\alpha$ 的正切:$\tan\alpha = \frac{y}{x}(x \neq 0)$,　　$\alpha$ 的余切:$\cot\alpha = \frac{x}{y}(y \neq 0)$,

$\alpha$ 的正割:$\sec\alpha = \frac{r}{x}(x \neq 0)$,　　$\alpha$ 的余割:$\csc\alpha = \frac{r}{y}(y \neq 0)$。

各三角函数的定义域,如表 1-1 所示:

各三角函数的定义域 表 1-1

| 三角函数 | 定义域 | 三角函数 | 定义域 |
|---|---|---|---|
| $\sin\alpha$ | $\{\alpha \mid \alpha\in R\}$ | $\cot\alpha$ | $\{\alpha \mid \alpha\in R,\alpha\neq k\pi,k\in z\}$ |
| $\cos\alpha$ | $\{\alpha \mid \alpha\in R\}$ | $\sec\alpha$ | $\left\{\alpha \mid \alpha\in R,\alpha\neq k\pi+\frac{\pi}{2},k\in z\right\}$ |
| $\tan\alpha$ | $\left\{\alpha \mid \alpha\in R,\alpha\neq k\pi+\frac{\pi}{2},k\in z\right\}$ | $\csc\alpha$ | $\{\alpha \mid \alpha\in R,\alpha\neq k\pi,k\in z\}$ |

下面是一些特殊角的度数、弧度数以及它们的部分三角函数值的对照表(表 1-2)：

三角函数值 表 1-2

| 度 | 0° | 30° | 45° | 60° | 90° | 120° | 135° | 150° | 180° | 270° | 360° |
|---|---|---|---|---|---|---|---|---|---|---|---|
| 弧度 | 0 | $\frac{\pi}{6}$ | $\frac{\pi}{4}$ | $\frac{\pi}{3}$ | $\frac{\pi}{2}$ | $\frac{2\pi}{3}$ | $\frac{3\pi}{4}$ | $\frac{5\pi}{6}$ | $\pi$ | $\frac{3\pi}{2}$ | $2\pi$ |
| 正弦 | 0 | $\frac{1}{2}$ | $\frac{\sqrt{2}}{2}$ | $\frac{\sqrt{3}}{2}$ | 1 | $\frac{\sqrt{3}}{2}$ | $\frac{\sqrt{2}}{2}$ | $\frac{1}{2}$ | 0 | $-1$ | 0 |
| 余弦 | 1 | $\frac{\sqrt{3}}{2}$ | $\frac{\sqrt{2}}{2}$ | $\frac{1}{2}$ | 0 | $-\frac{1}{2}$ | $-\frac{\sqrt{2}}{2}$ | $-\frac{\sqrt{3}}{2}$ | $-1$ | 0 | 1 |
| 正切 | 0 | $\frac{\sqrt{3}}{3}$ | 1 | $\sqrt{3}$ | 不存在 | $-\sqrt{3}$ | $-1$ | $-\frac{\sqrt{3}}{3}$ | 0 | 不存在 | 0 |
| 余切 | 不存在 | $\sqrt{3}$ | 1 | $\frac{\sqrt{3}}{3}$ | 0 | $-\frac{\sqrt{3}}{3}$ | $-1$ | $-\sqrt{3}$ | 不存在 | 0 | 不存在 |

**例 2** 已知角 $\alpha$ 的终边过点 $P(-2,3)$，求 $\alpha$ 的六个三角函数值。

**解** 因为 $x=-2,y=3$，所以 $r=\sqrt{x^2+y^2}=\sqrt{13}$。故

$$\sin\alpha=\frac{y}{r}=\frac{3}{\sqrt{13}}=\frac{3\sqrt{13}}{13},\qquad \cos\alpha=\frac{x}{r}=\frac{-2}{\sqrt{13}}=-\frac{2\sqrt{13}}{13},$$

$$\tan\alpha=\frac{y}{x}=-\frac{3}{2},\qquad \cot\alpha=\frac{x}{y}=-\frac{2}{3},$$

$$\sec\alpha=\frac{r}{x}=\frac{\sqrt{13}}{-2}=-\frac{\sqrt{13}}{2},\qquad \csc\alpha=\frac{r}{y}=\frac{\sqrt{13}}{3}。$$

3. 任意角的三角函数值的符号

任意角 $\alpha$ 的各个三角函数值的符号将由 $\alpha$ 的终边的位置和相应的三角函数的定义来确定。即

$\sin\alpha=\frac{y}{r}$ 与 $\csc\alpha=\frac{r}{y}$ 的符号由 $y$ 确定。

$\cos\alpha=\frac{x}{r}$ 与 $\sec\alpha=\frac{r}{x}$ 的符号由 $x$ 确定。

$\tan\alpha=\frac{y}{x}$ 与 $\cot\alpha=\frac{x}{y}$ 的符号由 $x\cdot y$ 确定。

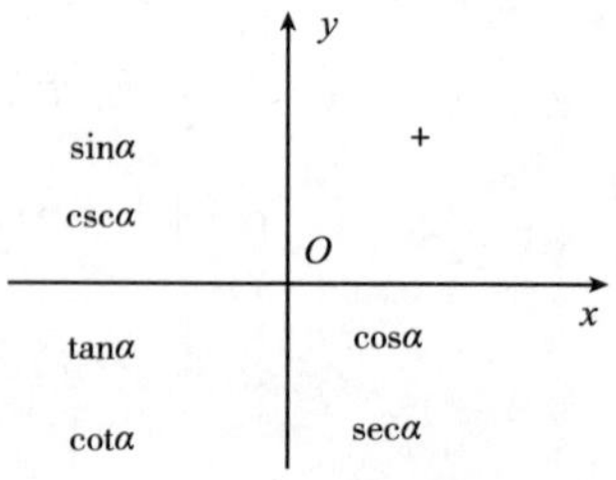

图 1-2

为了便于记忆，将六个三角函数值在各个象限中的符号用图 1-2 表示。图中第一象限的“+”号表示 $\alpha$ 的各三角函数均取正值，在其他象限中写出函数名称的取正值，未写出函数名称的取负值。

4. 同角三角函数间的基本关系式

根据三角函数的定义,同角三角函数有如下基本关系:

(1)倒数关系

$$\boxed{\begin{aligned}&\sin\alpha\cdot\csc\alpha=1\\&\cos\alpha\cdot\sec\alpha=1\\&\tan\alpha\cdot\cot\alpha=1\end{aligned}}$$

(2)商数关系

$$\boxed{\begin{aligned}&\tan\alpha=\frac{\sin\alpha}{\cos\alpha}\\&\cot\alpha=\frac{\cos\alpha}{\sin\alpha}\end{aligned}}$$

(3)平方关系

$$\boxed{\begin{aligned}&\sin^2\alpha+\cos^2\alpha=1;\\&1+\tan^2\alpha=\sec^2\alpha;\\&1+\cot^2\alpha=\csc^2\alpha。\end{aligned}}$$

**例 3** 已知 $\sin\alpha=\dfrac{5}{13}$,且 $\alpha$ 是第二象限的角,求 $\alpha$ 的其他三角函数值。

**解** 因为 $\alpha$ 是第二象限的角,所以

$$\cos\alpha=-\sqrt{1-\sin^2\alpha}=-\sqrt{1-\left(\frac{5}{13}\right)^2}=-\frac{12}{13},$$

$$\tan\alpha=\frac{\sin\alpha}{\cos\alpha}=-\frac{5}{12},\qquad \cot\alpha=\frac{1}{\tan\alpha}=-\frac{12}{5},$$

$$\sec\alpha=\frac{1}{\cos\alpha}=-\frac{13}{12},\qquad \csc\alpha=\frac{1}{\sin\alpha}=\frac{13}{5}。$$

**例 4** 已知 $\tan\alpha=-\dfrac{1}{2}$,且 $\alpha$ 是第四象限的角,求 $\alpha$ 的其他三角函数值。

**解** 因为 $\alpha$ 是第四象限的角,所以

$$\cot\alpha=\frac{1}{\tan\alpha}=-2,\qquad \sec\alpha=\sqrt{1+\tan^2\alpha}=\sqrt{1+\frac{1}{4}}=\frac{\sqrt{5}}{2},$$

$$\cos\alpha=\frac{1}{\sec\alpha}=\frac{1}{\frac{\sqrt{5}}{2}}=\frac{2\sqrt{5}}{5},\qquad \sin\alpha=-\sqrt{1-\cos^2\alpha}=-\sqrt{1-\left(\frac{2\sqrt{5}}{5}\right)^2}=-\frac{\sqrt{5}}{5},$$

$$\csc\alpha=\frac{1}{\sin\alpha}=-\sqrt{5}。$$

5. 三角函数的诱导公式(以正弦、余弦、正切为例)

公式一

$\sin(2k\pi+\alpha)=\sin\alpha$; $\cos(2k\pi+\alpha)=\cos\alpha$; $\tan(2k\pi+\alpha)=\tan\alpha$(其中 $k\in Z$)。

公式二

$\sin(\pi+\alpha)=-\sin\alpha$；$\cos(\pi+\alpha)=-\cos\alpha$；$\tan(\pi+\alpha)=\tan\alpha$。

公式三

$\sin(-\alpha)=-\sin\alpha$；　$\cos(-\alpha)=\cos\alpha$；　$\tan(-\alpha)=-\tan\alpha$。

公式四

$\sin(\pi-\alpha)=\sin\alpha$；　$\cos(\pi-\alpha)=-\cos\alpha$；$\tan(\pi-\alpha)=-\tan\alpha$。

公式五

$\sin\left(\dfrac{\pi}{2}-\alpha\right)=\cos\alpha$；　$\cos\left(\dfrac{\pi}{2}-\alpha\right)=\sin\alpha$；　$\tan\left(\dfrac{\pi}{2}-\alpha\right)=\cot\alpha$。

公式六

$\sin\left(\dfrac{\pi}{2}+\alpha\right)=\cos\alpha$；　$\cos\left(\dfrac{\pi}{2}+\alpha\right)=-\sin\alpha$；$\tan\left(\dfrac{\pi}{2}+\alpha\right)=-\cot\alpha$。

记忆方法:“纵变横不变,符号看象限”。

**例 5**　求下列三角函数值:

(1) $\sin(-1\ 485°)$；　(2) $\cos\dfrac{29\pi}{6}$；　(3) $\tan\left(-\dfrac{10\pi}{3}\right)$。

**解**　(1) $\sin(-1\ 485°)=-\sin(1\ 485°)=-\sin(4\times360°+45°)=-\sin45°=-\dfrac{\sqrt{2}}{2}$。

(2) $\cos\dfrac{29\pi}{6}=\cos(4\pi+\dfrac{5\pi}{6})=\cos\dfrac{5\pi}{6}=\cos(\pi-\dfrac{\pi}{6})=-\cos\dfrac{\pi}{6}=-\dfrac{\sqrt{3}}{2}$。

(3) $\tan\left(-\dfrac{10\pi}{3}\right)=-\tan\dfrac{10\pi}{3}=-\tan\left(2\pi+\dfrac{4\pi}{3}\right)=-\tan\dfrac{4\pi}{3}=-\tan\left(\pi+\dfrac{\pi}{3}\right)$

$=-\tan\dfrac{\pi}{3}=-\sqrt{3}$。

**说明:**利用诱导公式求三角函数值,一般“负化正,大化小,化到锐角就行了”。

6. 三角函数的图像和性质

三角函数的图像和性质在高中数学中已介绍过,此处仅把正弦、余弦和正切函数的图像和性质加以归纳,如表 1-3 所示:

**三角函数的图像和性质**　　表 1-3

| 三角函数 | $y=\sin x$ | $y=\cos x$ | $y=\tan x$ |
|---|---|---|---|
| 图像 | 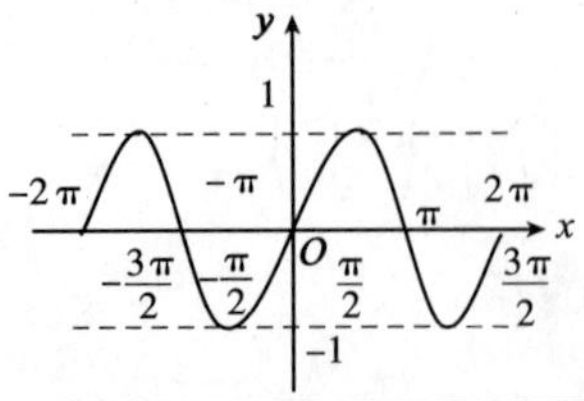 | 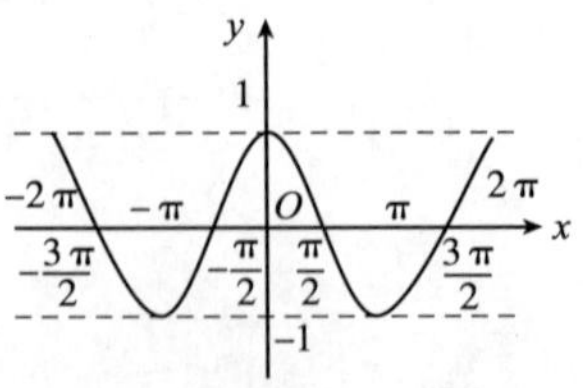 | 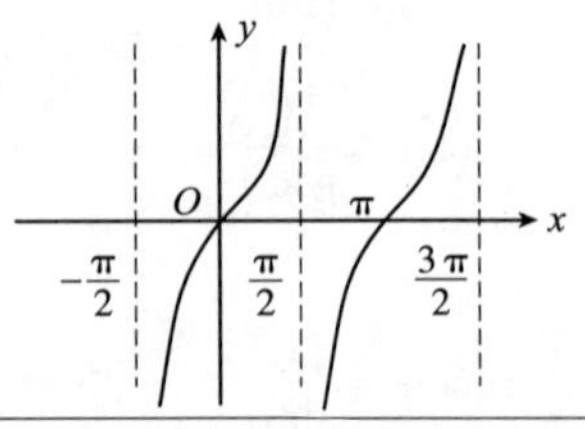 |
| 定义域 | $R$ | $R$ | $x\in R, x\neq k\pi+\dfrac{\pi}{2}$ $(k\in Z)$ |
| 值域 | $[-1,1]$ | $[-1,1]$ | $R$ |

续上表

| 三角函数 | $y=\sin x$ | $y=\cos x$ | $y=\tan x$ |
| --- | --- | --- | --- |
| 单调性 | 在区间$\left[2k\pi-\frac{\pi}{2},2k\pi+\frac{\pi}{2}\right]$上是增函数;在区间$\left[2k\pi+\frac{\pi}{2},2k\pi+\frac{3\pi}{2}\right]$上是减函数($k\in Z$) | 在区间$[2k\pi+\pi,2k\pi+2\pi]$上是增函数;在区间$[2k\pi,2k\pi+\pi]$上是减函数($k\in Z$) | 在区间$\left(k\pi-\frac{\pi}{2},k\pi+\frac{\pi}{2}\right)$上是增函数($k\in Z$) |
| 奇偶性 | 奇函数 | 偶函数 | 奇函数 |
| 周期性 | $T=2\pi$ | $T=2\pi$ | $T=\pi$ |

7. 反三角函数

1)反正弦函数

由正弦函数的图像知,对于任意一个$x\in R$,都有唯一的$y\in[-1,1]$与之对应。但反过来,对于任意一个$y\in[-1,1]$却有无穷多个$x$和它对应。如$y=\frac{\sqrt{3}}{2}$时,$x=2k\pi+\frac{\pi}{3}$或$x=2k\pi+\frac{2\pi}{3}(k\in Z)$。因此,正弦函数$y=\sin x(x\in R)$不存在反函数。

另一方面,正弦函数$y=\sin x$在区间$\left[-\frac{\pi}{2},\frac{\pi}{2}\right]$上是增函数。当$x$取遍$\left[-\frac{\pi}{2},\frac{\pi}{2}\right]$上的每一个值时,$y$也取遍$[-1,1]$上的每一个值。且从正弦函数的图像可以看出,对于任意一个$x\in\left[-\frac{\pi}{2},\frac{\pi}{2}\right]$都有唯一的$y\in[-1,1]$与$x$对应;反过来,对于任意一个$y\in[-1,1]$,也都有唯一的$x\in\left[-\frac{\pi}{2},\frac{\pi}{2}\right]$和$y$对应。根据反函数的概念可知,正弦函数$y=\sin x\left(x\in\left[-\frac{\pi}{2},\frac{\pi}{2}\right]\right)$有反函数。

**定义 2** 正弦函数$y=\sin x\left(x\in\left[-\frac{\pi}{2},\frac{\pi}{2}\right]\right)$的反函数叫做反正弦函数,记作$y=\arcsin x$。

**说明:**(1)反正弦函数$y=\arcsin x$的定义域是$D=[-1,1]$,值域是$M=\left[-\frac{\pi}{2},\frac{\pi}{2}\right]$;

(2)$\sin(\arcsin x)=x,x\in[-1,1]$。

根据互为反函数的图像关于直线$y=x$对称的性质,只需以直线$y=x$为对称轴,作正弦函数$y=\sin x\left(x\in\left[-\frac{\pi}{2},\frac{\pi}{2}\right]\right)$的图像的对称图形,便可得出反正弦函数$y=\arcsin x$的图像(图1-3)。从图像可以看出,反正弦函数$y=\arcsin x$有以下性质:

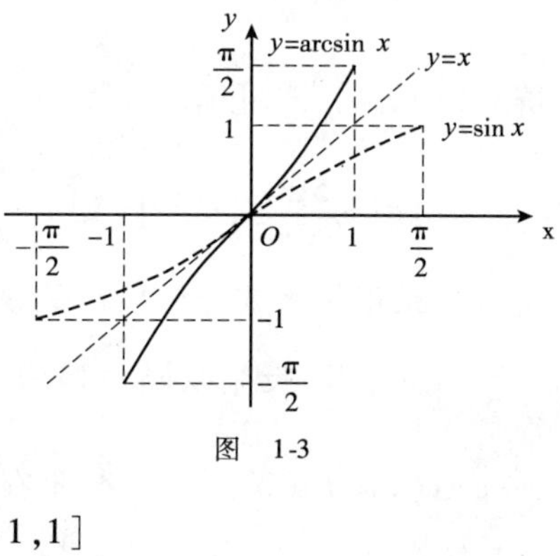


图 1-3

(1)反正弦函数$y=\arcsin x$在$[-1,1]$上是增函数。

(2)反正弦函数$y=\arcsin x$的图像关于原点对称,因此它是奇函数,即有

$$\arcsin(-x)=-\arcsin x,x\in[-1,1]$$

**例 6** 求下列反正弦函数的值：

(1) $\arcsin\frac{\sqrt{3}}{2}$；(2) $\arcsin\frac{1}{2}$；(3) $\arcsin\left(-\frac{\sqrt{2}}{2}\right)$。

**解** (1) 因为$\frac{\pi}{3}\in\left[-\frac{\pi}{2},\frac{\pi}{2}\right]$，又因为 $\sin\frac{\pi}{3}=\frac{\sqrt{3}}{2}$，所以 $\arcsin\frac{\sqrt{3}}{2}=\frac{\pi}{3}$；

(2) 因为$\frac{\pi}{6}\in\left[-\frac{\pi}{2},\frac{\pi}{2}\right]$，又因为 $\sin\frac{\pi}{6}=\frac{1}{2}$，所以 $\arcsin\frac{1}{2}=\frac{\pi}{6}$；

(3) 因为$-\frac{\pi}{4}\in\left[-\frac{\pi}{2},\frac{\pi}{2}\right]$，又因为 $\sin\left(-\frac{\pi}{4}\right)=-\frac{\sqrt{2}}{2}$，所以 $\arcsin\left(-\frac{\sqrt{2}}{2}\right)=-\frac{\pi}{4}$。

2) 反余弦函数

同讨论反正弦函数一样，从余弦函数的图像（表 1-3）中可以看出，余弦函数 $y=\cos x(x\in R)$ 不存在反函数。

另一方面，又知余弦函数 $y=\cos x$ 在区间 $[0,\pi]$ 上是减函数。当 $x$ 取遍 $[0,\pi]$ 上的每一个值时，$y$ 也取遍 $[-1,1]$ 上的每一个值。且从余弦函数的图像可以看出，对于任意一个 $x\in[0,\pi]$ 都有唯一的 $y\in[-1,1]$ 与 $x$ 对应；反过来，对于任意一个 $y\in[-1,1]$，也都有唯一的 $x\in[0,\pi]$ 和 $y$ 对应。根据反函数的概念可知，余弦函数 $y=\cos x(x\in[0,\pi])$ 有反函数。

**定义 3** 余弦函数 $y=\cos x(x\in[0,\pi])$ 的反函数叫做反余弦函数，记作 $y=\arccos x$。

**说明：**(1) 反余弦函数 $y=\arccos x$ 的定义域是 $D=[-1,1]$，值域是 $M=[0,\pi]$；

(2) $\cos(\arccos x)=x, x\in[-1,1]$。

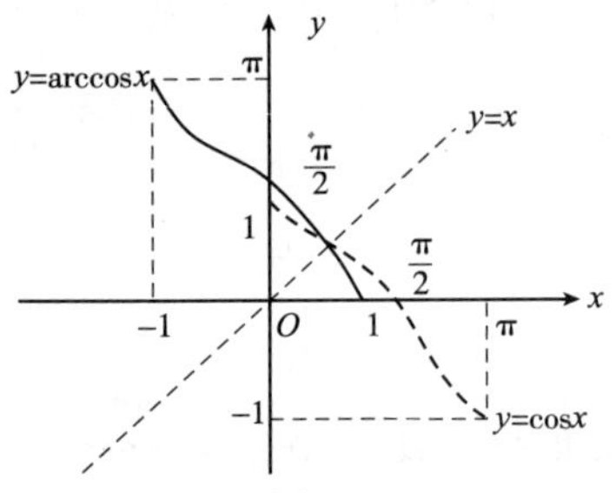

图 1-4

反余弦函数 $y=\arccos x$ 的图像如图 1-4 所示，它是余弦函数 $y=\cos x(x\in[0,\pi])$ 的图像关于直线 $y=x$ 的对称图形。

从图像可以看出，反余弦函数 $y=\arccos x$ 有以下性质：

(1) 反余弦函数 $y=\arccos x$ 在 $[-1,1]$ 上是减函数。

(2) 反余弦函数 $y=\arccos x$ 的图像关于原点和 $y$ 轴都不对称，因此它不是奇函数也不是偶函数，但有 $\arccos(-x)=\pi-\arccos x, x\in[-1,1]$。

**例 7** 求下列各式的值：

(1) $\arccos\frac{1}{2}$；(2) $\arccos\left(-\frac{\sqrt{3}}{2}\right)$。

**解** (1) 因为$\frac{\pi}{3}\in[0,\pi]$，又 $\cos\frac{\pi}{3}=\frac{1}{2}$，所以 $\arccos\frac{1}{2}=\frac{\pi}{3}$；

(2) 因为$\frac{5\pi}{6}\in[0,\pi]$，又 $\cos\frac{5\pi}{6}=-\frac{\sqrt{3}}{2}$，所以 $\arccos\left(-\frac{\sqrt{3}}{2}\right)=\frac{5\pi}{6}$。

3) 反正切函数与反余切函数

与反正弦、反余弦函数相似，正切函数 $y=\tan x\left(x\in R, x\neq k\pi+\frac{\pi}{2}, k\in Z\right)$ 和余切函数 $y=\cot x(x\in R, x\neq k\pi, k\in Z)$ 不存在反函数。但正切函数 $y=\tan x\left(x\in\left(-\frac{\pi}{2},\frac{\pi}{2}\right)\right)$ 和余切函数 $y=\cot x(x\in(0,\pi))$ 有反函数。

**定义 4** 正切函数 $y=\tan x\left(x\in\left(-\frac{\pi}{2},\frac{\pi}{2}\right)\right)$的反函数叫做反正切函数，记作 $y=\arctan x$，它的定义域是 $D=(-\infty,+\infty)$，值域是 $M=\left(-\frac{\pi}{2},\frac{\pi}{2}\right)$。

余切函数 $y=\cot x(x\in(0,\pi))$的反函数叫做反余切函数，记作 $y=\operatorname{arccot}x$，它的定义域是 $D=(-\infty,+\infty)$，值域是 $M=(0,\pi)$。

反正切函数与反余切函数的图像分别如图 1-5、图 1-6 所示。

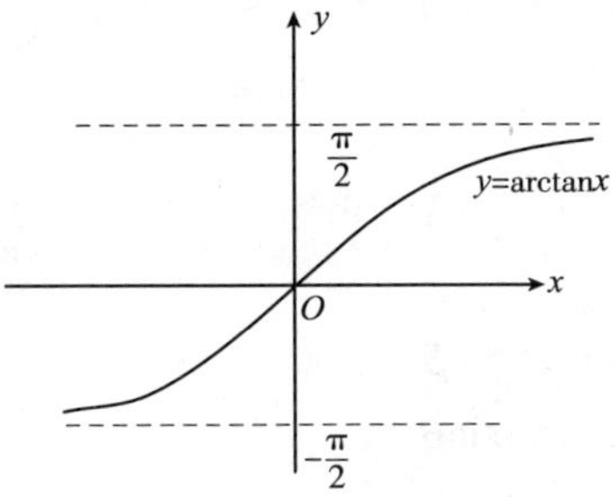


图 1-5

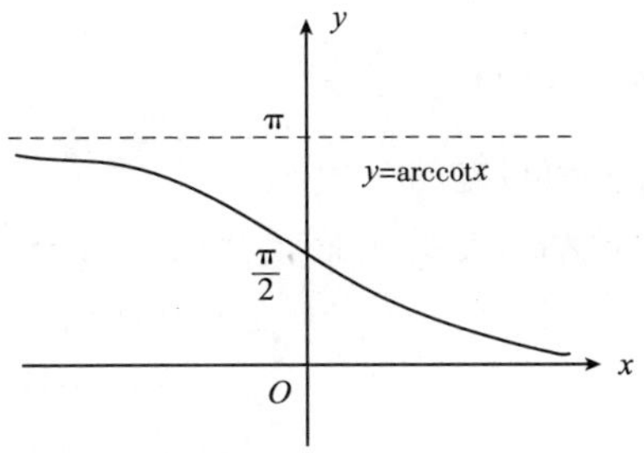


图 1-6

由图 1-5、图 1-6 知，反正切函数和反余切函数有如下性质：

(1)反正切函数 $y=\arctan x$ 在区间$(-\infty,+\infty)$内是增函数；而反余切函数 $y=\operatorname{arccot}x$ 在区间$(-\infty,+\infty)$内是减函数。

(2)反正切函数 $y=\arctan x$ 的图像关于原点对称，因此反正切函数 $y=\arctan x$ 是奇函数，即 $\arctan(-x)=-\arctan x$，$(x\in(-\infty,+\infty))$；反余切函数 $y=\operatorname{arccot}x$ 关于原点和 $y$ 轴都不对称，因此，它既不是奇函数也不是偶函数。但有 $\operatorname{arccot}(-x)=\pi-\operatorname{arccot}x$，$(x\in(-\infty,+\infty))$。

反正弦函数、反余弦函数、反正切函数、反余切函数，统称为反三角函数。

**例 8** 求下列各式的值：

(1) $\arctan\sqrt{3}$； (2) $\arctan(-1)$；

(3) $\arctan(0.01\times12)+\arctan(0.2\times12)$；(结果用角度制表示)

(4) $\operatorname{arccot}(-1)$。

**解** (1) 因为$\frac{\pi}{3}\in\left(-\frac{\pi}{2},\frac{\pi}{2}\right)$，又 $\tan\frac{\pi}{3}=\sqrt{3}$，所以 $\arctan\sqrt{3}=\frac{\pi}{3}$；

(2)因为$-\frac{\pi}{4}\in\left(-\frac{\pi}{2},\frac{\pi}{2}\right)$，又 $\tan\left(-\frac{\pi}{4}\right)=-1$，所以 $\arctan(-1)=-\frac{\pi}{4}$；

(3)由计算器算得 $\arctan(0.01\times12)+\arctan(0.2\times12)=74.2°$；

(4)因为$\frac{3\pi}{4}\in(0,\pi)$，又 $\cot\frac{3\pi}{4}=-1$，所以 $\operatorname{arccot}(-1)=\frac{3\pi}{4}$；

**例 9** 求下列函数的定义域：

(1) $y=\arcsin(x-1)$； (2) $y=\sqrt{\arctan x}$。

**解** (1)由题意得：$-1\leqslant x-1\leqslant1$，解得 $0\leqslant x\leqslant2$，即函数的定义域是 $x\in[0,2]$。

(2)由题意得：$0\leqslant\arctan x<\frac{\pi}{2}$，解得 $x\geqslant0$，即函数的定义域是 $x\in[0,+\infty)$。

**例 10** 已知 $\tan x=-2, x\in\left(-\frac{\pi}{2},\frac{\pi}{2}\right)$，试用反三角表示角 $x$。

**解** 因为 $x\in\left(-\frac{\pi}{2},\frac{\pi}{2}\right)$，根据反正切函数的定义得 $x=\arctan(-2)$。

**例 11** 已知 $\sin x=\frac{1}{3}, x\in\left(\frac{\pi}{2},\pi\right)$，试用反三角表示角 $x$。

**解** 因为 $\sin x=\sin(\pi-x)=\frac{1}{3}, x\in\left(\frac{\pi}{2},\pi\right)$，则 $\pi-x\in\left(0,\frac{\pi}{2}\right)$。所以 $\pi-x=\arcsin\frac{1}{3}$，即

$x=\pi-\arcsin\frac{1}{3}$。

8. 两角和与差的三角函数

1) 两角和与差的正弦、余弦、正切公式

$$\sin(\alpha\pm\beta)=\sin\alpha\cos\beta\pm\cos\alpha\sin\beta$$

$$\cos(\alpha\pm\beta)=\cos\alpha\cos\beta\mp\sin\alpha\sin\beta$$

$$\tan(\alpha\pm\beta)=\frac{\tan\alpha\pm\tan\beta}{1\mp\tan\alpha\tan\beta}$$

**例 12** 不查表，计算：

(1) $\sin 75°$；

(2) $\cos 42°\cos 18°-\sin 42°\cos 72°$；

(3) $\frac{1-\tan 75°}{1+\tan 75°}$。

**解** (1) 原式 $=\sin(45°+30°)=\sin 45°\cos 30°+\cos 45°\sin 30°$

$$=\frac{\sqrt{2}}{2}\cdot\frac{\sqrt{3}}{2}+\frac{\sqrt{2}}{2}\cdot\frac{1}{2}=\frac{\sqrt{6}+\sqrt{2}}{4};$$

(2) 原式 $=\cos 42°\cos 18°-\sin 42°\sin 18°=\cos(42°+18°)=\cos 60°=\frac{1}{2}$；

(3) 原式 $=\frac{\tan 45°-\tan 75°}{1+\tan 45°\tan 75°}=\tan(45°-75°)=\tan(-30°)=-\frac{\sqrt{3}}{3}$。

2) 二倍角的正弦、余弦和正切公式

两角和与差的正弦、余弦、正切公式中当角 $\alpha=\beta$ 时，就得到二倍角公式。

$$\sin 2\alpha=2\sin\alpha\cos\alpha$$

$$\cos 2\alpha=\cos^2\alpha-\sin^2\alpha=2\cos^2\alpha-1=1-2\sin^2\alpha$$

$$\tan 2\alpha=\frac{2\tan\alpha}{1-\tan^2\alpha}$$

*3) 半角的正弦、余弦和正切公式

由余弦的二倍角公式可得到半角公式：

$$\sin\frac{\alpha}{2}=\pm\sqrt{\frac{1-\cos\alpha}{2}}$$

$$\cos\frac{\alpha}{2}=\pm\sqrt{\frac{1+\cos\alpha}{2}}$$

$$\tan\frac{\alpha}{2}=\pm\sqrt{\frac{1-\cos\alpha}{1+\cos\alpha}}=\frac{\sin\alpha}{1+\cos\alpha}=\frac{1-\cos\alpha}{\sin\alpha}$$

*4)三角函数的和差化积公式

$$\sin\alpha+\sin\beta=2\sin\frac{\alpha+\beta}{2}\cos\frac{\alpha-\beta}{2}$$

$$\sin\alpha-\sin\beta=2\cos\frac{\alpha+\beta}{2}\sin\frac{\alpha-\beta}{2}$$

$$\cos\alpha+\cos\beta=2\cos\frac{\alpha+\beta}{2}\cos\frac{\alpha-\beta}{2}$$

$$\cos\alpha-\cos\beta=-2\sin\frac{\alpha+\beta}{2}\sin\frac{\alpha-\beta}{2}$$

*5)三角函数的积化和差公式

$$\sin\alpha\cos\beta=\frac{1}{2}[\sin(\alpha+\beta)+\sin(\alpha-\beta)]$$

$$\cos\alpha\sin\beta=\frac{1}{2}[\sin(\alpha+\beta)-\sin(\alpha-\beta)]$$

$$\cos\alpha\cos\beta=\frac{1}{2}[\cos(\alpha+\beta)+\cos(\alpha-\beta)]$$

$$\sin\alpha\sin\beta=-\frac{1}{2}[\cos(\alpha+\beta)-\cos(\alpha-\beta)]$$

9.解三角形

1)直角三角形(图 1-7)

常用公式有:

勾股定理:$c^2=a^2+b^2$

$$\sin\alpha=\frac{对边}{斜边}=\frac{a}{c},\quad \cos\alpha=\frac{邻边}{斜边}=\frac{b}{c},$$

$$\tan\alpha=\frac{对边}{邻边}=\frac{a}{b},\quad \cot\alpha=\frac{邻边}{对边}=\frac{b}{a},$$

$$\sec\alpha=\frac{斜边}{邻边}=\frac{c}{b},\quad \csc\alpha=\frac{斜边}{对边}=\frac{c}{a}。$$

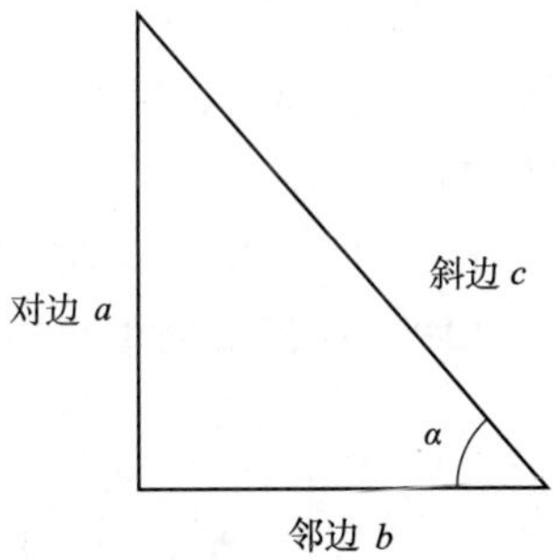

图　1-7

2)斜三角形

设 $A$、$B$、$C$ 为三角形的内角,$a$、$b$、$c$ 分别为它们的对边,$R$ 为三角形外接圆的半径。

常用公式及定理有:

(1)正弦定理

$$\frac{a}{\sin A}=\frac{b}{\sin B}=\frac{c}{\sin C}=2R$$

正弦定理主要用于已知两边和其中一边的对角或已知两角和一边。

(2)余弦定理

$$a^2=b^2+c^2-2bc\cos A$$

$$b^2 = a^2 + c^2 - 2ac\cos B$$
$$c^2 = a^2 + b^2 - 2ab\cos C$$

余弦定理用于已知三边或已知两边和这两边的夹角。

(3)三角形面积公式

$$S = \frac{1}{2}ab\sin C = \frac{1}{2}ac\sin B = \frac{1}{2}bc\sin A$$

应用举例如下：

**例 13** （测距问题）如图 1-8 所示，$A$、$B$ 两点间有小山和小河。为求 $AB$ 的长，需选择一点 $C$，使 $AC$ 可直接丈量，且 $B$ 和 $C$ 两点可通视，再在 $AC$ 上取一点 $D$，使得 $B$ 和 $D$ 两点可通视。测得 $AC = 180\text{m}$，$CD = 60\text{m}$，$\angle ACB = 45°$，$\angle ADB = 60°$，求 $AB$ 的长（结果用根式表示）。

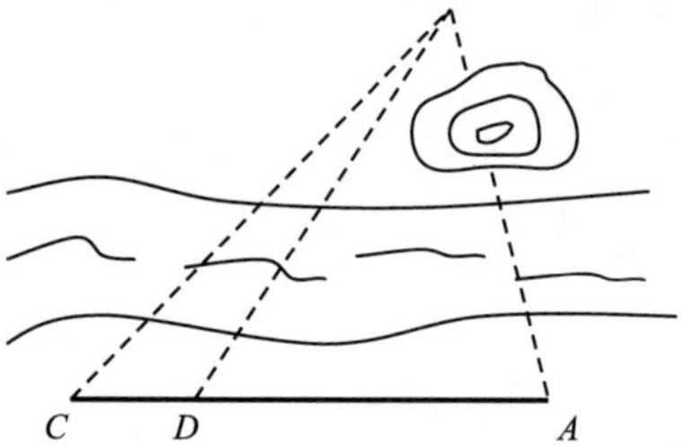

图 1-8

**解** 因为 $\angle ACB = 45°$，$\angle ADB = 60°$，所以

$\angle CBD = 60° - 45° = 15°$。

在 $\triangle BCD$ 中，由正弦定理得

$$\frac{BD}{\sin C} = \frac{CD}{\sin\angle CBD},$$

$$BD = \frac{CD\sin C}{\sin\angle CBD} = \frac{60\sin 45°}{\sin 15°} = 60\sqrt{3} + 60。$$

在 $\triangle ABD$ 中，由余弦定理得

$$AB^2 = AD^2 + BD^2 - 2AD \cdot BD\cos\angle ADB$$
$$= 120^2 + (60\sqrt{3} + 60)^2 - 2 \times 120 \times 60(\sqrt{3} + 1)\cos 60° = 21\ 600$$

所以 $AB = 60\sqrt{6}(\text{m})$。

答：$AB$ 的长为 $60\sqrt{6}\text{m}$。

**例 14** 如图 1-9 所示，小山顶 $A$ 上有一电视塔，塔尖为 $T$，在地面上 $B$ 点分别测得 $T$ 和 $A$ 的仰角是60°和30°，沿 $DB$ 的方向后退 200m 到 $C$，再测得 $T$ 的仰角为27°37′，求电视塔高 $TA$ 和小山的高（仪器高 1m，精确到 1m）。

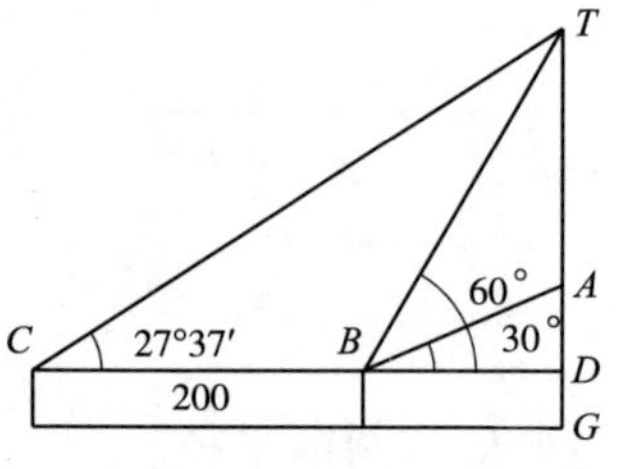

图 1-9

**解** 因为 $\angle TBD = 60°$，$\angle TCD = 27°37'$，所以 $\angle CTB = 60° - 27°37' = 32°23'$。

在 $\triangle CTB$ 中，由正弦定理得

$$\frac{CB}{\sin\angle CTB} = \frac{TB}{\sin C},$$

即
$$\frac{CB}{\sin 32°23'} = \frac{TB}{\sin 27°37'},$$

解得 $$TB = \frac{CB\sin 27°37'}{\sin 32°23'} = \frac{200\sin 27°37'}{\sin 32°23'} \approx 172.97(\text{m})。$$

在直角三角形 $TBD$ 中，$\sin 60° = \dfrac{TD}{TB}$，$TD = TB \cdot \sin 60° = 172.97 \times \dfrac{\sqrt{3}}{2} \approx 149.8(\text{m})$。

$\cos 60° = \dfrac{BD}{TB}$，$BD = TB \cdot \cos 60° = 172.97 \times \dfrac{1}{2} \approx 86.5(\text{m})$

在直角三角形 $ABD$ 中，$\tan 30° = \frac{AD}{BD}$，$AD = BD \cdot \tan 30° = 86.5 \times \frac{\sqrt{3}}{3} \approx 49.9(\mathrm{m})$

所以塔高 $TA = TD - AD = 149.8 - 49.9 \approx 100(\mathrm{m})$，

小山高 $AG = AD + DG = 49.9 + 1 \approx 51(\mathrm{m})$。

答：电视塔高 $TA$ 约为 100m，小山高约为 51m。

## 习题　模块1

1. 将下列各弧度化为度：

(1) $-\frac{7\pi}{8}$；　(2) $\frac{\pi}{7}$；　(3) $-\frac{4\pi}{15}$。

2. 利用计算器计算下列各三角函数（保留到小数点后面 4 位）：

(1) $\sin 23°16'$；　(2) $\cos 136.7°$；　(3) $\tan 58°40'$；　(4) $\cot 73°$。

3. 根据下列条件，求角 $\alpha$ 的其他各三角函数值：

(1) 已知 $\sin\alpha = -\frac{1}{2}$，且 $\alpha$ 为第三象限的角；

(2) 已知 $\tan\alpha = -\frac{1}{3}$，且 $\alpha$ 为第二象限的角。

4. 求下列反三角函数的值（用度来表示）：

(1) $\arcsin\frac{\sqrt{3}}{2}$；　(2) $\arccos\frac{1}{3}$；　(3) $\arctan 2.5$；　(4) $\mathrm{arccot} 3$。

5. 化简：

(1) $\sin(2\pi - \alpha) \cdot \sin(\pi - \alpha) - \tan(\pi + \alpha)\cot(\pi - \alpha) + 2\cos(\pi + \alpha)\cos(2\pi - \alpha) + 1$；

(2) $8\sin\frac{\pi}{32}\cos\frac{\pi}{32}\cos\frac{\pi}{16}\cos\frac{\pi}{8}$；

(3) $\cos^2 105° - \frac{1}{2}$。

6. 国家计划在江汉平原 $A$、$B$、$C$ 三城市间修建一个大型粮食储备库，要求粮库修在与三市等距离的地方，与粮库相应的附属工程是从粮库修三条通往三市的公路，已知 $A$、$B$、$C$ 三市两两间的最短距离分别为 60km、50km 和 40km，且公路造价为 50 万元/km，求出三条公路的最低造价（结果保留两位小数）。

7. 如图 1-10 所示，某海轮以 30mile/h 的速度行驶，在 $A$ 点测得海面上油井 $P$ 在南偏东 60°，向北航行 40min 后到达 $B$ 点，测得油井 $P$ 在南偏东 30°，海轮改为北偏东 60°的航向再行驶 80min 到达 $C$ 点，求 $P$、$C$ 间的距离。

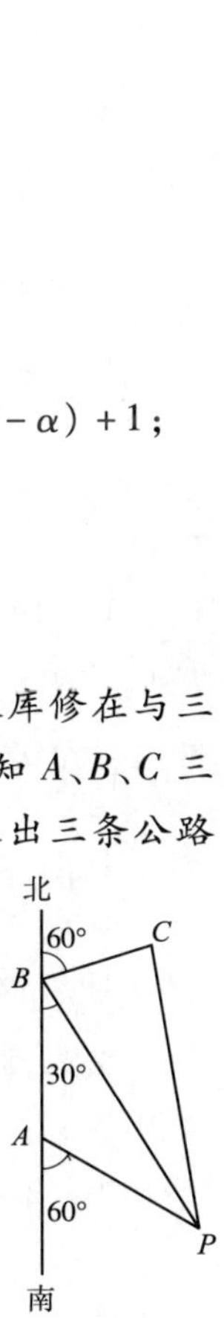


图　1-10

## 模块2 极坐标方程和复数

1. 极坐标方程

【案例1】 轮船定位。

轮船在大海中航行，要确定轮船的位置时，用直角坐标就不太方便，可以通过一个确定的参照点和参照方向，由轮船与参照点的距离及连线偏离参照方向的角度（如图2-1）来确定。这种利用方向和距离来确定点的位置的方法就是极坐标。

1）极坐标系的建立

如图2-2所示，在平面上取一定点 $O$，由 $O$ 引射线 $Ox$，再选定一个长度单位和角的正方向（一般取逆时针方向），这样就在平面上建立了一个极坐标系。称 $O$ 为极点，射线 $Ox$ 为极轴。

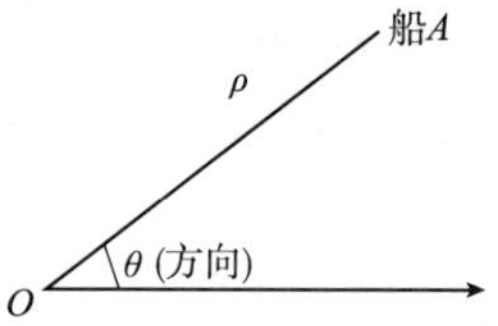


图 2-1

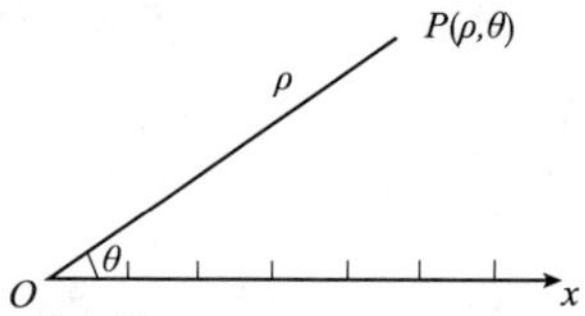


图 2-2

对于平面上任意一点 $P$，连接 $OP$，令 $OP=\rho$，以 $Ox$ 为始边，$OP$ 为终边的角度为 $\theta$，则称有序数对 $(\rho,\theta)$ 为 $P$ 点的极坐标，$\rho$ 为 $P$ 点的极径，$\theta$ 为 $P$ 点的极角。

2）极坐标 $(\rho,\theta)$ 与点 $P$ 的关系

（1）已知极坐标 $(\rho,\theta)$，可以在平面上唯一确定一点 $P$ 与它对应。

（2）已知平面上一点 $P$，则极坐标不唯一。一般地，如果 $(\rho,\theta)$ 是 $P$ 点的一个极坐标，则 $(\rho,\theta+2k\pi)$ 和 $(-\rho,\theta+(2k+1)\pi)$ $(k\in Z)$ 都是 $P$ 点的极坐标。无论 $\theta$ 为何值，点 $(0,\theta)$ 都表示极点。因此，在给定的极坐标系中，点与它的极坐标不是一一对应的。这与直角坐标系不同。

（3）如果规定：$\rho>0, 0\leqslant\theta<2\pi$，则极坐标 $(\rho,\theta)$ 与平面上的点 $P$（除极点外）具有一一对应的关系。所以，在确定一点的极坐标时，往往限定 $\rho$、$\theta$ 的取值范围。

**例1** 在极坐标系中，作出 $A\left(2,\frac{\pi}{4}\right)$，$B\left(3,\frac{2\pi}{3}\right)$，$C\left(4,-\frac{\pi}{4}\right)$，$D\left(1,\frac{\pi}{2}\right)$ 的点。

**解** 如图2-3所示，过极点 $O$ 引射线 $OA$，使 $\angle xOA=\frac{\pi}{4}$，在射线 $OA$ 上取点 $A$，使 $|OA|=2$，则点 $A$ 即为极坐标为 $\left(2,\frac{\pi}{4}\right)$ 的点。类似地可作点 $B$、$C$、$D$。

若将极坐标系中的极点、极轴与直角坐标系中的原点、$x$ 轴的正半轴重合，并在两种坐标系中取相同的长度单位，则平面上任一点 $P$ 的极坐标 $(\rho,\theta)$ 与直角坐标 $(x,y)$ 之间有如下关系（如图2-4所示）：

$$\begin{cases}x=\rho\cos\theta\\y=\rho\sin\theta\end{cases};\quad\begin{cases}x^2+y^2=\rho^2\\\tan\theta=\dfrac{y}{x}\,(x\neq0)\end{cases}\tag{2-1}$$

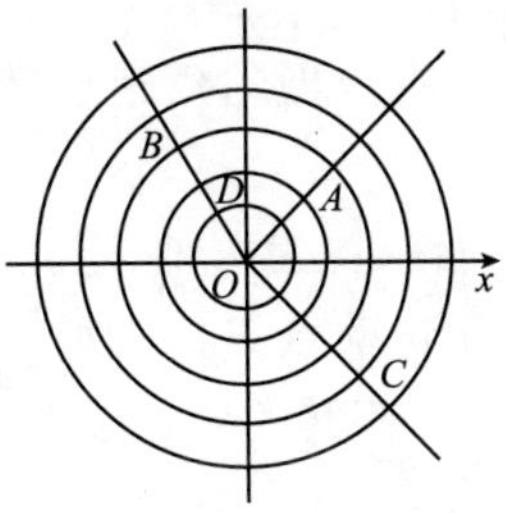

图 2-3

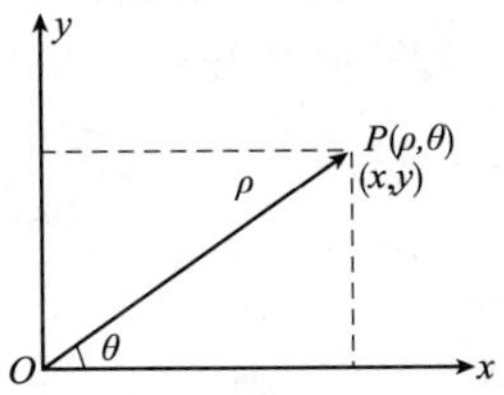

图 2-4

3)极坐标方程与直角坐标方程互化

在极坐标系中,曲线可以用含有变量$\rho$、$\theta$的方程$F(\rho,\theta)=0$来表示,这种方程称为曲线的极坐标方程。

**例 2** 将$\rho\cos\left(\theta-\frac{\pi}{3}\right)=3$化为直角坐标方程。

**解** 因为$\cos\left(\theta-\frac{\pi}{3}\right)=\cos\theta\cos\frac{\pi}{3}+\sin\theta\sin\frac{\pi}{3}=\frac{1}{2}\cos\theta+\frac{\sqrt{3}}{2}\sin\theta$,得

$$\frac{1}{2}\rho\cos\theta+\frac{\sqrt{3}}{2}\rho\sin\theta=3,$$

由式(2-1)可知,所求直角坐标系方程为

$$\frac{1}{2}x+\frac{\sqrt{3}}{2}y=3,$$

即
$$x+\sqrt{3}y-6=0。$$

**例 3** 将$x^2+y^2=2y$化为极坐标方程。

**解** 由(2-1)式得

$$\rho^2=2\rho\sin\theta,$$

于是,所求的极坐标方程为

$$\rho=2\sin\theta(\rho=0\text{ 已含在此方程中})。$$

4)常见曲线极坐标方程的建立

求曲线的极坐标方程的方法和步骤与求直角坐标方程类似。首先在曲线上任取一点,设其极坐标为$(\rho,\theta)$,然后根据已知条件寻找等量关系,最后用极坐标表示这种关系,化简得到极坐标方程。

**例 4** 圆的方程。

求过极点,圆心在极轴上,半径为$a$的圆的极坐标方程。

**解** 由题设,圆心为$B(a,0)$。除极点外,圆与极轴的另一个交点为$A(2a,0)$。如图 2-5 所示,显然$|OA|=2a$。

设圆上任意一点为$P(\rho,\theta)$,连接$OP$和$PA$,则$PA\perp OP$。在$Rt\triangle OPA$中,有

$|OP|=|OA|\cos\angle POA$,

即
$$\rho=2a\cos\theta。$$

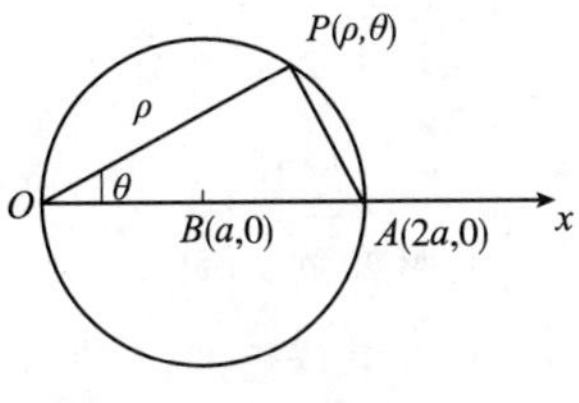

图 2-5

**例 5** 等速螺线。

一个动点沿一条射线做匀速直线运动，同时射线绕端点做匀角速旋转，该动点的运动轨迹称为等速螺线。求等速螺线的极坐标方程。

**解** 如图 2-6 所示，以射线 $l$ 的端点为极点，射线的初始位置为极轴，建立极坐标系。

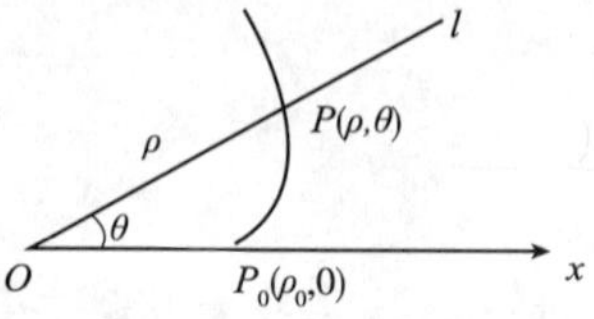


图 2-6

设曲线上动点为 $P(\rho,\theta)$，动点 $P$ 的初始位置为 $P_0(\rho_0,0)$，$P$ 在 $l$ 上运动的速度为 $v$，$l$ 绕 $O$ 旋转的角速度为 $\omega$。由等速螺线的定义，得参数方程

$$\begin{cases}\rho=\rho_0+vt\\ \theta=\omega t\end{cases},$$

消去参数 $t$，得

$$\rho=\rho_0+\frac{v}{\omega}\theta,$$

令 $\frac{v}{\omega}=a$（$v,\omega$ 均为已知常数），则得等速螺线的极坐标方程为

$$\rho=\rho_0+a\theta。$$

当动点从射线的端点出发，即 $\rho_0=0$ 时，等速螺线的极坐标方程为

$$\rho=a\theta。$$

在机械传动中等速螺线有着广泛的应用。例如，机床夹具三爪卡盘的平面螺纹，凸轮的轮廓线等都是等速螺线。除等速螺线外，还有许多种螺线。在生产实际中，利用螺线可以设计出形形色色的凸轮，完成转动与直线运动的转化（如图 2-7 所示），达到需要的各种工艺要求。

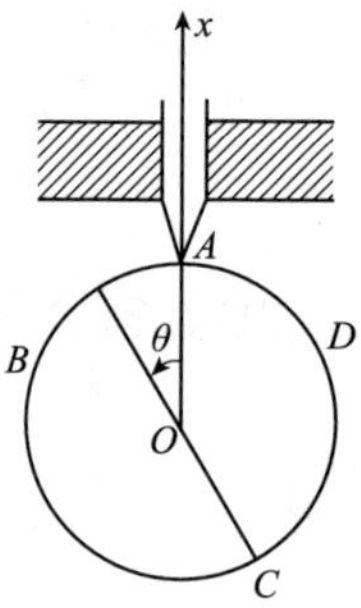


图 2-7

2. 复数

**【案例 2】** $x^2=-1$ 的求解问题。

一元二次方程 $x^2=-1$ 在实数范围内无解。更一般地，当根的判别式 $\Delta=b^2-4ac<0$ 时，一元二次方程 $ax^2+bx+c=0$ 在实数范围内无解。为解决这一问题，需要把实数集进一步扩充。

1）复数的概念

（1）虚数单位

为了使方程 $x^2=-1$ 有解，引进一个新数 $i$，叫做虚数单位，并规定数 $i$ 有如下性质：

① $i^2=-1$；

② $i$ 与实数在一起，可以按照实数的四则运算法则进行运算。

根据上述性质可知 $x=\pm i$，就是方程 $x^2=-1$ 的解。

关于虚数单位 $i$，规定：$i^0=1$，$i^{-n}=\frac{1}{i^n}(n\in N)$。

（2）复数

形如 $a+bi(a,b\in R)$ 的数称为复数。其中 $a$ 称为该复数的实部，$b$ 称为虚部。复数通常用小写字母 $z,w,\cdots$ 来表示。例如，复数 $z=-2-3i$ 的实部为 $-2$，虚部为 $-3$。

①当虚部 $b=0$ 时，复数 $a+bi$ 就是实数 $a$；

②当虚部 $b\neq0$ 时,复数 $a+bi$ 称为虚数,此时若 $a=0$,复数 $bi$ 称为纯虚数。

可见,复数包含了所有的实数和虚数。例如,2、$-1-\sqrt{2}i$、$-0.5i$ 都是复数;其中 2 是实数,$-1-\sqrt{2}i$ 是虚数,$-0.5i$ 是纯虚数。这样,数集就从实数集 $R$ 扩充到了复数集 $C$。

对于复数 $a+bi$,还有以下规定:

① 如果两个复数的实部和虚部分别相等,则称这两个复数相等,即

$$a+bi=c+di(a,b,c,d\in R)\Leftrightarrow a=c,b=d。$$

特别地 $a+bi=0\Leftrightarrow a=0,b=0$。

② 两个复数的实部相等,虚部互为相反数,则称这两个复数互为共轭复数,记作 $\bar{z}$,即 $a+bi$的共轭复数为 $\bar{z}=a-bi$。

③ 两个实数可以比较大小,两个不全是实数的复数不能比较大小。例如,$1+i$ 与 $2+3i$ 不能比较大小。

2)复数的其他形式

由复平面图 2-8 可知,复数 $a+bi$ 与复平面内的点 $Z(a,b)$是一一对应的;平面内的点 $Z(a,b)$和向量$\overrightarrow{OZ}$又是一一对应的,于是

$$\text{复数 } z=a+bi \xleftrightarrow{\text{一一对应}} \text{复平面内的点 } Z(a,b) \xleftrightarrow{\text{一一对应}} \text{向量}\overrightarrow{OZ}。$$

我们把 $x$ 轴叫做实轴,$y$ 轴除去原点的部分叫做虚轴。

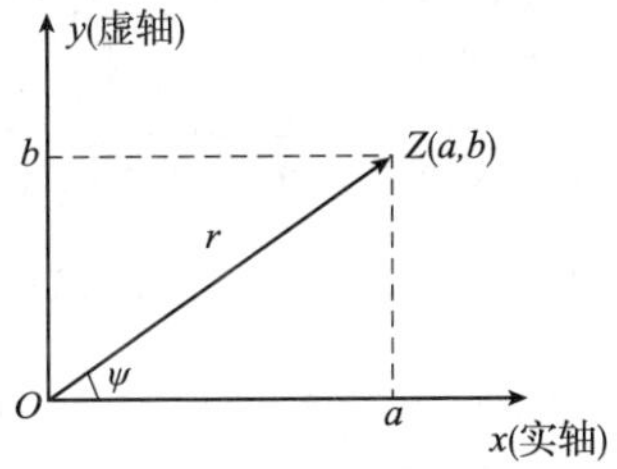

图 2-8

在图 2-8 中,向量$\overrightarrow{OZ}$的模 $r$(即有向线段 $OZ$ 的长度)叫做复数 $z=a+bi$ 的模,记作$|z|$或$|a+bi|$,即

$$r=|z|=|a+bi|=\sqrt{a^2+b^2}。$$

向量$\overrightarrow{OZ}$与实轴正方向的夹角 $\psi$ 称为复数 $z$ 的幅角(或相位),非零复数 $z=a+bi$ 的幅角有无穷多个。在电学中,将区间$(-\pi,\pi]$内的幅角称为主幅角。可以用公式

$$\psi=\arctan\frac{b}{a}(a\neq0)$$

确定其值,其中 $\psi$ 所在象限就是与复数相对应的点 $Z(a,b)$所在的象限。当点 $Z(a,b)$分别在正半实轴、负半实轴、正半虚轴或负半虚轴上时,其主幅角分别为 0、$\pi$、$\frac{\pi}{2}$、$-\frac{\pi}{2}$。

由图 2-8 还可看出 $a=r\cos\psi,b=r\sin\psi$,于是

$$z=a+bi=r(\cos\psi+i\sin\psi)\quad(r\geqslant0),$$

$r(\cos\psi+i\sin\psi)$称为复数的三角形式,而把 $z=a+bi$ 称为复数的代数形式。

由欧拉(Euler)公式 $\cos\psi+i\sin\psi=e^{i\psi}$,于是

$$z=r(\cos\psi+i\sin\psi)=re^{i\psi},$$

式中,$re^{i\psi}$称为复数的指数形式。

**注意:**复数的指数形式中,幅角只能用弧度制表示。

在电学中,常用记号 $r\angle\psi$ 来表示模为 $r$、幅角为 $\psi$ 的复数,即

$$z=r(\cos\psi+i\sin\psi)=re^{i\psi}=r\angle\psi,$$

式中,$r\angle\psi$ 称为复数的极坐标形式。

**注意:**复数的极坐标形式中,幅角通常用角度制表示。

上述所有形式可以相互转化。

**例 6** 将下列复数写成代数形式：

①$z=9.5\angle 73°$； ②$z=13\angle 112.6°$； ③$z=10\angle 90°$。

**解** ①$z=9.5(\cos 73°+i\sin 73°)=2.78+9.08i$；

②$z=13(\cos 112.6°+i\sin 112.6°)=-5+12i$；

③$z=10(\cos 90°+i\sin 90°)=10i$。

**例 7** 将下列复数写成极坐标式：

①$z=5+5i$； ②$z=4-3i$； ③$z=-20-40i$。

**解** ① $r=\sqrt{a^2+b^2}=\sqrt{5^2+5^2}=7.07$，

$\arctan\dfrac{b}{a}=\arctan 1=45°$，且 $\psi$ 在第一象限，故取 $\psi=45°$。所以

$$z=5+5i=7.07\angle 45°。$$

② $r=\sqrt{a^2+b^2}=\sqrt{4^2+(-3)^2}=5$，

$\arctan\dfrac{b}{a}=\arctan\left(-\dfrac{3}{4}\right)=-36.9°$，由于复数的实部为 $+4$，虚部为 $-3$，其幅角 $\psi$ 应在复平面第四象限，故取 $\psi=-36.9°$，所以

$$z=4-3i=5\angle -36.9°。$$

③$r=\sqrt{a^2+b^2}=\sqrt{(-20)^2+(-40)^2}=44.7$，

$\arctan\dfrac{b}{a}=\arctan 2=63.4°$，由于实部和虚部均为负值，其幅角 $\psi$ 应在复平面第三象限，故取 $\psi=180°+63.4°=243.4°$，所以

$$z=-20-40i=44.7\angle 243.4°。$$

**例 8** 把复数 $z=\sqrt{2}-\sqrt{2}i$ 化为三角形式、指数形式和极坐标形式。

**解** $a=\sqrt{2}$，$b=-\sqrt{2}$，$r=\sqrt{a^2+b^2}=2$，

$\arctan\dfrac{b}{a}=\arctan(-1)=-45°$，由于实部为正，虚部为负，其幅角 $\psi$ 在第四象限，取 $\psi=-45°$，则该复数的三角形式为 $z=2[\cos(-45°)+i\sin(-45°)]$；

指数形式 $z=2e^{-i\frac{\pi}{4}}$；

极坐标形式 $z=2\angle -45°$。

3）复数的基本运算

设 $z_1=a_1+b_1i$，$z_2=a_2+b_2i$ 是两个任意复数，复数的运算规定如下：

（1）复数代数形式的加、减法

$$z_1\pm z_2=(a_1\pm a_2)+(b_1\pm b_2)i$$

**结论**：两个复数的和仍是一个复数，它的实部与虚部分别是两个加数的实部的和与虚部的和。复数的加、减运算适用于代数形式。

（2）复数三角、指数和极坐标形式的乘法

$$z_1\cdot z_2=r_1(\cos\psi_1+i\sin\psi_1)\cdot r_2(\cos\psi_2+i\sin\psi_2)$$

$$= r_1 r_2 [\cos\psi_1 \cos\psi_2 - \sin\psi_1 \sin\psi_2] + i[\sin\psi_1 \cos\psi_2 + \cos\psi_1 \sin\psi_2]$$

$$= r_1 r_2 [\cos(\psi_1 + \psi_2) + i\sin(\psi_1 + \psi_2)]。$$

$$z_1 z_2 = r_1 r_2 e^{i(\psi_1 + \psi_2)}。$$

$$z_1 z_2 = r_1 \angle \psi_1 \cdot r_2 \angle \psi_2 = r_1 \cdot r_2 \angle (\psi_1 + \psi_2)。$$

**结论**:复数相乘就是把模相乘,幅角相加。

(3)复数三角、指数和极坐标形式的除法

$$\frac{z_1}{z_2} = \frac{r_1}{r_2}[\cos(\psi_1 - \psi_2) + i\sin(\psi_1 - \psi_2)] \quad (z_2 \neq 0)$$

$$\frac{z_1}{z_2} = \frac{r_1}{r_2} e^{i(\psi_1 - \psi_2)} \quad (z_2 \neq 0)$$

$$\frac{z_1}{z_2} = \frac{r_1 \angle \psi_1}{r_2 \angle \psi_2} = \frac{r_1}{r_2} \angle (\psi_1 - \psi_2) \quad (z_2 \neq 0)$$

**结论**:复数相除就是把模相除,幅角相减。

**例 9**　计算 $2\left(\cos\frac{2\pi}{3} + i\sin\frac{2\pi}{3}\right) \cdot 4\left(\cos\frac{\pi}{6} + i\sin\frac{\pi}{6}\right)$。

**解**　原式 $= 8\left[\cos\left(\frac{2\pi}{3} + \frac{\pi}{6}\right) + i\sin\left(\frac{2\pi}{3} + \frac{\pi}{6}\right)\right] = 8\left(\cos\frac{5\pi}{6} + i\sin\frac{5\pi}{6}\right)$。

**例 10**　计算 $\frac{2\angle(-45°) \times \sqrt{3}\angle(-135°)}{3\angle 90° \times 2\angle(-150°)}$。

**解**　原式 $= \frac{2 \times \sqrt{3}}{3 \times 2} \angle(-45° - 135° - 90° + 150°) = \frac{\sqrt{3}}{3} \angle(-120°)$。

**例 11**　已知 $A = 20\angle -60°, B = 8.66 + 5i$,求 $AB$、$\frac{A}{B}$ 和 $A + B$。

**解**　$A = 20[\cos(-60°) + i\sin(-60°)] = 10 - 17.32i$,

$B = 8.66 + 5i = 10\angle 30°$,

$AB = (20\angle -60°) \times (10\angle 30°) = 200\angle(-60° + 30°) = 200\angle -30°$,

$\frac{A}{B} = \frac{20\angle -60°}{10\angle 30°} = 2\angle(-60° - 30°) = 2\angle -90°$

$A + B = (10 - 17.32i) + (8.66 + 5i) = 18.66 - 12.32i$。

4)在复数集内解实系数一元二次方程

前面已经知道,在复数集范围内,$-1$ 的平方根是 $\pm i$。一般地,当 $a < 0$ 时,$a$ 的平方根是 $\pm\sqrt{-a}i$。因此,对于一元二次方程 $ax^2 + bx + c = 0(a \neq 0)$,当 $b^2 - 4ac < 0$ 时,在实数集范围内该方程无解,但在复数集范围内有解,其解为:

$$x_{1,2} = \frac{-b \pm \sqrt{4ac - b^2}i}{2a}$$

**例 12**　解方程 $x^2 - 8x + 17 = 0$。

**解**　判别式 $\Delta = b^2 - 4ac = 64 - 68 = -4 < 0$,故方程在复数范围内有解。

$$x_{1,2} = \frac{-b \pm \sqrt{4ac - b^2}i}{2a} = \frac{8 \pm \sqrt{4}i}{2} = 4 \pm i。$$

5）复数在电学中的简单应用

在电学中，将按照正弦规律变化的电压和电流统称为正弦量。正弦量的特征表现在变化的快慢、大小和初值三个方面，而它们分别由频率（或周期）、幅值（或有效值）和初相位来确定，所以频率、幅值和初相位称为正弦量的三要素。以正弦电流为例：

$$i = I_m \sin(\omega t + \psi_i),$$

式中，$I_m$ 为正弦电流的最大值（幅值），$\omega$ 叫称为正弦量的角频率，$\psi_i$ 称为初相位。$I_m$、$\omega$、$\psi_i$ 都是常量，称为正弦量的三要素，其波形图如图 2-9 所示。

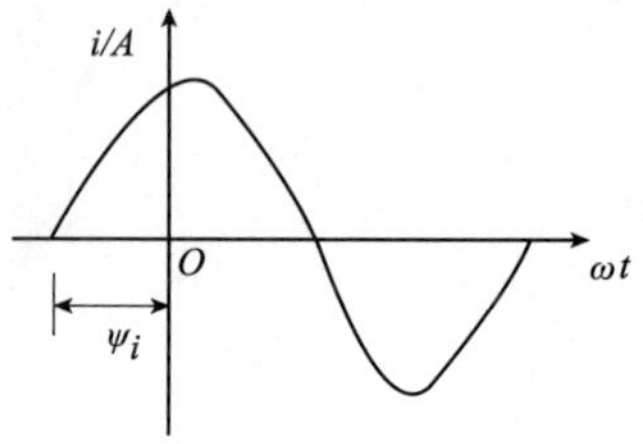


图 2-9

在正弦交流电路中，研究的都是同频率的正弦量，其要素可简化为两个：幅值和初相位，这样就可以建立复数与正弦量的对应关系，即复数的模对应正弦量的幅值（或有效值），复数的幅角对应正弦量的初相位。因此，可以用复数表示正弦量。为与一般的复数相区别，把表示正弦量的复数称为相量，并用大写字母上加一点表示。

如表示正弦电流 $i = I_m \sin(\omega t + \psi_i) = \sqrt{2} I \sin(\omega t + \psi_i)$ 的振幅相量和有效值相量分别为①

$$\dot{I}_m = I_m(\cos\psi_i + j\sin\psi_i) = I_m \angle \psi_i, \dot{I} = I(\cos\psi_i + j\sin\psi_i) = I \angle \psi_i。$$

这种用复数进行正弦交流电路分析计算的方法也称为相量表示法。此处有效值 $I = \dfrac{I_m}{\sqrt{2}}$。

**例 13** 合成电流。

已知两正弦电流 $i_1 = 8\sin(\omega t + 60°)$ A 和 $i_2 = 6\sin(\omega t - 30°)$ A，求 $i = i_1 + i_2$。

**解** 电流 $i_1$ 和 $i_2$ 的振幅相量式分别为

$$\dot{I}_{m1} = 8(\cos 60° + j\sin 60°) = 4 + 4\sqrt{3}j,$$

$$\dot{I}_{m2} = 6(\cos 30° - j\sin 30°) = 3\sqrt{3} - 3j,$$

则

$$\dot{I}_m = \dot{I}_{m1} + \dot{I}_{m2} = (4 + 4\sqrt{3}j) + (3\sqrt{3} - 3j) = (4 + 3\sqrt{3}) + (4\sqrt{3} - 3)j。$$

于是

$$|\dot{I}_m| = \sqrt{(4 + 3\sqrt{3})^2 + (4\sqrt{3} - 3)^2} = 10,$$

$$\tan\psi = \frac{4\sqrt{3} - 3}{4 + 3\sqrt{3}} \approx 0.4273, \psi \approx 23°18'。$$

故合成电流的瞬时值为

$$i = 10\sin(\omega t + 23°18')\text{ A}。$$

**例 14** 若 $i_1 = 5\sqrt{2}\sin(\omega t + 60°)$ A，$i_2 = 10\sqrt{2}\cos(\omega t + 60°)$ A，$i_3 = -4\sqrt{2}\sin(\omega t + 60°)$ A，试写出代表这些正弦电流的有效值相量。

**解** 代表 $i_1$ 的有效值相量为

$$\dot{I}_1 = 5\angle 60°\text{A}$$

先把 $i_2$ 写成 sin 的函数，然后再写出相量。

① 为了与表示电流强度 $i$ 的符号相区别，电学中虚数单位用 $j$ 表示。

$$i_2 = 10\sqrt{2}\sin(\omega t + 60° + 90°)\,\text{A} = 10\sqrt{2}\sin(\omega t + 150°)\,\text{A}$$

$$\dot{I}_2 = 10\angle 150°\text{A}。$$

先把 $i_3$ 改写成

$i_3 = 4\sqrt{2}\sin(\omega t + 60° - 180°)\,\text{A} = 4\sqrt{2}\sin(\omega t - 120°)\,\text{A}$,

则其有效值相量为 $\dot{I}_3 = 4\angle -120°\text{A}$。

**例 15**　已知代表三个同频率正弦电压的有效值相量 $\dot{U}_A = 220\angle 0°\text{V}$、$\dot{U}_B = 220\angle -120°\text{V}$、$\dot{U}_C = 220\angle 120°\text{V}$,角频率 $\omega = 100\pi\text{rad/s}$,试写出这三个正弦电压的三角函数表达式。

**解**　正弦电压 $u_A = 220\sqrt{2}\sin(100\pi t)\,\text{V} = 310\sin(100\pi t)\,\text{V}$

正弦电压 $u_B = 220\sqrt{2}\sin(100\pi t - 120°)\,\text{V} = 310\sin(100\pi t - 120°)\,\text{V}$

正弦电压 $u_C = 220\sqrt{2}\sin(100\pi t + 120°)\,\text{V} = 310\sin(100\pi t + 120°)\,\text{V}$

**注意**:相量只是表示正弦量,而不是等于正弦量。相量是表示正弦交流电的复数,正弦交流电是时间的函数,它们只是具有一定的对应关系,但"对应"并不是"相等"。以电流为例,绝不能写成"$i = \dot{I}$",这里使用"="是错误的。

## 习题　模块2

1. 在极坐标系中作出下列各点:

(1)$A\left(3,\frac{\pi}{6}\right)$;　　(2)$B\left(2,-\frac{\pi}{3}\right)$;

(3)$C\left(2,\frac{\pi}{2}\right)$;　　(4)$D(1,\pi)$。

2. 点 $A$ 的直角坐标为$\left(-\frac{1}{2},\frac{\sqrt{3}}{2}\right)$,求点 $A$ 的极坐标。

3. 若点 $B$ 的极坐标为$\left(4,\frac{4\pi}{3}\right)$,求点 $B$ 的直角坐标。

4. 将下列直角坐标方程化为极坐标方程:

(1)$x = 1$;　　(2)$2x - y = 0$;

(3)$xy = 4$;　　(4)$x^2 + y^2 - 6x = 0$。

5. 将下列极坐标方程化为直角坐标方程:

(1)$\rho = 4\cos\theta$;　(2)$\rho^2\sin2\theta = 2a^2$;　(3)$\rho\sin\left(\theta + \frac{\pi}{4}\right) = \sqrt{2}a$。

6. 用向量表示下列复数,并求出复数的模和主幅角:

(1)$z_1 = 1 - i$;　(2)$z_2 = 1 + \sqrt{3}i$;　(3)$z_3 = -\sqrt{2} - i$;　(4)$z_4 = 2i$。

7. 将下列复数的代数形式化为三角形式、指数形式和极坐标形式:

(1)$-1 + i$;　(2)$-\sqrt{3} - i$;　(3)$1 - \sqrt{3}i$;　(4)$i$。

8. 已知复数 $z_1=4\angle 135°$，$z_2=\sqrt{2}\angle 90°$，求 $z_1z_2$、$\frac{z_1}{z_2}$，并把结果用代数形式表示。

9. 计算下列各式，其结果用代数形式表示：

(1) $\left(-\frac{1}{2}+\frac{\sqrt{3}}{2}i\right)^3$；　　(2) $(1+i)\div\left[\sqrt{3}\left(\cos\frac{3\pi}{4}+i\sin\frac{3\pi}{4}\right)\right]$；

(3) $\left(\frac{\sqrt{2}}{2}+\frac{\sqrt{2}}{2}i\right)^{11}$。

10. 在复数范围内解方程：

(1) $x^2+x+2=0$；　　(2) $x^2-2x+9=0$。

11. 合成电流。

已知两正弦电流 $i_1=\sqrt{2}\sin(\omega t+60°)\,\mathrm{A}$ 和 $i_2=\sin(\omega t-45°)\,\mathrm{A}$。

求：(1) 电流的有效值相量 $\dot{I}_1$、$\dot{I}_2$；

(2) $i_1+i_2$。

# 附录二 部分习题参考答案

### 习题 1.1

1. $f(x)=x^2-4, f\left(\frac{1}{x}\right)=\frac{1}{x^2}-4, f(1)=-3$。

2. $f\left(\frac{1}{2}\right)=\frac{1}{4}, f(1)=1, f\left(\frac{3}{2}\right)=3$。

3. $(\lg x-1)^2, \lg(x-1)^2$。

4. (1)$(1,2)\cup(2,+\infty)$； (2)$[1,3]$。

5. (1)不相同； (2)相同； (3)不相同； (4)相同。

6. $y=x^3-1$。

7. (1)奇； (2)奇； (3)偶。

8. (1)$y=u^2, u=\sin v, v=(2+5x)$； (2) $y=\ln u, u=\ln v, v=\ln x$；

(3)$y=u^3, u=(x+\lg x)$； (4)$y=\sqrt{u}, u=\log_a v, v=\sin x+2^x$。

9. $y=\begin{cases}5, & 0<x\leqslant 1, \\ 2x+3, & 1<x\leqslant \frac{17}{2}, \\ 20, & \frac{17}{2}<x\leqslant 24.\end{cases}$

10. $y=a\left(2x^2+\frac{4V}{x}\right), x\in(0,+\infty)$。

### 习题 1.2

1. (1)不存在； (2)3； (3)0； (4)不存在。

2. 无穷小是(1)、(3)、(4)、(5)；无穷大是(2)、(6)。

3. $\lim\limits_{x\to 0^-}f(x)=1, \lim\limits_{x\to 0^+}f(x)=0, \lim\limits_{x\to 0}f(x)$不存在。

4. $\lim\limits_{x\to -5}f(x)=14, \lim\limits_{x\to 1}f(x)$不存在(因为$\lim\limits_{x\to 1^-}f(x)=2, \lim\limits_{x\to 1^+}f(x)=1$)，$\lim\limits_{x\to 2}f(x)=2$(因为$\lim\limits_{x\to 2^-}f(x)=2, \lim\limits_{x\to 2^+}f(x)=2$)，$\lim\limits_{x\to 3}f(x)=4$。

5. (1)0； (2)0； (3)0； (4)$\infty$。

### 习题 1.3

1. (1)4； (2)1； (3)$\frac{1}{2}$； (4)0； (5)$\infty$； (6)$-4$； (7)2； (8)0； (9)$-1$；

(10)$\frac{1}{4}$； (11)$\frac{1}{4}$； (12)$-1$。

2. (1)$\frac{5}{3}$； (2)3； (3)2； (4)$\frac{1}{2}$； (5)$\frac{1}{e^2}$； (6)$\sqrt{e}$； (7)$e^2$； (8)$\frac{1}{e}$。

3. (1)同阶无穷小； (2)当$x\to\infty$时，$\frac{1}{1+x^2}$是比$\frac{1}{x}$高阶的无穷小。

## 习题 1.4

1. $k=1$。

2. 不连续。

3. $a=1, b=e$。

4. (1) $a$ 为任何实数，$b=2$； (2) $a=b=2$。

5. (1) $x=1$ 是第二类间断点，$x=2$ 是可去间断点；(2) $x=0$ 是跳跃间断点。

## 习题 1.5

1. (1) 8.579 5； (2) 77.366 5°； (3) 0.490 1； (4) 25.892 3。

2. 12.096。

3. $x^2+3x-4; x^2+x-2; x^3+x^2-5x+3; x+3$。

4. $\dfrac{x^2-4}{x-1}$。

5. (1) $x=2, \frac{3}{2}+\frac{1}{2}\sqrt{21}, \frac{3}{2}-\frac{1}{2}\sqrt{21}$。提示：x = solve('x^3 - 5 * x^2 + 3 * x + 6 = 0', 'x')

(2) 0。提示：x = solve('sin(x) = x * exp(x)', 'x')

(3) x = 3/5 + 1/10 * 6^(1/2), y = 1/5 - 3/10 * 6^(1/2);

x = 3/5 - 1/10 * 6^(1/2), y = 1/5 + 3/10 * 6^(1/2)。

提示：[x, y] = solve('x^2 + y^2 = 1, 3 * x + y = 2', 'x, y')

6. 提示：x = -5:0.1:5; y = 2/3 * exp(-x/2). * cos(sqrt(3)/2 * x); plot(x, y, 'gx')

或 syms x; y = 2/3 * exp(-x/2) * cos(sqrt(3)/2 * x); ezplot(y, [-5,5])。

7. 提示：x = -2 * pi:0.1:2 * pi; y1 = cos(x); y2 = sin(2 * x); plot(x, y1, x, y2)。

8. 提示：x1 = -4:0.1:1; y1 = x1.^2 + 2 * x1 - 3; x2 = 1:0.1:4; y2 = log(x2);

plot(x1, y1, 'r', x2, y2, 'g')。

9. 提示：ezplot('y^2 - 3 * x * y + 9', [-10,10])。

## 习题 1.6

1. (1) 0； (2) 1； (3) $\frac{1}{2}$； (4) 0； (5) $e^{-6}$。

2. 100。提示：>> syms t; T = -100 * exp(-0.029 * t) + 100; limit(T, t, +inf)

## 复习题一

1. (1) $[-1,3]$； (2) $(-\infty,-1)\cup(1,3)$。

2. (1) $-\frac{2}{5}$； (2) 2； (3) 0； (4) $\frac{3}{2}$； (5) $\dfrac{3^{10}\cdot 5^{20}}{7^{30}}$； (6) 0； (7) 4； (8) $e^{-\frac{1}{2}}$；(9) $a$。

3. (1) $a=b=1$； (2) $a=6$, $b=-7$。

4. (1) 连续区间 $(-\infty,-1),(-1,1),(1,+\infty)$，$x=-1$ 为可去间断点，$x=1$ 为第二类间断点；

(2) 连续区间 $(-\infty,\pi),(\pi,+\infty)$，$x=\pi$ 为第一类间断点。

5. $a=b=1$。

6. $\lim\limits_{R_2\to\infty} R=R_1$；表明断开 $R_2$ 时，总电阻就是 $R_1$。

7. $ae^{0.012t}$。

8. 略。

## 习题 2.1

1. (1) $-1$；　(2) $\frac{1}{2}$。

2. 4 。

3. 切线方程：$y-1=\frac{1}{2}(x-1)$；法线方程 $y-1=-2(x-1)$。

4. $y-1=2(x-1)$。

5. (1) $5x^4$；　(2) $\frac{2}{3\sqrt[3]{x}}$；　(3) $\frac{7}{3}\sqrt[3]{x^5}$。

6. $\frac{d\omega}{dt}$。

## 习题 2.2

1. (1) 0, 18；　(2) 1、$-1$；　(3) 36。

2. (1) $3^x\ln 3-\frac{1}{x^2}+ex^{e-1}$；　(2) $\frac{1}{2\sqrt{x}}+\frac{1}{2x\sqrt{x}}$；　(3) $3x^2\log_3 x+\frac{x^2}{\ln 3}$；

(4) $\frac{-4x}{(1+x^2)^2}$；　(5) $\sin x+x\cos x+\frac{2}{1+x^2}$；　(6) $\frac{1-\cos x-x\sin x}{(1-\cos x)^2}$；　(7) 10!。

3. (1) $14(1+2x)^6$；　(2) $5\cos\left(5x+\frac{\pi}{4}\right)$；　(3) $\frac{1}{2\sqrt{x}}\cos\sqrt{x}$；　(4) $-2x\sin x^2$；

(5) $-\frac{x}{\sqrt{1-x^2}}$；　(6) $\frac{-\cos x}{2\sqrt{1-\sin x}}$；　(7) $-\frac{1}{x^2}e^{\frac{1}{x}}$；　(8) $\frac{-2x}{1-x^2}$；(9) $\cot(1+x)$；

(10) $\frac{x}{\sqrt{1+x^2}}\cos\sqrt{1+x^2}$；　(11) $\frac{1}{(1-x)^2}\sqrt{\frac{1-x}{1+x}}$；　(12) $-\frac{1}{x^2\cos^2 x}$；

(13) $\frac{x}{\sqrt{(2-x^2)^3}}$；

(14) $\frac{1}{2}\sin 4x-2\sin 2x\sin^2 x$；　(15) $\frac{2}{a}\left(\sec^2\frac{x}{a}\tan\frac{x}{a}-\csc^2\frac{x}{a}\cot\frac{x}{a}\right)$；

(16) $4\left(x^3-\frac{1}{x^3}+1\right)^3\left(3x^2 3\frac{1}{x^4}\right)$；　(17) $\sqrt{a^2-x^2}$；　(18) $-\frac{\sin 2x\sin x^2+2x(1+\cos x^2)\cos^2 x}{\sin^2 x^2}$；

(19) $3(x+\sin^2 x)^2(1+\sin 2x)$；　(20) $\frac{1}{2\sqrt{x}(1+x)}$。

4. (1) $\frac{y}{y-x}$；　(2) $\frac{y-3x^2}{y^2-3x}$；　(3) $\frac{\cos y-\cos(x+y)}{\cos(x+y)+x\sin y}$；(4) $\frac{2x-e^{xy}y}{e^{xy}x+2y}$。

5. (1) $y'=\sqrt{\frac{x}{(x-2)(x-3)}}\left(\frac{1}{x}-\frac{1}{x-2}-\frac{1}{x-3}\right)$；　(2) $x^x(1+\ln x)$。

6. (1) $\frac{t\sin t-\cos t}{3e^{3t}}$；　(2) 4。

## 习题 2.3

1. 0m/s，$-9.6\text{m/s}^2$。

2. $f^{(n)}(x)=0$。

3. $(x^n)^{(n)}=n!$，$(x^n)^{(n+1)}=0$ 。

4. $(\cos x)^{(n)}=\cos\left(x+n\cdot\frac{\pi}{2}\right)$。

5. $\frac{1}{8!}x^{-9}$。

## 习题 2.4

1. $\Delta y=-0.0101$；$dy=-0.01$。

2. (1)$\left(2x+\frac{1}{x^2}-\frac{1}{2\sqrt{x}}\right)dx$；　(2)$5^x\ln5dx$；　(3)$\left(\sqrt{1-x^2}-\frac{x^2}{\sqrt{1-x^2}}\right)dx$；

(4)$\frac{1+x^2}{(1-x^2)^2}dx$；　(5)$\frac{x}{\sqrt{(1+x^2)(2+x^2)}}dx$；　(6)$\cot(1+x)dx$；

(7)$(2x\cos x-x^2\sin)dx$；　(8)$-2xe^{-x^2}dx$。

3. (1)$3x+C$；　(2)$x^2+C$；　(3)$\ln x+C$；　(4)$\frac{1}{2}\sin2x+C$；

(5)$e^x+C$；　(6)$\arctan x+C$；　(7)$\frac{1}{x}+C$；　(8)$\ln x+C_1$，$\frac{1}{2}(\ln x)^2+C_2$；

(9)$-\frac{1}{2}\cot2x+C$；　(10)$\arcsin\frac{x}{2}+C$。

4. (1)9.9867；　(2)0.96509。

5. (1)$9.6\pi\approx30\text{cm}^2$；　(2)$\frac{1}{60}\approx0.0167$。

## 习题 2.5

1. (1)2 * x * atan(x) +1。提示：> >syms x;y = (1 +x^2) * atan(x);diff(y,x)

(2) -1/(1 -x^2)^(1/2) * x/(x^2)^(1/2) 。提示：> >syms x;y = asin(sqrt(1 -x^2));diff(y,x)

(3)exp( -x) * log(x) -2 * exp( -x)/x -exp( -x)/x^2。

提示：> >syms x;y = exp( -x) * log(x);diff(y,x,2)

(4) -0.2500。提示：> >syms x;y = log(1 +x);g = diff(y,x,2);x =1;eval(g)

2. 切线方程 $y=x$。提示：> >syms x;y = log(1 +x);y1 = diff(y,x);x =0;eval(y1)

```
> > x = -0.5:0.1:10;y = log(x +1);plot(x,y)
> > hold on;
> >x = -0.5:0.1:10;y =x;plot(x,y)
```

3. (1)( -1 -y)/(x -2 * y)。

提示：syms x y;f =x +x * y -y^2;dfx = diff(f,x);dfy = diff(f,y);g = -dfx/dfy

(2)p/y，提示：syms x y p;f =y^2 -2 * p * x;dfx = diff(f,x);dfy = diff(f,y);g = -dfx/dfy

(3) -exp(y)/(1 +exp(y) * x)，

提示:syms x y;f = y - 1 + exp(y) * x;dfx = diff(f,x);dfy = diff(f,y);g = - dfx/dfy

4. (cos(t) - t * sin(t))/(1 + cos(t))。

提示:> > syms t x;x = t + sin(t);y = t * cos(t);dx = diff(x,t);dy = diff(y,t);dy/dx

## 复习题二

1. (1) $3x^2-2x+1$; (2) $2+\frac{1}{x^2}$; (3) $\frac{x^2-2x}{(x-1)^2}$; (4) $\frac{x}{\sqrt{x^2+1}}$; (5) $20(2x-3)^9$;

(6) $42x(2x+1)^2(3x-2)^3$; (7) $\frac{-1}{2\sqrt{2}}$; (8) $\frac{\sqrt{x}-1}{2\sqrt{x^2-x\sqrt{x}}}$。

2. (1) $\frac{dy}{dx}=\frac{1-2xy}{x^2+3y^2-1}$; (2) $\frac{x\sqrt{x-1}}{(x-2)^3}\left(\frac{1}{x}+\frac{1}{2x-2}-\frac{3}{x-2}\right)$;

(3) $(\sin x)^x(\ln\sin x+x\tan x)$。

3. (1) $\left(\frac{1}{\sqrt{x}}-\frac{2}{x^2}+\frac{6}{x^3}\right)dx$; (2) $\frac{-3x^2}{2\sqrt{1-x^3}}dx$; (3) $dy=\sqrt{\frac{e^x}{x^2+1}}\left(\frac{1}{2}-\frac{x}{x^2+1}\right)dx$;

(4) $12(x^2+x+1)^{11}(2x+1)dx$; (5) $[3(x-1)^2(x+1)^4+4(x-1)^3(x+1)^3]dx$;

(6) $\frac{x^2+2x}{(x+1)^2}dx$。

4. $\frac{n!}{(1-x)^{n+1}}$。

5. $v(t)=s'(t)=-3t^2-2, a(t)=s''(t)=-6t$。

6. (1) $y=\frac{1}{2}(x-1)$; (2) $y-4=-\frac{1}{4}(x-1)$。

7. $4x+2y-3=0$。

8. 1.01。

9. 约为 30.72 $cm^3$,93%。

10. $\frac{1}{32}$(cm/s)。

11. 约为 0.033 54g。

## 习题 3.1

1. (1) $\xi=\frac{9}{4}$; (2)不满足。

2. 提示:对 $f(x)=\ln x$ 在 $[a,b]$ 上应用拉格朗日中值定理。

## 习题 3.2

1. (1) $-2$; (2) $+\infty$; (3) 2; (4) $-\frac{1}{2}$; (5) $-2$; (6) $e^{-2}$。

2. (1) $-1$; (2) 0; (3) 1。

## 习题 3.3

1. (1)单调增区间为 $(-\infty,-1)$ 和 $(5,+\infty)$,单调减区间为 $(-1,5)$;

(2)单调增区间为 $(0,+\infty)$,单调减区间为 $(-1,0)$;

(3)单调增区间为$\left(\frac{1}{2},\frac{3}{4}\right)$和$(1,+\infty)$,单调减区间为$\left(-\infty,\frac{1}{2}\right)$和$\left(\frac{3}{4},1\right)$。

2.(1)极大值$f(-1)=12$,极小值$f(3)=-52$;

(2)函数$f(x)$无极大值,只有极小值$f(0)=0$;

(3)函数$f(x)$有极小值$f(1)=0$。

3. $a=10,b=-23$。

4. $a=2,f\left(\frac{\pi}{3}\right)=\sqrt{3}$为极大值。

### 习题 3.4

1.(1)最大值$f(3)=69$,最小值$f(\pm1)=5$。

(2)最大值$f\left(\frac{3}{4}\right)=\frac{5}{4}$,最小值$f(-5)=-5+\sqrt{6}$。

2. $\theta(x)=\frac{q}{6EI}(x^3-3lx^2+3l^2x)$, $|\theta|_{\max}=\frac{ql^3}{6EI}$。

3. $2\sqrt{2}A$。

4. 经过6.25s,两辆汽车之间有最小距离。

5. 当车速为80km/h时,发动机最大效率为40.96%。

6. 底面半径为5m,高为10m。

7. 炼油厂往西约5.42英里的岸边点。

8. 售价定为250元时才能使总利润最大,最大利润为45 000元。

### 习题 3.5

1.(1)拐点$(1,-2)$,在$(-\infty,1)$上是凸的,在$(1,+\infty)$凹的;

(2)拐点$\left(2,\frac{2}{e^2}\right)$,在$(-\infty,2)$上是凸的,在$(2,+\infty)$凹的;

(3)拐点$(0,0)$,在$(-\infty,0)$上是凸的,在$(0,+\infty)$凹的;

(4)拐点$\left(e^{-\frac{3}{2}},-\frac{3}{2}e^{-3}\right)$,在$\left(0,e^{-\frac{3}{2}}\right)$上是凸的,在$\left(e^{-\frac{3}{2}},+\infty\right)$是凹的。

2. $a=1,b=-3,c=-9$。

### 习题 3.6

1.(1)$K=\frac{2\sqrt{2}ab}{(a^2+b^2)\sqrt{a^2+b^2}}$;　(2)$K=\frac{1}{2}$。

2. 4。

3. 在$x=1$处,工件$A$的弯曲程度比工件$B$要小一些。

4. $\left(\frac{\sqrt{2}}{2},-\frac{\ln2}{2}\right)$,$\frac{3\sqrt{3}}{2}$。

5. 95 656N。

### 习题 3.7

1.(1)当$x=0.227\ 8$时,有极小值$y=-0.934\ 2$;当$x=-2.511\ 0$时,有极大值$y=0.477\ 6$;

(2)当 $x=3.9279$ 时,有极小值 $y=-0.0279$;当 $x=0.7584$ 时,有极大值 $y=0.6488$;

(3)当 $x=2.5325$ 时,有极小值 $y=-8.8794$;当 $x=0.1315$ 时,有极大值 $y=-1.9354$。

2. 长和宽分别为 32m 和 64m。

### 复习题三

1. (1)$\frac{m}{n}a^{m-n}$ $(a\neq0)$;(2)$+\infty$;(3)1;(4)1;(5)$\frac{1}{3}$;(6)$e^{-\frac{4}{\pi}}$;(7)$\frac{1}{2}$;(8)1。

2. (1)在$\left(0,\frac{1}{2}\right)$上单调减少,在$\left(\frac{1}{2},+\infty\right)$上单调增加,极小值$\frac{1}{2}+\ln2$;

(2)在$(-\infty,0)$上单调减少,在$(0,+\infty)$上单调增加,极小值 1;

(3)在(0,1)上单调减少,在$(-\infty,0)$和$(1,+\infty)$上单调增加,极大值 2,极小值 0;

(4)在(1,9)上单调减少,在$(-\infty,1)$和$(9,+\infty)$上单调增加,极大值 1,极小值 −3。

3. (1)最大值 1,最小值 −1;(2)最大值 −29,最小值 −61。

4. 凹区间为$(-\infty,-1)$和$(1,+\infty)$,凸区间为$(-1,1)$,拐点为$\left(-1,e^{-\frac{1}{2}}\right)$和$\left(1,e^{-\frac{1}{2}}\right)$。

5. 当 $b=\frac{\sqrt{3}}{3}d,h=\frac{\sqrt{6}}{3}d$ 时,弯曲截面系数取得最大值,$W_{max}=\frac{\sqrt{3}}{27}d^3$。

6. $|\theta|_{max}=\frac{3ql^3}{128EI}$。

7. 每套每月的租金定为 310 元时可以获得最大利润。

8. 曲率为 $K=\frac{\sqrt{2}}{6}$,曲率半径为 $3\sqrt{2}$。

9. 641.5kgf。

10. $a=1,b=-3,c=-24,d=16$。

### 习题 4.1

略

### 习题 4.2

1. (1)$-\cos x$;　(2)$-\frac{1}{x^2}$;　(3)$e^{2x}$;　(4)$\arcsin x+C$;　(5)$\frac{1}{\sin x}dx$。

2. (1)$y=\ln|x|+1$;　(2)①$v=4t^3+3\cos t+2$;②$s=t^4+3\sin t+2t-3$。

3. (1)$x-\frac{2}{3}x^3+C$;　(2)$2e^x-3\ln|x|+C$;　(3)$3\arctan x+C$;　(4)$5\arcsin x+C$;

(5)$\frac{x^5}{5}-\frac{2x^3}{3}+x+C$;　(6)$\frac{2}{5}x^2\sqrt{x}-2x\sqrt{x}+C$;　(7)$-\frac{2}{3}x^{-\frac{3}{2}}+C$;　(8)$\frac{5^xe^x}{\ln5+1}+C$;

(9)$2x-\frac{2^x}{\ln2}+C$;　(10)$x-\arctan x+C$;　(11)$\frac{2}{3}x\sqrt{x}-2x+C$;　(12)$-\frac{1}{x}-2\ln|x|+x+C$;

(13)$-\frac{1}{x}-\arctan x+C$;　(14)$\sin x+\cos x+C$;　(15)$\tan x-\cot x+C$;　(16)$2\sin x+C$;

(17) $\frac{1}{2}\tan x + C$； (18) $\tan x + \sec x + C$。

## 习题 4.3

1. (1) $\frac{1}{4}e^{4x} + C$； (2) $-\frac{1}{3}\cos 3x + C$； (3) $\frac{1}{2}\ln|3+2x| + C$； (4) $-\frac{1}{2}\cos(x^2) + C$；

(5) $-e^{\frac{1}{x}} + C$； (6) $-2\cos\sqrt{t} + C$； (7) $\frac{\sin^5 x}{5} + C$； (8) $-\frac{1}{3}\sqrt{2-3x^2} + C$；

(9) $\frac{1}{4}(1+2\ln x)^2 + C$； (10) $\ln(1+e^x) + C$； (11) $\frac{1}{4}\arctan\frac{x}{4} + C$； (12) $\sin x - \frac{1}{3}\sin^3 x + C$；

(13) $\frac{1}{4}\ln(1+x^4) - \frac{1}{2}\arctan(x^2) + C$； (14) $\frac{1}{2}\arcsin(\sin^2 x) + C$。

2. (1) $2\sqrt{x} - 2\ln(1+\sqrt{x}) + C$； (2) $\frac{3}{4}\sqrt[3]{(2x+1)^2} - \frac{3}{2}\sqrt[3]{2x+1} + \frac{3}{2}\ln\left|1+\sqrt[3]{2x+1}\right| + C$；

(3) $\frac{1}{2}\arcsin x + \frac{x\sqrt{1-x^2}}{2} + C$； (4) $\frac{x}{4\sqrt{x^2+4}} + C$； (5) $\sqrt{x^2-1} - \arccos\frac{1}{x} + C$。

3. (1) $-x\cos x + \sin x + C$； (2) $-\frac{1}{2}xe^{-2x} - \frac{1}{4}e^{-2x} + C$； (3) $\frac{1}{4}x^4\ln x - \frac{1}{16}x^4 + C$；

(4) $\frac{1}{3}x^3\arctan x - \frac{1}{6}x^2 + \frac{1}{6}\ln(1+x^2) + C$； (5) $x\arccos x - \sqrt{1-x^2} + C$；

(6) $\frac{1}{5}e^x(\cos 2x + 2\sin 2x) + C$； (7) $-2(\sqrt{1-x}\sin\sqrt{1-x} + \cos\sqrt{1-x}) + C$；

(8) $xf'(x) - f(x) + C$。

## 习题 4.4

1. (1)取决于被积函数 $y=f(x)$ 和积分区间 $[a,b]$； (2) 0,0； (3) $s=\int_0^4 2t^2\,dt$。

2. (1) $S=\int_{\frac{\pi}{3}}^{\pi}\sin x\,dx$；

(2) $S=-\int_{-2}^{0}x^3\,dx$；

(3) $S=\int_0^1(x^2-4x+3)\,dx - \int_1^3(x^2-4x+3)\,dx + \int_3^4(x^2-4x+3)\,dx$。

3. (1) $\frac{9\pi}{2}$； (2) 2。

4. (1) $\int_0^1 e^x\,dx > \int_0^1 e^{x^2}\,dx$； (2) $\int_0^{\frac{\pi}{2}} x\,dx > \int_0^{\frac{\pi}{2}}\sin x\,dx$。

5. $\frac{\pi}{4} \leqslant \int_{\frac{\pi}{4}}^{\frac{3}{4}\pi}\sin^2 x\,dx \leqslant \frac{\pi}{2}$。

## 习题 4.5

1. 因为变量代换 $x=\frac{1}{t}$ 在 $t\in[-1,1]$ 上不连续，所以不能用定积分的换元法。

2. (1) $\frac{16}{3}$； (2) 2； (3) $\frac{17}{6}$； (4) $\frac{\pi}{2}+1$； (5) $\frac{\pi}{6}$； (6) $\frac{2\sqrt{2}}{3}$； (7) $\frac{7}{288}$； (8) $\frac{5}{3}$；

(9)$\frac{1}{6}$；　(10)0；　(11)$\frac{\pi}{3}$。

3.(1)1；　(2)$\frac{1}{4}(e^2+1)$；　(3)$2\pi$；　(4)$\frac{\pi}{4}-\frac{1}{2}$。

4.提示:令 $x=\frac{1}{t}$。

## 习题 4.6

(1)发散；　(2)收敛,$\frac{1}{4}$；　(3)收敛,$-\frac{1}{2}$；　(4)收敛,$\frac{\pi}{3}$；　(5)收敛,1；　(6)发散。

## 习题 4.7

1.(1)$\frac{14}{3}$；　(2)$\frac{8}{3}$；　(3)$\frac{3}{2}-\ln 2$；　(4)18；　(5)$\frac{7}{6}$。

2.(1)$\frac{\pi}{5},\frac{\pi}{2}$；　(2)$\frac{3\pi}{10}$；　(3)$160\pi^2$。

3.$1+\frac{1}{2}\ln\frac{3}{2}$。

## 习题 4.8

1.$\left(\frac{3}{4},\frac{3}{10}\right)$；　2.$\left(\frac{20}{3\pi},\frac{4}{\pi}\right)$；　3.$y_c=\frac{2a+b}{3(a+b)}h$；　4.$I_y=\frac{bh^3}{4},I_z=\frac{hb^3}{4}$；

5.64；　6.3m；　7.$1.37\times10^9$J；　8.0.75J；　9.$\frac{U_m}{\pi}=0.318U_m$。

## 习题 4.9

1.(1) -1/4 * exp( -2 * x^2)；　(2)2/3 * x^(3/2) + x；

(3)exp(2 * x^(1/2)) * x^(1/2) - 1/2 * exp(2 * x^(1/2))；

(4)2 * cos(t^(1/2)) + 2 * t^(1/2) * sin(t^(1/2))。

2.(1)1/4；　(2)0.828；　(3)3/8 * pi；　(4)0.429 2。

3.(1)1/4 * pi；　(2) -1/2；　(3)发散；　(4)发散。

## 复习题四

1.(1)$e^{-x^2}dx$；　(2)$\ln(x+\sqrt{x^2+a^2})+C$；　(3)$\arctan[f(x)]+C$；　(4)$\frac{1}{x}+C$；

(5)$0,\frac{\pi}{4}$；　(6)$b-a-1$；　(7)$0,\frac{\pi}{2}$；　(8)$a=1,b=e$。

2.(1)$-\frac{1}{5(3+5x)}+C$；　(2)$\frac{3}{4}(1+\ln x)^{\frac{4}{3}}+C$；　(3)$\ln|x+2|+\frac{3}{x+2}+C$；　(4)$\arctan e^x+C$；

(5)$2\sqrt{x-1}-4\ln(\sqrt{x-1}+2)+C$；　(6)$-\frac{\sqrt{1-x^2}}{x}+C$；　(7)$\frac{1}{3}(x^3-1)e^{x^3}+C$；

(8)$\sin x\ln(\sin x)-\sin x+C$。

3.(1)$2\sqrt{2}$；　(2)$\frac{2\pi}{3}$；　(3)1；　(4)$\frac{1}{5}(e-1)^5$；　(5)$2-\frac{\pi}{2}$；　(6)$\sqrt{2}-\frac{2\sqrt{3}}{3}$；

(7)$2\left(1-\frac{1}{e}\right)$；　(8)$\frac{e}{2}(\sin 1-\cos 1)+\frac{1}{2}$。

4. 当 $k>1$ 时收敛，收敛于$\frac{1}{(k-1)(\ln 2)^{k-1}}$；当 $k\leqslant 1$ 时发散。

5. 面积$\frac{2}{3}$，体积$\frac{2\pi}{3}$。

6. 0.894J。

7. 表示该蜜蜂种群在 15 周内蜜蜂的总只数。

8. $9.408\times 10^5$N。

9. $\frac{1}{4}(e^2+1)$。

10. $1-\frac{3}{e^2}$。

11. $\left(0,\frac{4R}{3\pi}\right)$。

12. $\left(\frac{1}{2},\frac{2}{5}\right)$。

### 预备知识：习题模块 1

1. (1) $-157.5°$； (2) $25.7°$； (3) $-48°$。

2. (1) 0.395 0； (2) $-0.727\ 8$； (3) 1.642 6； (4) 0.305 7。

3. (1) $\cos\alpha=-\frac{\sqrt{3}}{2}$，$\tan\alpha=\frac{\sqrt{3}}{3}$，$\cot\alpha=\sqrt{3}$，$\sec\alpha=-\frac{2\sqrt{3}}{3}$，$\csc\alpha=-2$。

(2) $\sin\alpha=\frac{\sqrt{10}}{10}$，$\cos\alpha=-\frac{3\sqrt{10}}{10}$，$\cot\alpha=-3$，$\sec\alpha=-\frac{\sqrt{10}}{3}$，$\csc\alpha=\sqrt{10}$。

4. (1) $60°$； (2) $70.53°$； (3) $68.2°$； (4) $18.43°$。

5. (1) $\sin^2\alpha$； (2) $\frac{\sqrt{2}}{2}$； (3) $-\frac{\sqrt{3}}{4}$。

6. 4 535.66 万元。

7. $20\sqrt{7}$。

### 习题模块 2

1. 略

2. $\left(1,\frac{2\pi}{3}\right)$。

3. $(-2,-2\sqrt{3})$。

4. (1) $\rho\cos\theta=1$； (2) $2\cos\theta-\sin\theta=0$； (3) $\rho^2\sin 2\theta=8$； (4) $\rho=6\cos\theta$。

5. (1) $x^2+y^2-4x=0$； (2) $xy=a^2$； (3) $x+y=2a$。

6. (1) $|z_1|=\sqrt{2}$，$\psi=-45°$； (2) $|z_2|=2$，$\psi=60°$； (3) $|z_3|=\sqrt{3}$，$\psi\approx-144.7°$；
(4) $|z_4|=2$，$\psi=90°$。

7. (1) $\sqrt{2}\left(\cos\frac{3\pi}{4}+i\sin\frac{3\pi}{4}\right)=\sqrt{2}e^{i\frac{3\pi}{4}}=\sqrt{2}\angle 135°$；

(2) $2\left[\cos\left(-\frac{5\pi}{6}\right)+i\sin\left(-\frac{5\pi}{6}\right)\right]=2e^{-i\frac{5\pi}{6}}=2\angle(-150°)$；

(3) $2\left[\cos\left(-\frac{\pi}{3}\right)+i\sin\left(-\frac{\pi}{3}\right)\right]=2e^{-i\frac{\pi}{3}}=2\angle(-60°)$;

(4) $\cos\frac{\pi}{2}+i\sin\frac{\pi}{2}=e^{i\frac{\pi}{2}}=1\angle 90°$。

8. $z_1z_2=-4-4i$; $\frac{z_1}{z_2}=2+2i$。

9. (1) 1;　(2) $-\frac{\sqrt{6}}{3}i$;　(3) $-\frac{\sqrt{2}}{2}+\frac{\sqrt{2}}{2}i$。

10. (1) $x_{1,2}=\frac{-1\pm\sqrt{7}i}{2}=-\frac{1}{2}\pm\frac{\sqrt{7}}{2}i$;

(2) $x_{1,2}=1\pm 2\sqrt{2}i$。

11. (1) $\dot{I}_1=\frac{1}{2}+\frac{\sqrt{3}}{2}j$, $\dot{I}_2=\frac{1}{2}-\frac{1}{2}j$;

(2) $i_1+i_2=1.51\sin(\omega t+20°07')$ A。